高等院校计算机教育系列教材

高级语言程序设计
(微课版)

李益才　鲁云平　主　编

王家伟　姚雪梅　曹　娟　副主编

清華大學出版社
北　京

内 容 简 介

本书着眼于计算思维和程序设计能力的培养，以问题驱动方式逐步建构学生的基本程序设计知识体系和能力体系，提高学生的模型建立与编程实现能力，促进成果导向的课程目标达成。全书分为8章，包括绪论、程序设计基础、函数、数组、指针、结构体及其应用、文件操作和综合应用。本书大部分章节以问题为导引，在分析解决问题的过程中逐步引出知识点，形成符合学生学习规律和习惯的较为清晰的思路和知识主线，在知识讲解与阐述过程中，忽略烦琐的语法要素，注重学生计算思维和程序设计能力的培养与训练。

本书提供了配套的PPT、习题和符合工程认证的教学大纲，既可作为信息类专业和其他理工科专业C语言程序设计课程的教材，也可作为计算机等级考试和自学人员的参考书。

图书在版编目(CIP)数据

高级语言程序设计：微课版/李益才，鲁云平主编. —北京：清华大学出版社，2023.6(2024.8重印)
高等院校计算机教育系列教材
ISBN 978-7-302-63668-7

Ⅰ. ①高… Ⅱ. ①李… ②鲁… Ⅲ. ①高级语言—程序设计—高等学校—教材 Ⅳ. ①TP312

中国国家版本馆CIP数据核字(2023)第100528号

责任编辑：石　伟
封面设计：杨玉兰
责任校对：周剑云
责任印制：刘　菲
出版发行：清华大学出版社
网　址：https://www.tup.com.cn, https://www.wqxuetang.com
地　址：北京清华大学学研大厦A座　　邮　编：100084
社 总 机：010-83470000　　邮　购：010-62786544
投稿与读者服务：010-62776969, c-service@tup.tsinghua.edu.cn
质量反馈：010-62772015, zhiliang@tup.tsinghua.edu.cn
课件下载：https://www.tup.com.cn，010-62791865
印 装 者：三河市君旺印务有限公司
经　销：全国新华书店
开　本：185mm×260mm　　**印　张**：17.25　　**字　数**：418千字
版　次：2023年6月第1版　　**印　次**：2024年8月第2次印刷
定　价：59.00元

产品编号：098297-01

前　言

"高级语言程序设计"是信息类专业的基础必修课程，虽然国内外本课程教材较多，但大都侧重于编程语言的语言要素和编程技巧，而忽略了学生思维能力、实际工程问题的系统分析设计和整体解决方案设计能力的培养与训练，在实际教学过程中容易出现"从数学思维到计算思维转换难""注重语言要素，弱化算法思维和工程能力"等问题，学生存在"听得懂课、编不来程"的尴尬。

纵观信息类专业的程序设计课程，要求学生掌握面向过程程序设计的基本框架、结构化程序设计思想和方法等，能针对求最大最小值、均值、数的分解、统计、排序、查找等具体问题进行合适的建模和编程实现；在相关工程知识的支持下，能够针对小型问题，使用自顶向下、逐步求精、模块化、穷举、试探等程序设计思想进行分析和求解，具有一定的计算思维能力；能够选择使用适当的开发环境包括操作系统和 C 语言开发工具等完成小规模 C/C++语言程序的设计与调试，具有初步的编程能力。

本书着眼于计算思维和程序设计能力的培养，以问题驱动方式逐步建构学生的编程知识和能力体系，提高学生的建模与编程实现能力，促进成果导向的课程目标达成。本书共分为 8 章，各章的主要内容说明如下。

第 1 章为绪论。从一个简单的程序入手，让学生清楚程序的架构、算法的表述以及计算机执行程序的过程和简单工作原理。

第 2 章讲述程序设计基础。从顺序结构入手，不纠结复杂的数据类型和输入/输出控制，通过包括顺序、分支、循环等三种基本结构的实现方式，详细阐述统计问题、穷举、迭代、随机数应用以及字符图案打印等算法思想。

第 3 章讲述函数。从求三角形面积出发，阐述函数的作用及分类、函数定义及参数传递的基本方法等，重点讲述函数调用的执行过程以及递归函数的基本思想。

第 4 章讲述数组。从同类型批量数据存储的角度，阐述一维数组和二维数组的使用方法，重点讲述以函数方式操作数组数据的方法，以及其中所涉及的排序、查找、字符串处理等算法。

第 5 章讲述指针。以按需分配内存空间为例引入指针的概念，通过指针对一维数组(含字符串)、二维数组的操作以及动态内存分配等，强化学生对计算机内存存储数据的理解。

第 6 章讲述结构体及其应用。以学生基本信息管理为例，引入结构体的基本概念及其应用，以结构体数组强化学生利用程序设计进行数据管理的基本思想，结构体与指针的结合也将引出另外一种数据存储结构，将介绍链表以及链表的应用。

第 7 章讲述文件操作。本书以标准 C 中关于文件的操作为蓝本，以文件的应用为出发点，重点阐述了文件操作的基本步骤。

第 8 章为综合应用。以学生基本信息管理为例，详细阐述了一个系统从分析到设计、

再到编码实现的全过程。

参加本书编写的作者拥有十多年的计算机程序设计语言教学经验和丰富的心得与体会，并参加了所在学校计算机科学与技术专业的工程教育专业认证的顶层设计、教学实施、评价和持续改进。本书内容广泛、重点突出，在编写上采用了问题导向、循序渐进、逐步展开的方法，精心设计了大量示例，以加深学生对程序设计思想的理解，提高学生利用程序设计思想和计算思维来分析问题和解决问题的能力。本书同时配备有多媒体课件、例题源代码以及用于学生训练的习题供下载。

本书由李益才、鲁云平主编，王家伟、姚雪梅、曹娟等共同编写。具体编写分工如下：第 1 章、第 3 章由王家伟编写，第 2 章、附录及最后的统稿由鲁云平完成，第 4 章由曹娟编写，第 5 章、第 6 章由李益才完成，第 7 章由姚雪梅编写，第 8 章由鲁云平、王家伟、李益才共同完成。本书的编写还得到了作者的各级领导和同仁的关心与支持，在此一并表示感谢。

限于编者水平，书中不当之处敬请广大读者批评指正，以使本书能得到不断完善。

编　者

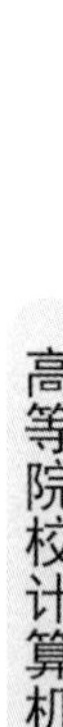

目　录

第 1 章　绪论......1

1.1　最简单的程序......1

1.2　程序与计算机语言......3

1.2.1　程序......3

1.2.2　程序设计......5

1.2.3　程序设计语言......5

1.3　算法及其表示......6

1.3.1　算法概念......6

1.3.2　流程图......6

1.4　补充阅读材料......7

1.4.1　计算机的产生与发展......7

1.4.2　计算机组成与工作原理......9

习题......11

第 2 章　程序设计基础......12

2.1　顺序结构程序设计......12

2.1.1　求梯形的面积......12

2.1.2　常量与变量......13

2.1.3　运算符与表达式......17

2.1.4　输入与输出......20

2.2　分支结构程序设计......23

2.2.1　分段函数求值......23

2.2.2　简单分支结构......24

2.2.3　多分支结构......26

2.2.4　开关语句......29

2.2.5　分支结构的嵌套......32

2.3　循环结构程序设计......34

2.3.1　求和问题......34

2.3.2　while 循环......35

2.3.3　for 循环......37

2.3.4　循环控制语句与嵌套......40

2.4　程序设计综合应用......41

2.4.1　最值问题......41

2.4.2　均值问题......43

2.4.3　计数问题......44

2.4.4　级数求和问题......45

2.4.5　穷举法......46

2.4.6　迭代法......47

2.4.7　随机数应用......49

2.4.8　字符图案打印......50

2.5　补充阅读材料......51

2.5.1　数据及其表示......51

2.5.2　编程规范......60

习题......63

第 3 章　函数......64

3.1　求三角形的面积......64

3.2　函数分类......68

3.2.1　标准库函数......68

3.2.2　自定义函数......70

3.3　函数的调用和参数传递......78

3.3.1　函数的调用形式......79

3.3.2　形参与实参......80

3.3.3　函数调用的执行过程......81

3.3.4　函数的嵌套调用......82

3.3.5　递归函数......85

3.4 函数的特殊形式 92
3.4.1 内联函数 92
3.4.2 带有默认参数的函数 93
3.4.3 函数的重载 94
3.5 变量的作用域及存储特性 98
3.5.1 变量的作用域 98
3.5.2 变量的存储特性 104
3.6 程序的文件结构与编译预处理 108
3.6.1 文件包含命令#include 108
3.6.2 条件编译 110
3.6.3 名字空间 113
习题 115

第 4 章 数组 116

4.1 一维数组 116
4.1.1 统计问题 116
4.1.2 一维数组的定义 116
4.1.3 一维数组的引用 117
4.1.4 一维数组的初始化 117
4.1.5 一维数组的处理 118
4.1.6 一维数组应用举例 122
4.2 二维数组 133
4.2.1 学生成绩表 133
4.2.2 二维数组的定义 134
4.2.3 二维数组的引用 135
4.2.4 二维数组的初始化 136
4.2.5 二维数组的处理 137
4.2.6 二维数组应用举例 140
4.3 字符数组 151
4.3.1 字符串排序 151
4.3.2 字符数组的定义 152
4.3.3 字符串与字符数组 152
4.3.4 字符数组的初始化 153
4.3.5 字符数组元素的引用 153
4.3.6 字符数组的输入输出 154
4.3.7 与字符串相关的其他函数 156
4.3.8 字符数组应用举例 159
习题 165

第 5 章 指针 166

5.1 指针的引入 166
5.2 指针的定义 166
5.2.1 内存与地址 166
5.2.2 数据与代码在内存的存放 167
5.2.3 值和类型 168
5.2.4 指针的定义 169
5.2.5 指针变量的使用 169
5.3 指针的运算 173
5.3.1 指针的算术运算 174
5.3.2 指针的关系运算 176
5.4 指针的应用 178
5.5 指针与数组 182
5.5.1 指针与一维数组 182
5.5.2 指针与二维数组 186
5.6 动态内存分配 193
5.6.1 new 和 delete 194
5.6.2 malloc 和 free 196
5.7 指针与函数 197
5.7.1 指针函数 197
5.7.2 函数指针 200
习题 201

第 6 章 结构体及其应用 202

6.1 复杂数据的管理问题 202
6.2 结构体 203
6.2.1 结构体声明 203

6.2.2 结构体变量的定义及初始化......206
6.2.3 结构体成员的使用......207
6.3 结构体数组......211
6.4 链表及其应用......214
6.4.1 链表的基本概念......214
6.4.2 单链表的建立......215
6.4.3 单链表的遍历......221
6.4.4 单链表节点的插入......222
6.4.5 单链表节点的删除......224
6.4.6 约瑟夫环......226
习题......228
第 7 章 文件操作......229
7.1 文件概述......229
7.2 文件类型......230
7.3 文件指针......230
7.4 文件的打开与关闭......231
7.4.1 文件的打开......231
7.4.2 文件的关闭......232
7.5 文件的读写......233
7.5.1 读写字符的库函数......233
7.5.2 读写字符串的库函数......234
7.5.3 格式化读写函数......236
7.5.4 块读写的库函数......237
7.6 文件的定位......241
7.6.1 rewind()......241
7.6.2 fseek()......241
7.6.3 ftell()......242
习题......243
第 8 章 综合应用......244
8.1 问题描述......244
8.2 问题分析与设计......244
8.2.1 功能分析......244
8.2.2 数据结构分析......248
8.2.3 数据结构设计......249
8.3 系统实现......253
8.3.1 工程项目的文件构成......253
8.3.2 功能函数的编程实现......254
参考文献......267

第 1 章　绪　　论

第 1 章　源程序

1.1　最简单的程序

计算机领域中的编程语言多种多样，其中 C/C++语言是流行时间长、应用面广的程序设计语言。无论学习哪种编程语言，最直接方式是使用该语言进行编程实践。只有通过实际的编程训练，才能验证和深入理解相应的编程知识。因此我们首先看一个最简单的程序，该程序只是在显示屏上以字符方式输出一行文字。

【例 1-1】在屏幕上输出一行“Hello world!”。

为了实现显示一行文字的目标，可以使用不同的编程语言来编程，如我们即将学习的 C 语言和 C++语言。

C 语言实现的具体代码如下：

`/*C program`
`File: 1-1.c`
`*/`
	注释

`#include <stdio.h>`	包含相应的头文件
`int main()`	定义 main 函数
`{`	main 函数的语句包含在一对花括号之中
`    printf("Hello world!");`	
`    return 0;`	返回值
`}`	

C++实现的具体代码如下：

`// C++ program` `//File: 1-2.cpp`	注释
`#include <iostream>`	包含相应的头文件
`int main()`	定义 main 函数
`{`	语句包含在一对花括号之中
`    std::cout<<"Hello world!";`	
`    return 0;`	返回值
`}`	

这个程序虽然简单，但对于初学编程的人来说，要实现该程序输出字符串的目标也需要对诸如编辑源程序文件、预处理方式、编译、链接与运行等相关的操作细节有一个较为清晰的理解，掌握了这些操作细节，有利于后续的进一步学习。

为了操作方便性，在实际开发中，我们常常选择集成了代码编写、分析、编译与调试、图形界面设计等功能的集成开发环境(integrated development environment，IDE)，如 QT、Code::Blocks、Visual Studio 2019 等。

该示例程序功能相当简单，虽如此，但也完整地体现了一个 C/C++程序的构成部分，具体如下。

1. 程序文件名

使用任何一个具备文本编辑功能的软件即可输入示例代码，完成后命名一个文件名称进行存储。上面两个文件名称的主要差异表现在扩展名方面，一个是“.c”，另一个是“.cpp”。前者说明在后面编译阶段应使用 C 语言编译器，C 语言编译器只能使用符合 C 语言规范的特征；而后者说明在编译阶段应使用 C++编译器，C++编译器可以使用 C 语言和 C++语言两者的特征。后面的示例代码中未做特殊说明，一般均使用 C++语言。

2. 注释

注释部分是不会执行的，可以自由地在程序中使用注释，以便程序更容易理解，编译器也不会对注释的语句进行编译。

C++中有两种注释方法。

“//”是单行注释，单行注释只能注释符号“//”后面的内容，到该行末尾位置结束。

“/* */”是多行注释，多行注释将符号“/*”放在将要注释内容的前面，符号“*/”放在将要注释内容的末尾，符号“/*”和“*/”中间的内容作为注释；C 语言中只能用此种注释方式。

3. 预处理命令

C++的程序中带“#”号的命令被称为宏或预处理命令，是指编译器在编译前的预处理阶段进行相关的处理，关于什么是宏定义或预处理命令，会在后面章节中讲到。常见形式为#include <filename>，表示包含和引用相应文件。

4. main()函数

函数中包含若干语句，以指定要执行的相关操作，这些语句处于一对花括号中，通常称为函数体；而变量常常用来存储处理过程中的数据。在 1-1.c 程序中，我们定义的函数为 main()，通常情况下，我们定义函数时，函数的命名没有什么限制，但 main()函数是一个特殊的函数，因为在面向过程的编程方式中，每个程序都是从 main()函数开始执行，这就意味着，在程序的某个位置必须定义一个 main()函数。当然，main()函数通常会调用其他函数来协作完成相关的操作，这些被调用的函数可以来自系统提供的函数库，也可以是程序自行设计和定义的函数，在 1-1.c 示例代码中，我们调用了库函数 printf()来实现字符串的输出；而 1-2.cpp 的代码中，使用流操作符实现字符串输出。main()函数按照定义好的流程执行完成后返回系统，返回时通常也会返回一个特殊的值，用来判断函数执行情况以及返回函数执行结果，示例中的返回值是 0，通常代表正常返回。

5. 语句

从示例代码来看，main()函数是由多条语句定义的。在 C/C++中，语句是以分号“;”进行分隔的。一行可以写多个语句，一个语句也可以在多行写出。

6. 返回值

在 C/C++语言中，一个函数完成指定功能后，一般都会返回一个值，以代表特定的状态或需要进行的其他操作。

【例 1-2】从键盘上输入三个整数，求这三个数中的偶数之和。

```
#include <iostream>             //包含相应的头文件
using namespace std;
int is_even(int x)              //自定义判断 x 是否为偶数的函数
{
    if (x % 2==0)
        return 1;               //若是偶数返回 1
    else
        return 0;               //若是奇数返回 0
}

int main( )                     //定义主函数
{
    int a, b, c, s;
    s = 0;
    cin >>a>>b>>c;              //从键盘上输入 a, b, c 的值
    if (is_even(a)==1)          //调用 is_even()函数判断 a 是否为偶数，若是做累加
        s = s+a;
    if (is_even(b)==1)          //调用 is_even()函数判断 b 是否为偶数，若是做累加
        s = s+b;
    if (is_even(c)==1)          //调用 is_even()函数判断 c 是否为偶数，若是做累加
        s = s+c;
    cout<<s;                    //输出累加后的值
    return 0;                   //主函数返回
}
```

说明：

(1) C/C++程序由一个或多个函数组成，如本例中有两个函数：一是 is_even(int x)，判断 x 是否为偶数；二是 main( )函数，是整个程序的入口函数。可以根据需要自行定义一个或多个函数，但任何一个 C/C++程序只能有且只有一个 main 函数。

(2) 函数 is_even(int x)有一个整数返回值，函数功能是判断 x 是否为一个偶数，若 x 是偶数，则返回值为 1；若 x 是奇数，则返回值为 0。

(3) 在 main 函数中调用 is_even 函数，判断 a, b, c 三个数是否为偶数，若是进行累加。

1.2　程序与计算机语言

1.2.1　程序

什么是程序？简单来说，程序就是计算机为解决某些特定问题所需的指令序列(或符号化语句序列)，通常完成某个特定的功能，它是计算机系统的必要组成部分。按照冯·诺依曼结构，程序是通过外存来加载到计算机之内的。同时，所有程序都基于机器语言运行，机器语言是一个以二进制数字(0 和 1)构成的语言。

一般地，程序是由高级语言编写，然后再被编译器/解释器转译为机器语言，从而得以执行。有时，也可用汇编语言进行编程，汇编语言在机器语言上进行了改进，以单词代替了 0 和 1 的序列，例如以 ADD 代表相加，MOV 代表传递数据等。

用高级语言的语句组成的序列通常称为源程序。根据冯·诺依曼程序执行原理，源程序不能直接被机器所理解，必须通过编译系统或解释系统进行翻译，转换为计算机能识别

的 0 和 1 的指令序列——机器语言，从而让计算机按预定的步骤执行，这种指令序列称为目标程序。

根据将源程序翻译成目标程序的不同方式，程序的执行方式可以划分为编译方式和解释方式。编译方式是将源代码一次性转换成目标代码的过程，如图 1.1 所示。解释方式是将源代码逐条转换成目标代码，同时逐条运行的过程，如图 1.2 所示。

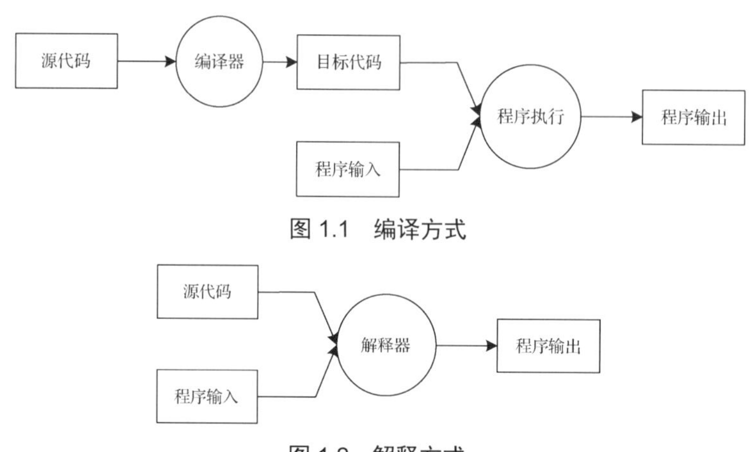

图 1.1　编译方式

图 1.2　解释方式

由于本书主要讲解使用 C/C++语言，而 C 和 C++语言都是编译型语言，因此从代码编写阶段开始，到最终代码运行为止，大体上可分为四个阶段，如图 1.3 所示。

可见，编写一个完整的 C/C++程序是一个较为复杂的过程，该过程涉及多个阶段的工作，而每一个阶段又需要完成不同的任务，因此为方便起见，推荐使用 IDE，以摒弃繁杂的操作细节，快速进入编程领域。

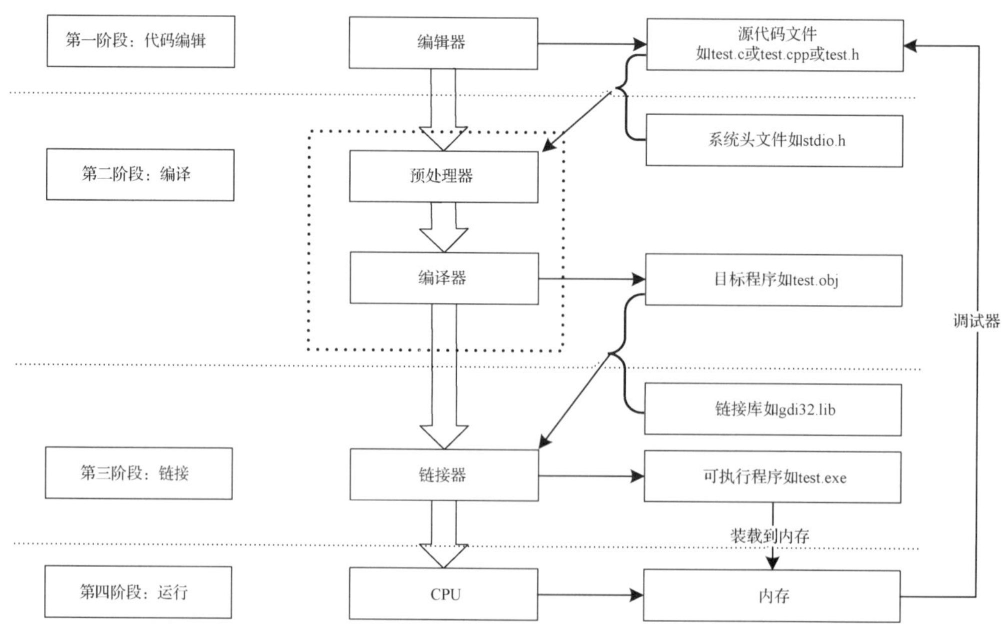

图 1.3　C/C++编程实践步骤

1.2.2　程序设计

程序设计就是根据给定问题所提出的任务进行设计，采用计算机语言编写源代码程序及进行调试的过程。程序设计的关键是算法，算法是为解决某个特定问题而采取的确定且有限的步骤，是程序设计的灵魂。算法有 5 个特性：有穷性、确定性(不能有二义性)、可行性、有 0 个或多个输入、有一个或多个输出。

程序设计包括 4 个基本步骤：确定数据结构和算法、编码、在计算机上调试程序、整理写出文档资料。

1.2.3　程序设计语言

程序设计的任务是用计算机懂得的语言编写程序，然后交由计算机去执行。因此，程序设计语言是程序设计必不可少的手段和工具。

一般认为，程序设计语言可以分为四大类。

1. 面向机器的语言

最早出现的程序设计语言是机器语言(往往称为第一代语言)，它规定了若干个由 0 和 1 组成的指令序列，可以用它们来对计算机发布命令，即指令。这些指令的优点是可以被计算机直接理解和执行，因而速度极快。但是，这种指令系统的缺点也非常明显，它们非常难记忆，也难理解，更难以用来编写复杂的程序。

为便于记忆，人们引进一些符号来表示这些指令。如将加法和减法指令分别表示为 ADD 和 SUB。这些符号比单纯的 0 和 1 指令序列容易记忆，弥补了机器语言难记、难理解、难编写的缺陷，提高了程序设计的效率和质量。人们把这种改进了的、用符号来描述的指令系统称为汇编语言(常称为第二代语言)。

机器语言和汇编语言统称为面向机器的语言，它们的共同特点是针对某种特定的计算机系统而设计的，其指令序列依据不同的中央处理器(CPU)而不同。在同一台计算机上编制的程序在另一台计算机上可能无法运行。它们无法独立于机器而存在，不能保证程序的通用性和可移植性。人们把它们统称为低级语言。

2. 面向过程的语言

面向过程的语言独立于机器。程序设计者用这样的语言来编写程序，不需要了解计算机的内部结构，而是独立于各机器，可以在不同类型的计算机上运行。人们把它们统称为高级语言。例如 BASIC、FORTRAN、Pascal、C 语言等。

3. 面向对象的语言

对于使用过程化的语言编程解题，编写者的经历大多集中在“怎么做”这一解题过程上，而面向对象的语言编程，人们无须考虑这么多，只需要告诉计算机“做什么”，计算机便会完成具体的解题过程。面向对象语言一般是从面向过程的计算机语言上发展起来的。例如，C++是由 C 语言发展而来的，而 Delphi 得益于原来的 Pascal 语言。现在常用的面向对象语言有 C++、Java、C#、Python 等。

面向过程语言和面向对象语言都属于第三代语言。编写的程序执行方式为解释型和编

译型。如 QBASIC 程序的执行属于解释型，C/C++、Java 等的执行属于编译型，现在大多数的编程语言都是编译型的。

4. 第四代语言(4GL)

这种语言也称为非过程式语言(4GL)。从语言的发展来看，人们不断寻求越来越抽象的形式来表示程序，尽量地把程序员从繁杂的过程性细节中解放出来。第四代语言上升到更高的一个抽象层次，已经不再涉及太多的算法细节，它可以用类自然的语言形式提问。使用最广的第四代语言有数据库查询语言、程序生成器等。所以，一般称第四代语言是面向目标的语言。

总之，传统的过程化程序设计语言仍然是程序设计的基础。

1.3 算法及其表示

1.3.1 算法概念

一个程序使用变量或常量表达了相关的处理数据后，一般还需要使用相应的一系列语句对其进行操作和处理，这些语句必须符合合理的次序，程序才能得到正确的、符合预期的结果。人们通常将算法定义为一个有穷的指令集，这些指令为解决某一特定任务规定了一个运算次序，换句话说，算法就是对特定问题求解步骤的一种描述；此外，算法一般具备以下特性。

(1) 有输入：有 0 个或多个输入，它们是算法开始前给予算法的量。

(2) 有输出：有 1 个或多个输出，输出的量常常是算法处理的结果。

(3) 确定性：算法的每一步都应确切地、无歧义地定义，即应严格地、清晰地规定需要执行的动作。

(4) 有穷性：无论什么情况，一个算法都应在执行有穷步之后结束。

(5) 可行性：算法描述的操作可以通过已经实现的基本运算执行有限次来实现。

1.3.2 流程图

算法的描述方法很多，通常可使用“自然语言”“伪代码”“传统流程图”或 NS 图来描述。为了简洁、清晰地描述算法步骤，最常使用传统流程图或 NS 图。因为一图胜千言，使用特定的图形符号加上相应的说明文字来表示算法思路是一种极好的方法。其优点有：形象直观，各种操作一目了然，不会产生“歧义性”，便于理解，算法出错时容易发现，并可以直接转化为程序。

传统流程图的常用符号如图 1.4 所示。

结构化的程序由一些简单、有层次的程序流程架构所组成，其控制结构有三种。

1) 顺序(sequence)

程序中的各操作是按照它们出现的先后顺序执行的，如图 1.5(a)所示。

2) 选择(selection)

程序的处理步骤出现了分支，需根据某特定条件选择其中的一个分支来执行，如图 1.5(b)所示。

3) 循环(repetition)

程序反复执行某个或某些操作，直到某条件为假(或为真)时才可终止循环，如图 1.5(c)所示。

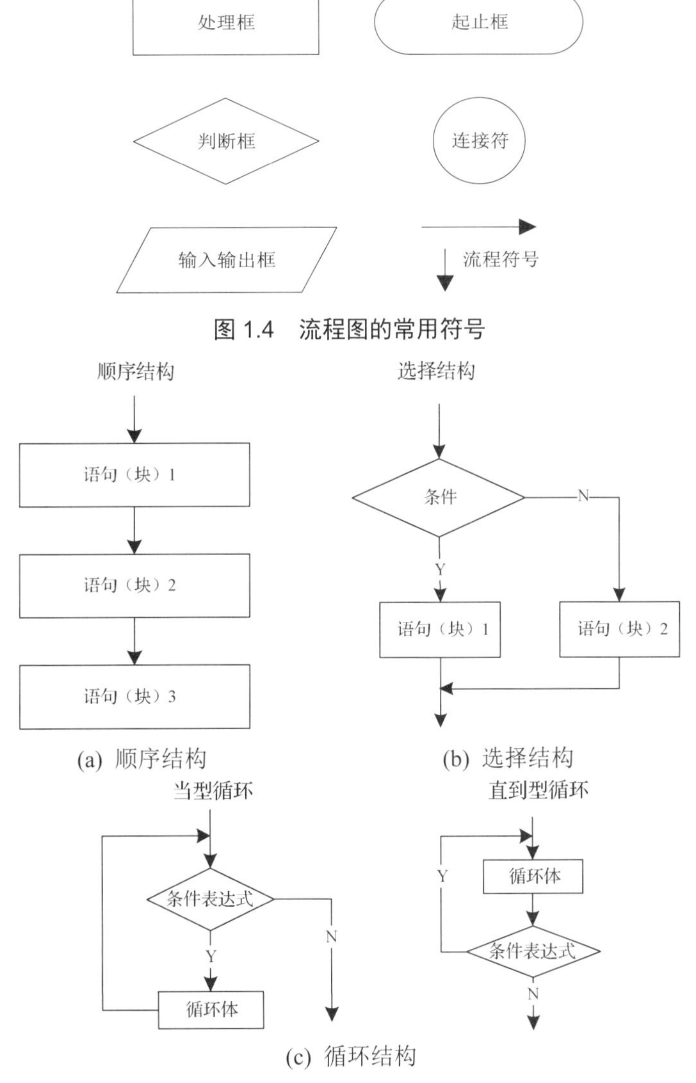

图 1.4 流程图的常用符号

(a) 顺序结构 (b) 选择结构

(c) 循环结构

图 1.5 结构化程序的三种控制结构

1.4 补充阅读材料

1.4.1 计算机的产生与发展

计算机(computer)是一种能够进行高速运算，具有存储能力，能按照事先编好的程序控制其操作处理过程的自动电子设备。随着科学技术的迅速发展，计算机的应用越来越广泛，已经成为人们学习、工作和生活的得力助手。其发展主要经历了以下几个阶段。

1. 计算机的诞生

在人类文明发展历史的长河中，计算工具经历了从简单到复杂、从低级到高级的发展过程。直到 20 世纪中期，新兴的电子学和深入发展的数学才将第一台电子数字计算机推上了历史舞台。从此人类社会进入了一个全新的历史时期。

世界上第一台通用电子计算机 ENIAC(electronic numerical integrator and computer)于 1946 年诞生于美国宾夕法尼亚大学，它的全称为“电子数值积分和计算机”。它是为计算射击弹道而设计的，主要元件是电子管，每秒能完成 5000 次加法或 300 多次乘法运算，比当时最快的计算工具快 300 倍。该机器使用了 1500 个继电器，18800 个电子管，占地 170 平方米，重达 30 多吨，耗电 150 千瓦，耗资 40 万美元，真可谓“庞然大物”。但是它使科学家们从奴隶般的计算劳动中解放出来，人们公认，它的问世标志着计算机时代的到来，具有划时代的伟大意义。

2. 计算机的发展

在计算机出现以来的几十年时间里，其发展速度令人咋舌，几乎渗透到了人类社会的各个领域和国民经济的各个行业。从计算机的发展过程来看，大致可分为以下 4 个阶段。

1) 第一代计算机(1946—20 世纪 50 年代末)

这一阶段的计算机采用电子管作为计算机的功能单元，通常称为电子管计算机时代。其主要特征是体积大、耗电量大、寿命短、可靠性差、成本高；采用电子射线管、磁鼓存储信息，内存容量小；输入输出设备落后；主要使用机器语言和汇编语言编制程序，主要用于数值计算。

2) 第二代计算机(1958—1964 年)

这一阶段的计算机采用晶体管制作其基本逻辑部件，通常称为晶体管计算机时代。其主要特征是体积小、重量轻、成本下降、可靠性和运算速度明显提高；普遍采用磁芯作为主存储器，采用磁盘和磁鼓作为外存储器；在软件方面，开始有了系统软件，提出了操作系统概念，出现了高级程序设计语言(如 FORTRAN 等)。计算机以既经济又有效的姿态进入了商用时期。国外的典型机种有 IBM-7090 等，我国有 441B 等计算机。

3) 第三代计算机(1964—1972 年)

这一阶段的标志是集成电路的开发与元器件的微小型化，通常称为集成电路计算机时代。其主要特征是计算机体积更小、速度更快、价格更加便宜；采用半导体存储器作为主存储器，存储容量和存取速度有了大幅度提高，增加了系统的处理能力；软件系统也有了很大发展，出现了分时操作系统，多用户可共享计算机资源；在程序设计方法上采用了结构化程序设计，为研制更加复杂的软件提供了技术上的保证。这一时期可称为计算机的扩展时期。典型机种在国外有 IBM-360，我国有 655、709 等型计算机。

4) 第四代计算机(1972 年至今)

微电子技术的迅速发展是这一时代的技术基础，通常采用大规模、超大规模集成电路。计算机体积更小、重量轻、造价更低，使计算机应用进入了一个全新的时代。典型机种有国外的 IBM-370，我国的“银河机”、152 机等，这也是微型机的诞生时代。

微型计算机，简称微机或者微电脑，其产生和发展完全得益于微电子学及大规模、超大规模集成电路技术的飞速发展。微电子技术可将传统计算机心脏部件——中央处理器(CPU)集成在一块芯片上，这样的芯片称为微处理器，是微型计算机的核心部件。自 1971

年 Intel 公司制成第一个微处理器以来，就经历了 4 位(4004，始于 1971 年)、8 位(8080，始于 1973 年)、16 位(8086，始于 1978 年)和 32 位(iAPX432，始于 1981 年)等 4 代的发展过程(这里的多少位是指计算机的字长，字长是计算机运算部件一次能处理的二进制数据的位数。字长越长，计算机的处理能力就越强)。而后，Intel 公司继续推出了新的 32 位芯片，如 80386(1985 年)、80486(1989 年)、Pentium(奔腾，1993 年)，Pentium Ⅱ(1997 年)、Pentium Ⅲ(1999 年)等。

自 20 世纪 80 年代开始，各先进国家都相继研究新一代的计算机，人们普遍认为新一代计算机应该是智能型的，它能模拟人的智能行为，理解人类自然语言，并继续向着微型化、网络化发展。综合起来大概有人工智能计算机、巨型计算机、多处理机、激光计算机、超导计算机、生物晶体计算机(DNA 计算机)、量子计算机等研究方向。大体上说，新一代计算机是采用大规模集成电路、非冯·诺依曼体系结构、人工神经网络的智能计算机系统。

1.4.2　计算机组成与工作原理

目前计算机种类繁多，在性能规模、处理能力、价格、复杂程度、服务对象以及设计技术等方面都有很大差别，但各种计算机的基本结构都是一样的。

1. 计算机系统的构成

如今的计算机其准确的称谓应该是电子数字计算机系统。计算机系统、计算机和中央处理器(CPU)是三个不同的概念，是计算机从全局到局部的不同层次。通常所说的计算机实际上是指计算机系统，由硬件系统和软件系统两大部分组成。从硬件方面看，它不仅包含了真正意义上的计算机主机，还包括多种与主机相连的必不可少的外部设备，如键盘、鼠标、显示器等，在没有安装软件之前，计算机称作为“裸机”，它是计算机系统的物质基础。软件是相对于硬件而言的，从狭义的角度上讲，软件是指计算机运行所需要的各种数据和指令的集合；从广义角度上讲，还包括手册、说明书和相关的资料。计算机的硬件系统和软件系统相互依赖，不可分割，如图 1.6 所示。

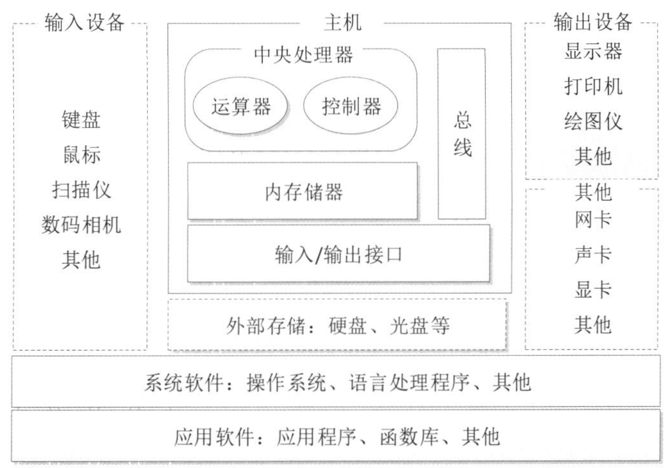

图 1.6　计算机系统的概念结构

计算机硬件系统通常由运算器、控制器、存储器、输入设备与输出设备等五大基本部件组成。

(1) 运算器：是计算机中进行算术运算和逻辑运算的部件，通常由算术逻辑运算部件(ALU)、累加器及通用寄存器组成。

(2) 控制器：用来控制和协调计算机各部件自动、连续地执行各条指令，通常由指令部件、时序部件及操作控制部件组成。

运算器和控制器是计算机的核心部件，这两个部分合称为中央处理器(CPU)。

(3) 存储器：主要功能是用来保存各类程序和数据信息。存储器分为主存储器(内存储器)和辅助存储器。主存储器可分为随机存储器(random access memory，RAM)和只读存储器(read only memory，ROM)。辅助存储器大多采用磁性和光学材料制成，如磁盘、磁带和光盘等。

CPU 和主存储器组成了计算机的主要部分，简称主机。

(4) 输入设备：用于从外界将数据、命令输入到计算机的内存，供计算机处理，常用的输入设备有键盘、鼠标、卡片阅读机、光笔等。

(5) 输出设备：用来将计算机处理后的结果信息转换成外界能够识别和使用的数字、文字、图形、声音、电压等信息形式。常用的输出设备有显示器、打印机、绘图仪、音响设备等。

需要说明的是，有些设备既可以作为输入设备，又可以作为输出设备，如硬盘、光盘驱动器、磁带机等。

2. 计算机的工作原理

计算机的工作过程就是程序的执行过程，程序中的每一个操作步骤都是指示计算机做什么和如何做的命令，这些用以控制计算机、告诉计算机进行怎样操作的命令称为计算机指令。只要这些指令能被计算机理解，则将程序装入计算机并启动该程序后，计算机便能自动按照编写的程序一步一步地取出指令，根据指令的要求控制机器的各个部分运行。这就是计算机的基本工作原理，这一原理最初由美籍匈牙利科学家冯・诺依曼(Von Neumann)提出，故也称为冯・诺依曼原理。根据这一工作原理构成的计算机，就称为冯・诺依曼结构计算机，其整体工作原理如图 1.7 所示。

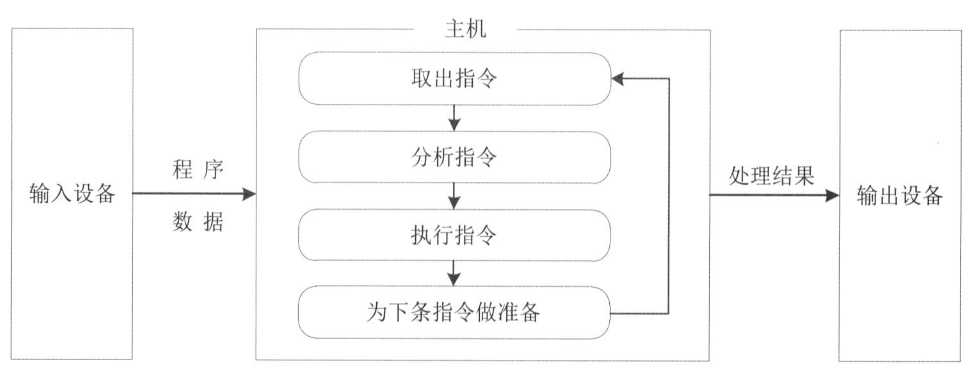

图 1.7　计算机的整体工作原理

1)　冯・诺依曼结构计算机的必备部件

可以看出，冯・诺依曼结构计算机必须具备如下部件。

(1)　能把要执行的程序和所需要的数据送至计算机中的存储器并存储起来。

(2)　需要具有输入程序和数据功能的输入设备。

(3)　需要能够完成程序中指定的各种算术、逻辑运算和数据传送等数据加工处理的运算器。

(4)　需要能根据运算的结果和程序的需求控制程序的走向并能根据指令的规定控制计算机各部分协调操作的控制器。

(5)　需要能按照人们的需求将处理结果输出给操作人员使用的输出设备。

2)　冯・诺依曼结构计算机的工作原理

冯・诺依曼结构计算机的工作原理重要之处是“程序存储”，即若想让计算机工作就要先把编制好的程序输入到计算机的存储器中存储起来，然后依次取出指令执行。

每条指令的执行过程又可以划分为以下 4 个基本操作。

(1)　取出指令：从存储器某个地址中取出要执行的指令。

(2)　分析指令：把取出的指令送到指令译码器中，译出指令对应的操作。

(3)　执行指令：向各个部件发出控制操作，完成指令要求。

(4)　为下一条指令做好准备。

习　　题

具体内容请扫描二维码获取。

第 1 章　习题

第 1 章　习题参考答案

第 2 章　程序设计基础

2.1　顺序结构程序设计

第 2 章　源程序

几乎任何编程语言都支持以下三种程序设计结构。

(1)　顺序结构。

(2)　选择结构。

(3)　循环结构。

其中顺序结构是程序中各个操作(常常对应的是一系列语句)按照在源代码中的排列顺序，从上到下，依次执行；选择结构是根据特定的条件进行逻辑判断后，再选择符合条件的语句(块)执行，多数情况可以给定多个条件，从而实现分支处理；而循环结构是重复执行某个或某些操作语句，直到某个时刻停止循环。三种结构中顺序结构较为简单，相对而言容易理解，我们首先学习顺序结构。

2.1.1　求梯形的面积

【例 2-1】已知梯形的上底、下底和高，求该梯形的面积。

1)　分析

在数学中，已知梯形的上底、下底和高的值，则计算面积的公式为：

面积=(上底+下底)×高/2

在编程中，有三个问题需要解决。

(1)　如何让计算机知道。

解决方法：输入已知信息。

(2)　如何计算梯形的面积。

解决方法：使用数学公式。

(3)　如何将结果展现出来。

解决方法：输出结果。

2)　求解步骤

由此得到求解步骤。

①　输入上底、下底和高=>a，b，h。

②　计算面积：area=(a+b)*h/2。

③　在屏幕上输出计算得到的面积。

从求解步骤来看，第①、②、③步是从上向下，依次进行处理。显然，在编程时需要定义 4 个变量，用来存储三个输入值和计算结果。

3)　实现代码

具体代码如下：

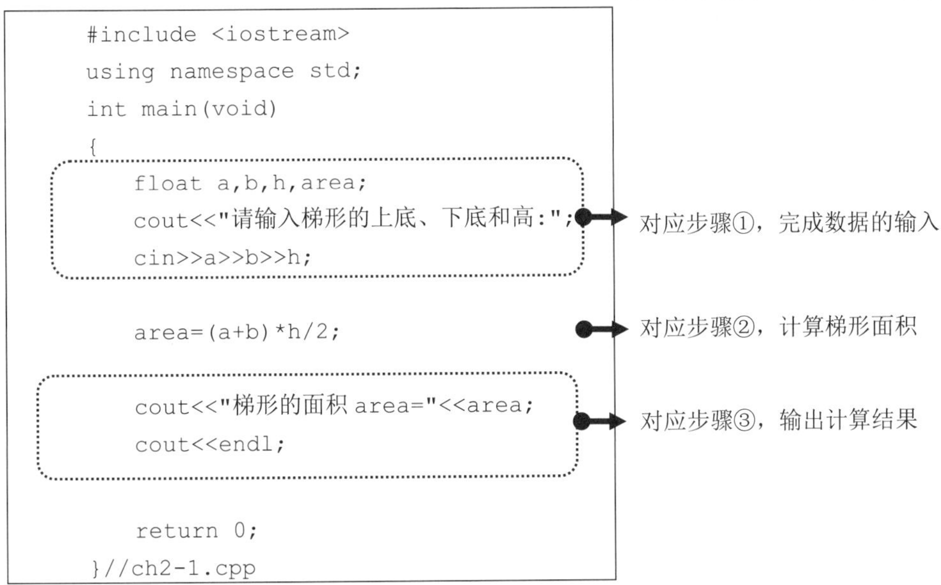

```
#include <iostream>
using namespace std;
int main(void)
{
    float a,b,h,area;
    cout<<"请输入梯形的上底、下底和高:";
    cin>>a>>b>>h;

    area=(a+b)*h/2;

    cout<<"梯形的面积 area="<<area;
    cout<<endl;

    return 0;
}//ch2-1.cpp
```

对应步骤①，完成数据的输入
对应步骤②，计算梯形面积
对应步骤③，输出计算结果

在这个示例中，梯形面积的计算是使用多个变量的值，并结合相关的算术运算，使用算术运算符以及与数学公式相似的表达形式来得到最终的计算结果。

2.1.2　常量与变量

一个 C/C++程序无论代码多少，基本上都是由具备一定功能的函数和代表特定意义的数据两部分组成的。而计算机能够处理整数、实数、字符、图像、声音等各种类型的数据，因此在程序中常使用变量和常量来存储表示数据。在程序运行过程中，变量常常用于存储处理过程中的数据值或计算结果，其存储的数据值可能发生改变，而常量值一旦初始化，就在整个程序运行期间一直保持不变。

1. 常量

在程序中直接给出的不可改变的量，常称为字面常量(literal constant)。在第 1 章的两个示例代码中，main()函数只是使用不同的语句将字符串常量进行了输出，在这里，字符串常量使用一对双引号进行了界定，输出时直接原样输出。

1)　整型常量

整型常量即平时使用的整数，不过实际使用过程中以不同的表达形式给出，如：

```
256          //十进制整数
-8932L       //负十进制长整数，在整数值后面加 l 或 L 表示长整数
-0126        //负八进制整数。八进制数以 0 开头，由 0～7 组成
0XFFDD       //十六进制整数，以 0X 或 0x 开头，由 0～9、A～F 或 a～f 组成
```

2)　实型常量

实型常量由整数和小数两部分构成，在实际使用过程中常常采用定点形式或指数形式，如：

```
3.1415926    //定点形式
-5.8E10      //指数形式表示，等于-5.8×10^10
```

3)　逻辑常量

逻辑常量仅有 true 和 false 两个值，计算机内部常用整数 1 和 0 表示。

4)　字符常量

字符常量包括普通字符常量和转义字符常量，通过在字符两边使用单引号表示字符常量，如'A'、'9'、'#'等都是一个普通字符常量。

5)　字符串常量

字符串常量是指用双引号引起、由若干个字符组成的序列，可以包含英文字符、转义字符、中文字符等。

在使用字符串常量时，应注意以下两点。

(1)　字符串是以空字符(ASCII 码值为 0)作为结束符。

(2)　字符串常量与字符常量是有区别的。"A"表示字符串常量，占两个字节，而'A'为字符常量，占 1 个字节。

6)　符号常量

C 语言常使用宏替换方式来定义常量标识符，习惯上称为符号常量，通常使用大写字符表示宏名，以区别于变量名，定义形式为：

```
#define 标识符 字符串
```

如：#define PI 3.1415926

之后即可直接使用 PI 进行表达，在预处理阶段，编译器会使用 3.1415926 替换 PI，这有利于后期维护工作。

7)　const 常量

C++中常使用 const 关键字来定义常量，常常使用初始化语句方式。由于定义形式中有数据类型，其语义更为清晰。

定义形式如下：

```
const  类型说明符  常量标识符 = 表达式;
```

如：const int DEFAULTSIZE=100;

2. 变量

在实际编程中，更常见的情况是数据随着指令的执行而发生改变，因此变量的正确使用就显得非常重要，而且理解 C/C++语言的词法及语法规则，尤其是字符集、关键字、运算符、标识符和分隔符等内容，也是编写程序的重要基础。

变量的正确使用常常由三个方面决定：一是变量的正确命名；二是声明其数据类型；三是存储的数据值。在 C/C++中，使用标识符来标识不同的变量；而数据类型可使用系统提供的基本数据类型或程序员自行定义的构造类型。最后，变量值的获取方式主要有初始化、赋值、输入或传输等方式。

1)　字符集

字符集(character set)是构造程序设计语言基本词法单位的字符的集合。C++语言使用的字符主要为键盘上的字符，包括如下几种字符。

(1)　26 个大写英文字母：A B C D E F G H I J K L M N O P Q R S T U V W X Y Z。

(2) 26 个小写英文字母：a b c d e f g h i j k l m n o p q r s t u v w x y z。

(3) 10 个数字：1 2 3 4 5 6 7 8 9 0。

(4) 其他符号：! # % ^ & * ( ) − + _ = { } [ ] \ | " ' ~ : ; < > , . ? / 空格。

2) 标识符

标识符(identifier)是数字、下划线、小写及大写拉丁字母和以 \u 及 \U 转义记号指定的 Unicode 字符 (C99 起)的任意长度字符序列，用于对变量、函数及自定义数据类型等进行命名，以达到区分的目的。在遵循 C/C++语言词法规则的前提下，可由程序员自由命名和定义，但应避免出现歧义性。实际开发经验告诉我们，科学合理地使用标识符，不仅可有效提高程序的可读性，也是一种良好的编程风格。

C++语言中的标识符应遵行下面的语法规则。

(1) 标识符的第一个字符必须是字母或下划线，其余为字母、数字、下划线。例如，birthDay、studentID 等都是合法的标识符。

(2) 标识符不能与关键字(也称保留字，具体内容详见表 2.1)同名，因为保留字是系统预先定义的具有特别用途的标识符，不能重定义它们。

(3) 标识符中字母的大小写是敏感的(即区分大小写)，因此 myFile 与 MyFile 是两个不同的标识符。

(4) 标识符不宜过长，也不宜过短，应保持适当的长度，因为一些早期编译器在标识符的有效字符数上面有一定的限制。

表 2.1　C++语言常见的关键字

alignas	char	else	namespace	return	try
alignof	char16_t	enum	new	short	typedef
and	char32_t	explicit	noexcept	signed	typeid
and_eq	class	export	not	sizeof	typename
asm	compl	extern	not_eq	static	union
atomic_cancel	const	false	nullptr	static_assert	unsigned
atomic_commit	constexpr	float	operator	static_cast	using
atomic_noexcept	const_cast	for	or	struct	virtual
auto	continue	friend	or_eq	switch	void
bitand	decltype	goto	private	synchronized	volatile
bitor	default	if	protected	template	wchar_t
bool	delete	inline	public	this	while
break	do	int	reflexpr	thread_local	xor
case	double	long	register	throw	xor_eq
catch	dynamic_cast	mutable	reinterpret_cast	true	

说明：表 2.1 只包含常见的关键字，并未包含新标准 C++ 20 中的新增内容。

3) 数据类型

C++语言提供了基本数据类型和构造数据类型，方便编程使用。

(1) 基本数据类型。

C++语言标准定义了一组基本数据类型，分别是字符型、整数型、浮点数型、布尔型

(C++语言新增)和空类型，同时系统规定了每种类型数据所占内存空间的最少字节数，即占用位数的最小值。

① 字符型：用关键字 char 表示，用于处理现代英语和其他西欧语言中的字符，保存的是该字符的 8 位 ASCII 码值，占用一个字节。例如，字母 A 的 ASCII 编码是十六进制数 41，字节中保存的值为 01000001。

② 整型：用关键字 int 表示，用于处理整型数。整型分为短整型 short、整型 int、长整型(32bit)long 和长整型(64bit)long long。

③ 实型：用关键字 float、double 和 long double(C++ 11 新增)表示，用于处理数学中的实数。其中 float 类型的空间大小为 32bit，可表示的浮点数范围是-3.4×10^{38}～3.4×10^{38}，能满足一般应用问题的精度要求。而 double 类型的空间大小是 64bit，可表示-1.7×10^{308}～1.7×10^{308}之间的实数，精度小到 1.0×10^{-308}。

④ 逻辑型：也称逻辑值：true 和 false，分别对应逻辑真和逻辑假，用关键字 bool 表示。C 语言没有逻辑型，常用 0 值表示逻辑“假”，而用非 0 值表示逻辑“真”。C++同时支持两种方法，推荐使用 true 和 false，含义更清晰。

⑤ 空类型：用关键字 void 表示。主要用于声明函数形参和返回类型，以及可指向任何类型的指针。

C++标准只是规定了各种基本数据类型所分配内存空间的最小值，在不同的编程环境中，分配的空间可以不同。

(2) 构造数据类型。

在实际开发中，基本数据类型可以用来描述一些比较简单的数据。但对于较复杂的数据，难以满足实际需要，此时常常使用自定义的构造数据类型进行描述。例如，在学生信息管理系统的设计中，通常需要管理多个学生的信息，而每个学生又有学号、姓名、邮政编码、家庭地址、联系电话等信息，使用基本数据类型难以描述。

C 和 C++语言支持的构造数据类型主要有数组、指针、结构体等，相关内容详见后面的相关章节。

我们可以使用如下语法规则进行变量的定义或声明：

```
[存储类别] <数据类型> <变量名列表>;
```

说明：

① [存储类别]为可选项。因为 C++新标准中将 auto 类型的含义进行了重新定义，因此 C++语言只有 3 个关键字，即 register、static 和 extern，用于说明数据的存储类型。

② <变量名列表>是用逗号分隔的多个变量名。

③ 变量在定义时，可以进行初始化。

4) 变量的值

变量名在程序中的一个作用是标识所分配的内存单元，程序使用变量名来访问内存空间，进行读写操作。变量名所标记的内存空间在没有赋初始值之前，其中的值是不确定的，使用这些值是导致程序错误的一个重要原因，编译器会对此发出警告。

(1) 赋值操作。

在声明了变量的数据类型之后，使用赋值操作符“=”可以对变量赋值，赋值是指向

所标识的内存存储单元进行数据存储操作，该操作具有方向性，其含义是将右边的数据或处理结果保存到左边标识符所标识和对应的存储空间中，进行赋值操作时要注意赋值运算符两边操作数的数据类型保持一致或类型兼容。

举例如下：

```
int num1;
double num2;
num1 = 10;
num2 = 11.0;
```

(2) 初始化语句。

该语句的含义和使用都较为简单，在声明变量的时候就给变量一个初始值。

举例如下：

```
int num = 10;
```

(3) 输入方式。

数据的输入与输出是任何编程语言最常见的基本操作，C/C++语言分别使用库函数和流的操作来实现变量的数据输入和输出，在 2.1 节的示例代码中进行了字符串字面常量的输出操作，而给变量输入数据的操作与输出操作相似，也是使用特定的库函数或流的操作来实现，从而获取相应的数据。

2.1.3 运算符与表达式

关系运算符和关系表达式

表达式(expression)是由运算符、操作数(operand)以及分隔符按一定规则组成的序列。其中的操作数可以是常量或变量，也可以是表达式。

1. 运算符

逻辑运算符和逻辑表达式

运算符(operator)又称操作符，是程序中用于表示各种特定操作的符号。C++语言的每个运算符都有其特定的语义和功能，并且对参与运算的操作数的个数和类型等有明确的规定。根据参加运算的操作数的个数，运算符可分为单目运算符、双目运算符和三目运算符。

C++语言的运算符种类丰富，功能强大，主要有以下类型的运算符。

1) 算术运算符

C++语言的算术运算符有如下两种。

- 单目运算：负数(-)、正数(+)、自增(++)和自减(--)。
- 双目运算：加法(+)、减法(-)、乘法(*)、除法(/)、求模(%)。

加法、减法、乘法运算符的功能与数学中的加法、减法和乘法相同。其他算术运算符的说明如下：

除法运算符(/)的操作数为整数或实数。若两个操作数都是整数，则两数相除的结果为整数；若两个操作数的其中一个是实数，计算结果也是实数。

求模运算(%)要求两个操作数均为整数，其结果是两个整数相除后的余数。

自增(++)与自减(--)是具有赋值功能的单目算术运算，其操作数只能是变量，不能是常量或表达式。其功能是在变量当前值的基础上加 1 或减 1，再将值赋给变量自己，分为

前置自增(或自减)和后置自增(或自减)。前置自增是先完成变量的自增(或自减)再参与其他运算，而后置自增则正好相反。

2)　关系运算符

对操作数进行大小比较的运算称为关系运算。C++语言中的关系运算符有小于(<)、小于等于(<=)、大于(>)、大于等于(>=)、等于(==)和不等于(!=)6 个，它们都是双目运算符。

关系运算的结果是一个逻辑值：真(true)或假(false)。当关系成立时，运算结果为真；当关系不成立时，运算结果为假。

3)　逻辑运算符

逻辑运算用于进行复杂的逻辑判断，一般以关系运算或逻辑运算的结果作为操作数。逻辑运算符有逻辑非(!)——单目运算符、逻辑与(&&)和逻辑或(||)——双目运算符。

逻辑运算的结果依然是逻辑型的量，即 true 与 false。逻辑运算结果满足表 2.2，其中 1 表示逻辑“真”，0 表示逻辑“假”。

表 2.2　逻辑运算的真值表

P	Q	!P	P&&Q	P||Q
1	1	0	1	1
1	0	0	0	1
0	1	1	0	1
0	0	1	0	0

说明：

C++对“逻辑与”和“逻辑或”实行“短路”运算。&&和||运算从左向右顺序求值，当&&运算的左操作数的值为假(或者||运算的左操作数的值为真)时，则右操作数的表达式不需要再计算，直接可判定逻辑表达式的值为假(或真)。

4)　位运算符

位运算是指对字节中的二进制位进行移位操作或逻辑运算。C++从 C 语言继承并保留了汇编语言中的位运算，使得它也具有低级语言的功能。位运算的操作数只能是 bool、char、short 或 int 类型数值，不能是 float 和 double 实型数值。支持的运算有按位取反(~)、左移(<<)、右移(>>)、位与(&)、位或(|)和位异或(^)，其中除按位取反是单目运算符外，其余均为双目运算符。

5)　赋值运算符

赋值运算具有方向性，其含义是将右边表达式的运算结果保存至左操作数所标识的存储空间中，这是变量得到数据的常见方式。

除赋值运算符外，C++还有一类集运算和赋值功能于一身的复合赋值运算符。它们是加法赋值符(+=)、减法赋值符(−=)、乘法赋值符(*=)、除法赋值符(/=)、模运算赋值符(%=)、左移赋值符(<<=)、右移赋值符(>>=)、按位与赋值符(&=)、按位或赋值符(|=)和按位异或赋值符(^=)。

6)　其他运算符

(1)　sizeof 运算符。

sizeof 运算符用于获取数据类型或表达式返回的类型在内存中所占用的字节数，它是

单目运算符。语法格式为：

```
sizeof(<类型名>或<表达式>)
```

(2) 逗号运算符。

逗号运算符用于将两个表达式连接在一起，是双目运算符。整个表达式的值取自最右边的表达式。

(3) 条件运算符(?:)。

条件运算符是 C++中唯一的三目运算符，其语法格式为：

```
<表达式 1>?<表达式 2>:<表达式 3>
```

其中<表达式 1>通常为关系或逻辑表达式。整个表达式的值根据<表达式 1>的值决定，当<表达式 1>的值为真时，整个表达式的运算结果为<表达式 2>的值，否则为<表达式 3>的值。

(4) 取地址运算符(&)。

取地址运算符用于获取某个变量的内存单元地址，它是单目运算符。其语法格式为：

```
&<变量名>
```

除此之外，还有递引用操作符“*”、成员操作符“.”“->”等。

2. 表达式的计算

C/C++语言规定了表达式的求值次序、结合性和优先级等规则，来完成表达式的计算过程。

求值次序是以正确计算表达式结果为目的而规定的计算次序。不过，不同的编译器规定的求值次序可能不一致。

优先级是指不同的运算符可以规定不同的优先级，这样有利于按照从高到低的方式完成计算。

而结合性是指运算符具备相同优先级时所规定的计算先后次序。

例如(假定下面的变量均是可以有效使用的变量)：

```
a = b+c*d; //这里，赋值运算符的右值是先乘后加
a = b+c-d; //这里，C++规定，加减法同级，先左后右
a = b = c = d; //这里，C++规定，赋值操作是先右后左
```

3. 类型转换

C/C++语言在计算表达式的结果时，常常为了计算结果的准确性或者为了特定的目标，需要进行类型转换。一般来说，隐式类型转换不会影响最终的计算结果，而强制类型转换通常是为了特定的目标而丢失计算结果的准确性，从而导致计算结果的精度受损。

隐式类型转换的基本规则是字节占用少的数据类型向字节占用多的类型转换。基本数据类型的字节占用从小到大的顺序为 char、int、float、double。

所谓强制类型转换，是指将变量或表达式从某种数据类型转换为指定的数据类型。这种转换并不改变原变量或表达式的值，仅仅通过转换得到一个所需类型的值。比如：

```
int x = 9;
double d;
d = (double)x*x+2*x-16;     //类型转换，表达式类型从 int 转换为 double 类型
x = int(d);                 //double 型向 int 型转换，精度受损
```

2.1.4 输入与输出

1. C 语言的输入输出

C 语言本身并无专门的输入输出语句。所有的输入输出操作都是调用库函数来实现的，主要包括如下两类。

字符的输入与输出：getchar()、putchar()。

格式输入与输出：scanf()、printf()。

输出函数的功能是将程序运行的结果输出到屏幕上，而输入函数的功能是通过键盘给程序中的变量赋值。可以说输入输出函数是用户与计算机交互的接口。

1) printf()

printf()函数是一个标准库函数，其功能是按用户指定的格式，把指定的数据显示到显示器屏幕上，是最常用的数据显示或输出函数，它的函数原型在头文件 stdio.h 中，函数原型为：

```
int printf(char *format [, argument, ...]);
```

常见的使用方法：

```
printf("格式控制字符串", 输出项列表);
```

将一组参数，由 format 给定的格式规定输出格式，把数据格式化并且输出到标准输出设备。

其中格式控制字符串包含三种。

(1) 普通字符：按原样输出，主要用于输出提示信息。

(2) 转义字符：指明特定的操作，如表 2.3 所示。

表 2.3 转义字符

字符形式	含 义
\n	换行
\t	横向跳格(Tab)
\v	竖向跳格
\b	退格
\r	回车
\\	反斜杠
\'	单撇号
\xhh	1 到 2 位十六进制数所代表的字符
\ddd	1 到 3 位八进制数所代表的字符

(3) 格式说明：由"%"和"格式字符"组成，%格式字符。它表示按规定的格式输出数据，如表 2.4 所示。

表 2.4　printf()常见格式控制字符串

格式控制	说　明
%d	按十进制整型数据的实际长度输出
%md	m 为指定的输出字段的宽度。如果数据的位数小于 m，则左端补以空格，若大于 m，则按实际位数输出
%u	输出无符号整型(unsigned)
%c	用来输出一个字符
%f	用来输出实数，包括单精度和双精度，以小数形式输出。不指定字段宽度，由系统自动指定，整数部分全部输出，小数部分输出 6 位，超过 6 位的四舍五入
%.mf	输出实数时小数点后保留 m 位，注意 m 前面有个点
%o	以八进制整数形式输出
%s	用来输出字符串。用%s 输出字符串同前面直接输出字符串是一样的。但是此时要先定义字符数组或字符指针指向字符串
%x(或 %#x)	以十六进制形式输出整数

2)　scanf()

scanf()函数和 printf()一样，非常重要，而且用得非常多。它的功能用一句话来概括就是“通过键盘给程序中的变量赋值”。该函数的原型为：

```
int scanf(char *format [,argument, ...]);
```

常见的使用方法：

```
scanf("格式控制字符串", 地址列表);
```

按规定格式从键盘输入若干任何类型的数据给 argument 所指的单元。

其中格式控制字符串包含两种。

(1) 普通字符：键盘输入时，要按原样输入，一般起分隔或提示作用。在实际编程中很少使用。

(2) 格式说明：由"%"和"格式字符"组成，形如：%格式字符，如表 2.5 所示。

表 2.5　scanf()常见格式控制字符

字　符	说　明
d(D)	用来输入十进制整数
o(O)	用来输入八进制整数
x(X)	用来输入以十六进制整数
i(I)	用来输入十进制、八进制(0 开头)、十六进制(0x 开头)整数
u(U)	用来输入无符号十进制整数
c	用来输入单个字符
s	用来输入字符串，将字符串送到一个字符数组中
%	输入百分号(%)

3) getchar()

为了使用方便，C 语言还提供了专门用于字符输入与输出的库函数。getchar()函数的功能是从键盘输入一个字符。在执行字符输入函数时，将等待用户从键盘输入相应字符。由键盘输入的字符依次存储在输入缓冲区中，同时也在屏幕上显示，并且以 Enter 键结束，但一个字符输入函数只能顺序接收一个字符，输入缓冲区中的剩余字符(包括 Enter 键)将留给后面的输入函数使用。

C 语言中字符输入函数的使用方法为：

```
getchar()或变量 = getchar()
```

如：

```
char x;
x = getchar();
```

使用说明如下。

(1) 使用 getchar 函数前必须包含头文件 stdio.h。

(2) 字符输入函数每调用一次，就从标准输入设备上读取一个字符，而且只能接受单个字符，如果输入数字就按数字字符处理。

(3) 执行 getchar()输入字符时，输入字符后需要按 Enter 键，程序才会响应。

(4) getchar()函数也将 Enter 键当作一个字符读入。因此，在用 getchar()函数连续输入两个字符时要注意回车符。

4) putchar()

字符输出函数的使用方法为：

```
putchar(c);
```

该函数的功能是在显示器的当前光标位置处输出 c 所表示的一个字符，其中 c 可以是字符型常量、字符变量、整型变量或整型表达式。

如：

```
putchar('A');
putchar('\n');
putchar(66);
```

2. C++语言的输入输出

C++语言中把数据之间的传输操作常称为“流”。C++中的流有两种类型：输入流和输出流。输入流表示数据从某个输入设备传送到内存缓冲区变量中；输出流表示数据从内存传送到某个输出设备中。标准输入设备通常是键盘，而标准输出设备通常是显示器。为方便用户使用标准输入输出设备，C++语言在头文件 iostream 中定义了 istream(输入流)和 ostream(输出流)以及两个对象 cin(代表标准输入设备)和 cout(代表标准输出设备)。在编写程序时，当通过键盘输入数据时使用 cin 流，当通过显示器输出数据时使用 cout 流，同时必须使用预处理命令把头文件 iostream 包含到程序中，语句如下：

```
#include<iostream>
```

C++的流通过重载运算符“>>”和“<<”执行输入和输出操作，“>>”称为析取运算符，“<<”称为插入运算符。

1)　cin 语句

cin 语句的一般格式如下：

```
cin>>变量 1>>变量 2>>…>>变量 n;
```

当从键盘上输入数据时，只有当输入完数据并按下 Enter 键后，系统才把该行数据存入到键盘缓冲区，供 cin 流顺序读取给变量。另外，从键盘上输入的每个数据之间必须用空格或回车符分开。

2)　cout 语句

cout 语句的一般格式如下：

```
cout<<表达式 1<<表达式 2<<…<<表达式 n;
```

在执行 cout 语句时，先把待输出数据顺序存放在输出缓冲区中，直到输出缓冲区满或遇到 cout 语句中的 endl 为止，此时将缓冲区中已有的数据一起输出，并清空缓冲区。

cout 可以输出整数、实数、字符以及字符串，cout 中插入符“<<”后面可以跟变量、常量、转义字符、对象或表达式。

例如，输出整型变量 a，b，c 的值。

```
cout<<"a = "<<a<<"b = "<<b<<"c = "<<c<<endl;
```

使用 cout 输出数据时，一般采用默认格式，如整型按十进制形式输出，但在实际的编程应用中，对于输出数据常常会有一些特殊要求，例如输出浮点数时设置宽度、设置小数位数等。为此，C++语言在头文件 iomanip 中定义了一些控制流输出格式的函数，如函数 setw(w)设置域宽度为 w，函数 setprecision(p)设置数值的精度(四舍五入)等。

例如，输出浮点型变量 area 的值，并保留到小数点后 3 位。

```
cout<<"area" // <<setprecision(3)<<area<<endl;
```

2.2　分支结构程序设计

2.2.1　分段函数求值

【例 2-2】托运行李收费：50 公斤以内按 0.5 元/公斤，超过 50 公斤，超过部分按 0.75 元/公斤收费。当托运 xkg(x 从键盘输入)行李时，需要缴纳多少托运费？

1)　分析

(1)　输入行李重量 x 的值。

(2)　利用函数或公式计算托运费。

(3)　输出计算结果。

其中第 2 步托运费的计算要根据不同的条件进行。这里我们可以很容易地抽象出一个分段函数来完成计算：

$$f(x)=\begin{cases}0.5*x & \text{if}(x\leqslant 50)\\ 25+0.75*(x-50) & \text{if}\left(x>50\right)\end{cases}$$

2) 知识扩展

计算常分为两种：数值计算和非数值计算。

对于数值计算，常常可以抽象为一些数学公式或函数等形式，便于我们完成计算步骤的设计与实现；从题意可知，运费与行李重量之间存在对应关系，我们很容易使用数学函数表达出两者之间的关系。

对于非数值计算，很难直接抽象出数学方程、公式或函数，经常使用更为复杂的数据结构进行解决。

2.2.2 简单分支结构

从例 2-2 抽象出的分段函数可知，行李重量不论是 50 公斤以内或超过 50 公斤这两种情况，都需要计算出托运费。

其流程如图 2.1 所示。

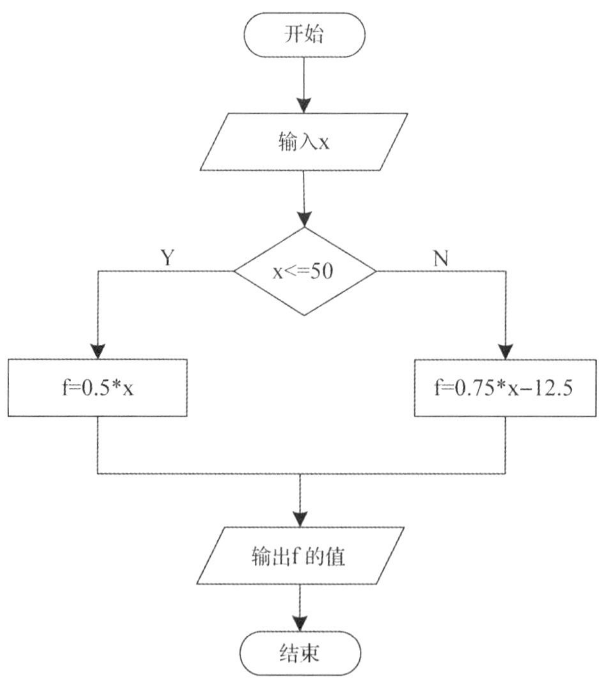

图 2.1　示例 2-2 计算托运费的流程

对于这种需要根据不同条件来完成不同数据处理的需要，C/C++提供了相应的选择分支结构来实现，比较常见的使用形式是 if…else…，语法格式如下：

```
if (条件表达式)
    语句(块)A;
else
    语句(块)B;
```

功能：

若条件表达式的值为非 0(逻辑真)，执行“语句(块)A”。

若条件表达式的值为 0(逻辑假)，则执行“语句(块)B”。

使用说明：

if 或 else 只能自动结合其后的一条语句，因此 if 或 else 之后若为语句块(即多条语句构成)，则必须使用大括号{ }将语句块括起来。

示例 2-2 的代码如下：

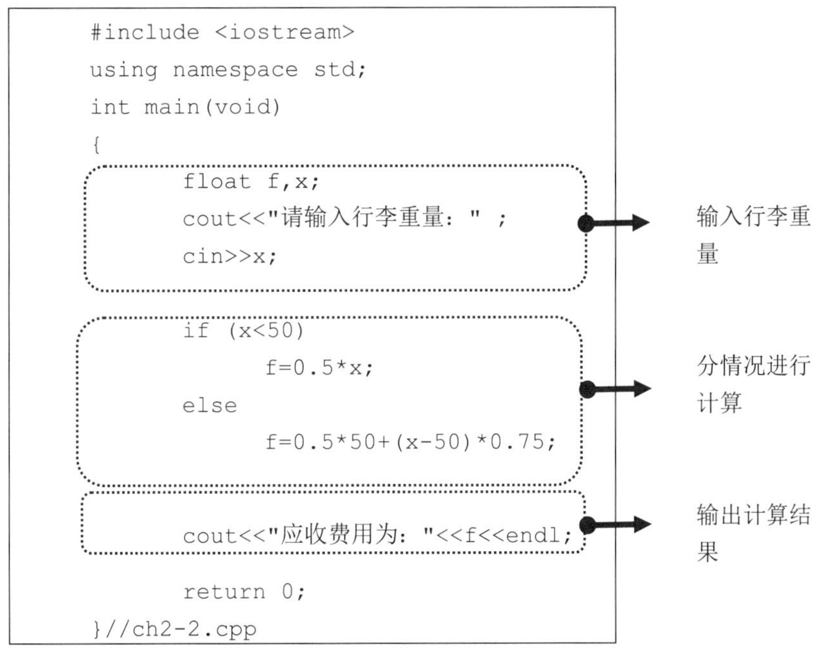

#include <iostream>
using namespace std;
int main(void)
{
float f,x;
cout<<"请输入行李重量：" ;
cin>>x;
if (x<50)
f=0.5*x;
else
f=0.5*50+(x-50)*0.75;
cout<<"应收费用为："<<f<<endl;
return 0;
}//ch2-2.cpp
输入行李重量
分情况进行计算
输出计算结果

这种 if 结构适用于“非此即彼”的应用场景，对于条件成立与否，均要进行数据处理，只是具体的处理方法不同。该结构还有一种更为简单的使用情况，只有 if 部分，没有 else 部分，如下：

```
if (条件)
    语句(块);
```

功能：

仅当条件为逻辑真时，执行语句(块)。

条件为逻辑真，常常表示需要处理的特殊情况，在后面要介绍的循环结构中，我们也常使用此种结构在循环体内进行循环的控制。

【例 2-3】从键盘输入 3 个整数，按从小到大的顺序输出。

1)　分析

处理的数据只有三个，最后要按从小到大的顺序输出，因此如果输入的三个整数符合输出要求，就直接输出；如果输入的三个数不符合输出要求，就应进行相应的操作。怎么知道三个变量存储的数据是否符合由小到大的输出要求？很明显，应该比较这三个整数的大小。由此我们得到如下的解决方法。

(1) 输入数据，分别存储到 a、b、c 三个整型变量中。

(2) 通过比较和交换，最后目标是变量 a 存储最小值，b 存储较大值，c 存储最大值。具体方法如下。

① 如果 a>b，则交换 a、b 的值。

② 如果 a>c，则交换 a、c 的值。

③ 如果 b>c，则交换 b、c 的值。

(3) 依次输出 a、b、c 的值。

2) 实现代码

根据上面分析的结果，其实现代码如下：

```
#include <iostream>
using namespace std;

int main()
{
    int a, b, c, temp;
    cin>>a>>b>>c;

    if(a>b){
        temp = a;
        a = b;
        b = temp;
    }
    if(a>c){
        temp = a;
        a = c;
        c = temp;
    }
    if(b>c){
        temp = b;
        b = c;
        c = temp;
    }

    cout<<a<<"\t"<<b<<"\t"<<c<<endl;
    return 0;
}//ch2-3.cpp
```

本程序中涉及两个变量(此处假设为 a、b 两个变量)交换数据，最常使用的方法是三步交换法：先定义一个与 a、b 同类型的临时变量 temp，首先将 a 赋值给 temp，再将 b 赋值给 a，最后将 temp 赋值给 b，从而达到交换的目的。

2.2.3 多分支结构

多分支结构

1. if-else if 结构

在编程中还可能遇到这样的情况：当条件成立时直接得到计算结果；

当条件不成立时需要继续判断，比如如下的分段函数：

$$y=\begin{cases} x & x \leqslant 2 \\ 1+x/2 & 2<x \leqslant 4 \\ 2+1/4x & x>4 \end{cases}$$

该分段函数有三个条件(其他函数可能还有更多的定义域)，此时直接使用 if 的嵌套结构就显得不够方便和简洁。为此，C/C++语言提供了更为简洁的表达形式，其语法形式如下：

```
if ( 表达式 1) 语句 1
else if (表达式 2) 语句 2
else if (表达式 3) 语句 3
…
else if (表达式 n) 语句 n
else 语句 n+1
```

功能：

自上而下依次判断，当“表达式 i”的值为非 0(逻辑真)时，执行对应的“语句 i”；当“表达式 i”的值为 0(逻辑假)时，继续判断表达式 i+1；当所有表达式的值均为 0(假)时，最后执行“语句 n+1”。

【例 2-4】输入一个学生的考试成绩(百分制)，输出学生成绩对应的等级。

1) 分析

(1) 输入学生的成绩。

(2) 判断学生成绩所对应的等级，如图 2.2 所示。

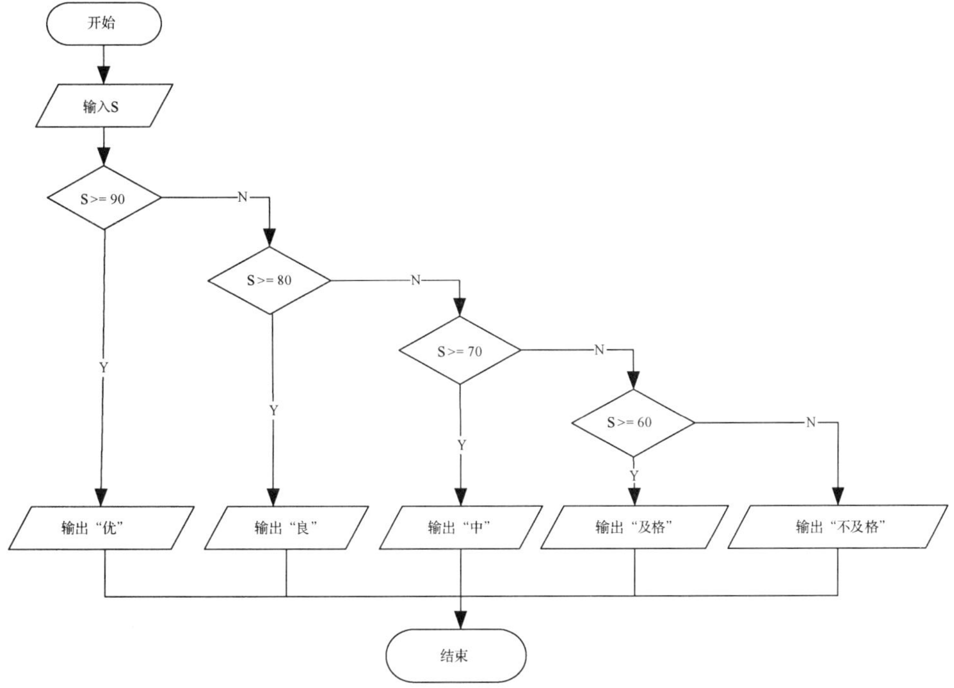

图 2.2　例 2-4 的流程图

2) 实现代码

实现代码如下：

```
#include <iostream>
using namespace std;

int main()
{
    double score;
    cin>>score;//输入有效的成绩数据

    if(score> = 90)
        cout<<"优"<<endl;
    else if(score> = 80)
        cout<<"良"<<endl;
    else if(score> = 70)
        cout<<"中"<<endl;
    else if(score> = 60)
        cout<<"及格"<<endl;
    else cout<<"不及格"<<endl;

    return 0;
}//ch2-4.cpp
```

在例 2-4 中，if 结构中的条件表达式都较为简单，但实际编程中，常常使用逻辑运算符将多个条件进行组合，以达到更为准确的判断效果。比如，最经典的闰年判断就是组合条件的常见应用。在数学中，闰年的判断条件是：能被 400 整除；或者是能被 4 整除且不能被 100 整除，这两种情况都是闰年，其他都不是闰年。闰年的判断条件表述为(其中变量 year 存储年份)：

```
year%400==0  ||  year%4==0  &&  year%100!=0
```

2. 条件运算符

当然，如果 if…else 结构中的语句非常简单 (比如直接使用表达式的值等)，也可以直接使用条件运算符，这样使得代码更为简洁。

其语法结构为：

```
表达式 1 ? 表达式 2 : 表达式 3
```

求值过程如下。

(1) 若表达式 1 为非 0(真)，取表达式 2 的值(即“?”后的表达式)。

(2) 若表达式 1 为 0(假)，取表达式 3 的值(即“:”后的表达式)。

例如，假定 a=6，b=3，则 c=a>b?a:b 的值为 6；因为条件表达式 a>b 的结果为逻辑真，故将 a 的值赋值给变量 c。

若 a=8，b=12，则 c=a>b?a:b 的值为 12。因为条件表达式 a>b 的结果为逻辑假，故将

b 的值赋值给变量 c。

【例 2-5】分析程序的运行结果：

```
#include <iostream>
using namespace std;
int main(void)
{
    int a = 25;
    cout<<((a%2 !=0) ? "no":"yes");
    return 0;
}//ch2-5.cpp
```

第 6 条语句是输出语句，由于 a 的值为 25，因此 a%2!=0 条件成立，应该使用表达式 2 的值，因此输出结果为 no。

从这里可以看到，条件运算符在这些特殊场合比使用 if 结构更为简洁。

2.2.4　开关语句

当分情况判断较多且为等值判断时，使用 if 结构不够方便，此时可以使用另外的表达形式——switch 结构来进行编程，以根据表达式的不同值，选择执行不同的程序分支，又称开关语句。

其语法结构如下：

```
switch （表达式）
{
    case  常量表达式 1: 语句 1;
    case  常量表达式 2: 语句 2;
          …
    case  常量表达式 n: 语句 n;
    [default: 语句 n+1; ]
 }
```

功能：

(1) 计算出表达式的值。

(2) 根据表达式的值，跳转到对应的常量表达式处开始执行。

(3) 若无对应的常量表达式，则执行“语句 n+1”。

switch 语句的执行流程如图 2.3 所示。

使用说明：

(1) 在 C++中，此处的表达式结果只能是整型或字符型。

(2) 常量表达式只能是整型常量或字符常量或枚举类型。

(3) 常量表达式的值绝对不能相同，否则执行时会出现矛盾。

(4) case 的次序不会影响程序的执行结果。

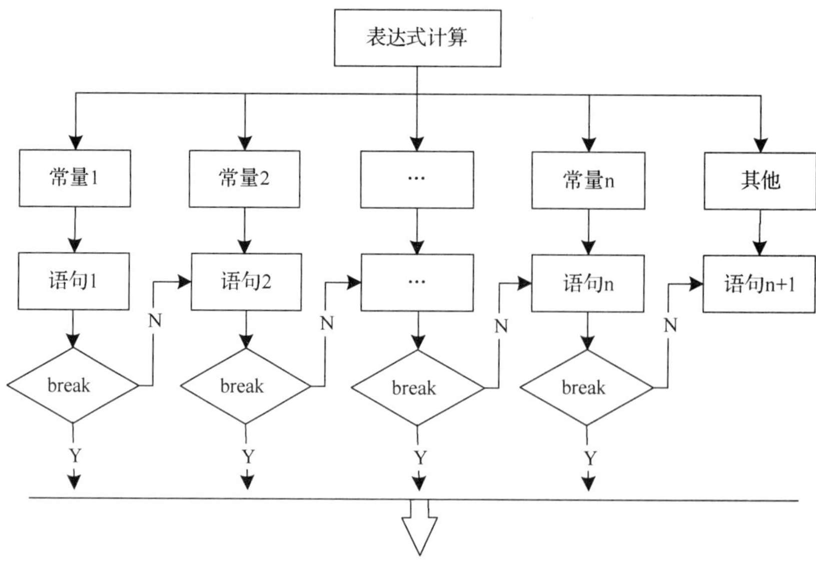

图 2.3 switch 语句的执行流程

说明：若分支中有 break 语句，程序执行到 break 时，退出 switch 结构。

【例 2-6】 输入 0～6 之间的数字，将其转换为星期几后输出。

1) 分析

实现较为简单，只需根据输入进行判断，并输出结果即可。

存在的问题：使用 if 时程序冗长，判断众多，不利于程序的阅读和理解。

解决方法：使用 switch 语句。

2) 实现代码

实现代码如下：

```
#include <iostream>
using namespace std;

int main(void)
{
    int n;
    cout<<"input an integer: ";
    cin>>n;
    switch (n)
    {
    case 0:
        cout<<"Sunday"<<endl;
        break;
    case 1:
        cout<<"Monday"<<endl;
        break;
    case 2:
```

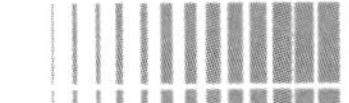


```
        cout<<"Tuesday"<<endl;
        break;
    case 3:
        cout<<"Wednesday"<<endl;
        break;
    case 4:
        cout<<"Thursday"<<endl;
        break;
    case 5:
        cout<<"Friday"<<endl;
        break;
    case 6:
        cout<<"Saturday"<<endl;
        break;
    default:
        cout<<"input error!"<<endl;
    }
}//ch2-6.cpp
```

虽然 switch 结构的程序执行效率较高，但基于等值判断，因此似乎不适合对区间的处理，此时可以灵活使用逻辑运算符的特点进行编程。

【例 2-7】乘公共汽车收费：1～4 站收费 1.0 元；5～8 站收 1.5 元；9～11 站收 2 元，12 站及以上收费 2.5 元。

1)　分析

设 n 为乘车站数，y 为收费。则：

$$y=\begin{cases}1.0 & n\leqslant 4\\1.5 & 5\leqslant n\leqslant 8\\2.0 & 9\leqslant n\leqslant 11\\2.5 & n\geqslant 12\end{cases}$$

可见，收费标准有 4 种情况，但每一种情况中均有多个整数，可使用如下方式解决：

p = 1*(n<=4)+2*(n>=5&&n<=8)+3*(n>=9&&n<=11)+4*(n>=12)

2)　实现代码

实现代码如下：

```
# include "iostream.h"
using namespace std;
void main()
{
int n, p; float y;
cout<<"n=";cin>>n;
p = 1*(n<=4)+2*(n>=5&&n<=8)+3*(n>=9&&n<=11)+4*(n>=12);
switch (p)
{
```

```
case 1: y = 1.0; break;
case 2: y = 1.5; break;
case 3: y = 2.0; break;
case 4: y = 2.5;
}
cout<<"y = "<<y<<endl;
}//ch2-7.cpp
```

2.2.5 分支结构的嵌套

在实际运用中，可能面临这样一种的情况，当某个条件成立或不成立时，需要进一步进行分情况处理。此时可利用 if 结构的嵌套方式来完成。

【例 2-8】输入一元二次方程 $ax^2+bx+c=0$ 的三个系数 a、b、c，求方程的实根。

1) 分析

(1) 由于是任意输入的 a、b、c 的值，需要判断能不能构成二次方程，如果不能构成二次方程，则进一步判断能否构成一次方程，如果能构成一次方程，计算该一次方程的解并输出，如果不能构成一次方程，则无法计算根。

(2) 如果能构成二次方程，则可能结果为：有两个相等实根、有两个不等的实根或者没有实根。

所以需要根据特殊的条件进行分情况处理。其 NS 图如图 2.4 所示。

分支结构的嵌套

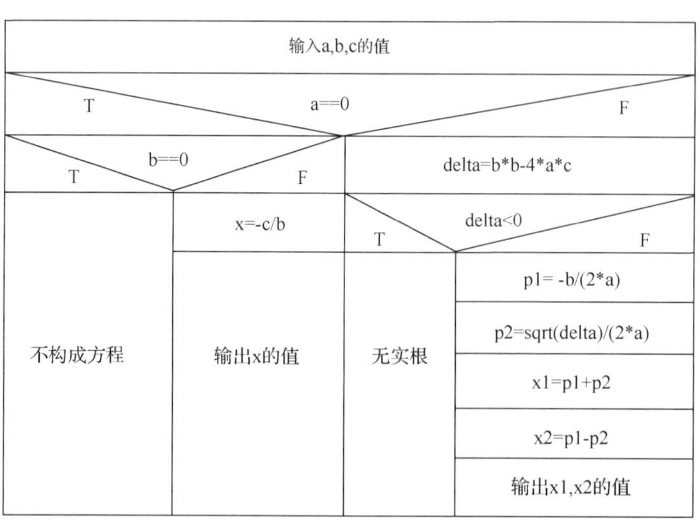

图 2.4 示例 2-8 的 NS 图

在 NS 图中，变量 a、b、c 分别存储二次项、一次项的系数和常数项，容易想到，应该使用 a、b 或判别式的值构建条件表达式，以分别判断是否构成一元二次方程或一元一次方程或是否存在实根，这里使用选择分支结构进行处理：

当条件 a==0 成立时，继续判断条件 b==0，进行分情况处理。

当条件 a==0 不成立时，也需要根据条件 delta<0，进行分情况处理。

即，条件成立或者不成立，都需要进一步使用选择分支结构进行处理。此时我们可以使用 C/C++语言中的 if…else…嵌套结构来实现，其语法形式如下：

```
if (条件 1)
    if (条件 2)
        语句 1;
    else
        语句 2;
else
    if (条件 3)
        语句 3;
    else
        语句 4;
```

使用说明：

在 if 嵌套结构中，务必注意 if 与 else 之间的配对问题，如图 2.5 所示。

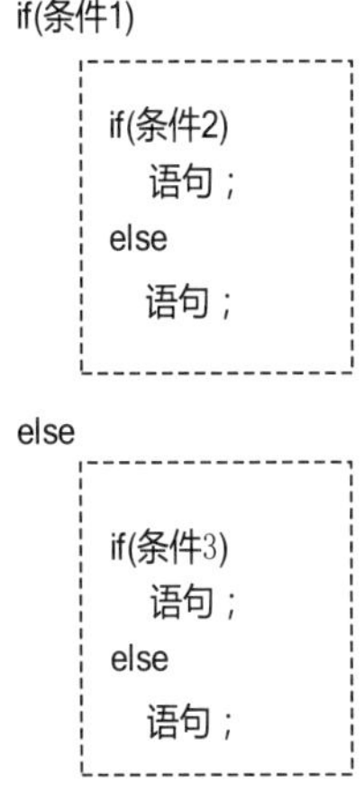

图 2.5　if-else 的嵌套结构

2)　实现代码

例 2-8 的实现代码如下：

```
#include <iostream>
#include <cmath>
using namespace std;

int main()
{
    double a, b, c, x1, x2, delta;
    cout<< "输入 a,b 和 c: ";
    cin>> a >> b >> c;

    if(a==0){//不是一元二次方程
        if(b==0)
```

```
            cout<<"不是方程!"<<endl;
        else{
            x1 = -c/b;
            cout<<"一次方程的根为: "<<x1<<endl;
        }
    }
    else{//是一元二次方程
        delta = b*b - 4*a*c;
        if(delta<0)
            cout<<"判别式<0, 无实根!"<<endl;
        else{
            double p1 = -b/(2*a);
            double p2 = sqrt(delta)/(2*a);
            x1 = p1+p2;
            x2 = p1-p2;
            cout<<"一元二次方程的实根为: "<<x1<<", "<<x2<<endl;
        }
    }

    return 0;
}//ch2-8.cpp
```

除了 if-else 可以嵌套外，if 与 switch 之间也可相互嵌套。

2.3 循环结构程序设计

2.3.1 求和问题

【例 2-9】求 30 个同学的高级语言程序设计课的平均成绩。

分析：从宏观来看，主要步骤有三个。

(1) 输入成绩并求和，此步骤重复 30 次，以计算出 30 个同学的总成绩(设置一个计数器来控制)。

(2) 总成绩除以 30 为平均成绩。

(3) 输出平均成绩。

对于步骤(1)来说，又可细化为：

① 输入成绩 x：

```
sum = sum+x;
```

② 输入成绩 x：

```
sum = sum+x;
```

③　输入成绩 x：

```
sum = sum+x;
```

等 30 个具体步骤。

这样做当然可以实现，但也存在明显的不足：代码冗长，重复编写了 30 次加法语句。对于这种需要重复计算的应用场景，C/C++提供了更为简洁的程序结构——循环结构。

循环结构是指在程序中为需要反复执行的某个功能而设置的一种程序结构。它由循环控制条件的成立与否来决定是执行某个功能(常称为循环体，常常由语句或语句块构成，循环体若为语句块时，应使用大括号“{ }”括起来)还是不执行循环体或者说退出循环处理。

可以这样理解：所有循环结构中都有一个循环体，根据条件判断的结果来决定是否执行循环体。所有循环结构都是由控制条件(用于判断)和循环体(重复执行的语句序列)两部分组成，而循环次数常常由特定的循环变量或特定的条件来进行控制。宏观来看，循环结构可分为两种形式：先判断后执行的循环结构(当型循环)和先执行后判断的循环结构(直到型循环)，而在C/C++语言中，一般提供三种具体的形式：while 循环、do-while 循环和 for 循环。

当型循环

2.3.2　while 循环

while 循环先判断条件，若条件判断为真则执行循环体，若条件判断为假，不进入循环或者正常退出循环，所以常称为当型循环，特别适用于循环次数事先不能确定，需要根据是否满足条件来决定循环与否的情况。其语法格式如下：

```
while (条件表达式)
        语句(块);
```

其执行过程如图 2.6 所示，分为三个步骤。

(1)　计算 while 后条件表达式的值。

(2)　当表达式为真(非 0)时，进入循环执行语句(循环体)，当表达式的值为假(0)时，结束循环。

(3)　重复(1)～(2)步骤。

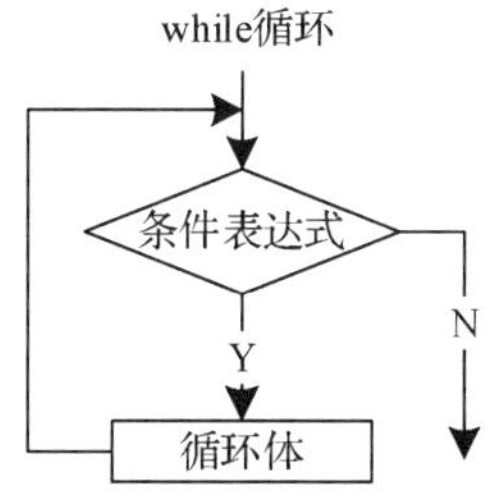

图 2.6　while 循环

对于示例 2-9，根据分析，其流程图如图 2.7 所示。

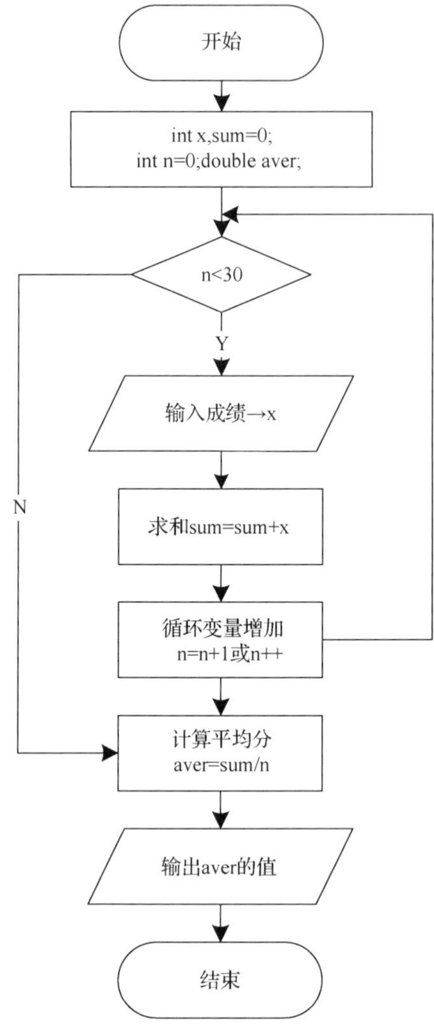

图 2.7　示例 2-9 的流程图

其实现代码如下：

```
#include <iostream>
using namespace std;

int main()
{
    int x, sum = 0, n = 0;
    double aver;
    while(n<30)
    {
        cin>>x;
        sum+ = x;
        n++;
    }
```

```
    aver = (double)sum/n;
    cout << "平均分为: " << aver<<endl;
    return 0;
}//ch2-9.cpp
```

while 循环是先判断条件再进行循环，很显然，如果条件不成立，则一次循环也不进行，但实际编程中，我们有时需要保证循环体的内容至少执行一次，此时可以使用 do…while 循环。

do…while 循环先执行一次循环体，再判断条件是否为真，条件为真，继续循环，直到条件为逻辑假为止，所以常称为直到型循环，特别适用于循环体至少执行一次的情况。

其语法格式如下：

```
do
    语句(块);
while (表达式);
```

执行过程如下。

(1) 执行 do 时，先执行语句(循环体)。

(2) 计算 while 表达式的值。

(3) 若表达式的值为真(非 0)，继续执行语句(循环体)。

当表达式为假(0)时结束循环。

(4) 重复步骤(1)～(3)。

即反复执行语句(循环体)直到表达式的值为假(0)，如图 2.8 所示。

当然 while 结构和 do-while 结构可以相互转换。

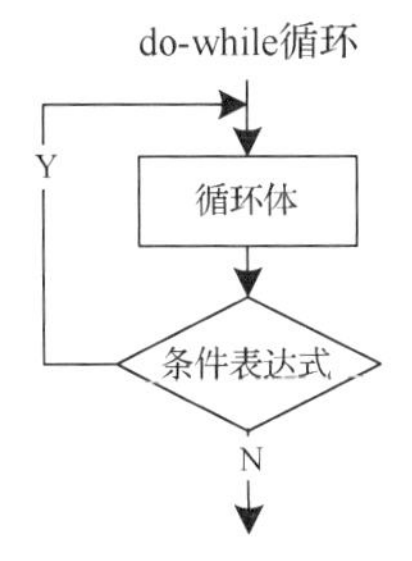

图 2.8　do…while 循环

2.3.3　for 循环

C/C++中的 for 循环比 while 和 do-while 更加简洁和灵活，其执行流程是先初始化循环变量，再判断条件是否为真，条件为真则执行循环体；执行完毕则改变循环变量，再次对条件进行判断，这样一直循环执行，直至条件不成立，如图 2.9 所示。其语法格式如下：

```
for (表达式 1; 表达式 2; 表达式 3)
    语句(或者语句块);
```

for 循环

执行过程如下。

(1) 计算表达式 1 的值。

(2) 计算表达式 2 的值。

(3) 判断表达式 2 的值是否为真(非 0)，若表达式 2 的值为逻辑真，则执行语句(循环体)，当表达式 2 的值为逻辑假(0)时结束循环。

(4) 执行循环体后，计算表达式 3 的值。

(5) 重复步骤(2)～(5)，到表达式 2 的值为假(0)时结束循环。

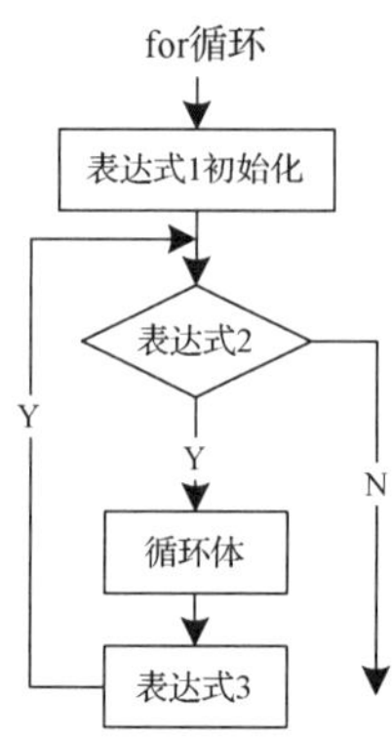

图 2.9　for 循环

for 循环的使用说明如下。

(1) 表达式 1 允许用逗号表达式或省略(但“;”不能省——通常不这样使用)。

```
//情形 1
sum = 0;
for(i = 1; i<=100; i++)
   sum+=i;
//情形 2
for(sum = 0, i = 1; i<=100; i++)
   sum+=i;
//情形 3
sum = 0, i = 1;
for(;i<=100; i++)
   sum+=i;
```

(2) 表达式 3 允许用逗号表达式或省略(但“;”不能省——通常不这样使用)。

```
//情形 1
sum = 0;
for(i = 1; i<=100; sum+=i, i++)
   ;
//情形 2
for(sum = 0, i = 1; i<=100;)
{
   sum+=i;
   i++;
}
```

(3)　注意循环条件(表达式 2)：循环结束时，刚好不满足条件。

例如 for (i =1;i<5;i++)循环结束后，变量 i 的值为 5。

(4)　注意不能为无限循环，必须有循环结束的条件。

例如 for(; ;)将是一个无限循环。

(5)　for( )的后面直接使用“;”表示空循环。

【例 2-10】输入一个整数 n，用 for 循环求[1, n]中所有奇数的和。

解决方法：从 1 开始，当奇数在 n 的范围内就逐个累加，超出 n 则不再累加，循环结束。

实现代码如下：

```
#include <iostream>
using namespace std;
int main()
{
    int n,sum=0;
    cin>>n;
    for(int i=1;i<n;i=i+2)
        sum+=i;
    cout<<sum<<endl;
    return 0;
}
```

【例 2-11】输入两个 3 位的正整数 m 和 n，输出[m, n]区间内所有的“水仙花数”。所谓“水仙花数”是指一个 3 位数，其各位数字的立方和等于该数本身。例如，153 是水仙花数，因为 153=1×1×1+5×5×5+3×3×3。

解决方法：将该数各位数字分解出来，然后求各数字立方和是否等于该数。

实现代码如下：

```
#include <iostream>
#include <cmath>
using namespace std;
int main()
{
    int n,m;
    int hund,ten,unit;
    cin>>n>>m;
    for(int i=n;i<=m;i++)
    {
        unit=i%10;
        ten=(i/10)%10;
        hund=i/100;
        if(i==pow(unit,3)+pow(ten,3)+pow(hund,3))
            cout<<i<<endl;
    }
    return 0;
}
```

2.3.4 循环控制语句与嵌套

1. 循环控制语句——continue 和 break

在 switch 语句中，“case 常量表达式:”只相当于一个语句标号，计算表达式的值后，直接跳转到该语句标号处执行，但不能在执行完该标号的语句后自动跳出整个 switch 语句，因此会继续执行所有后面语句的情况，这种情况常常不太符合预期，因此我们经常都在 case 中使用 break 语句来控制执行流程。

与此类似，在循环结构中，循环体的执行基本上是由控制条件来决定的：当循环控制条件为逻辑真时，继续进行下一次循环；当循环控制条件为逻辑假时，则循环结束(此时常称为正常结束)。除此之外，还有两条特殊的语句也可以控制循环的执行过程，达到非正常方式结束循环的目标。

break 语句用来中止循环的运行，跳到循环后面的语句开始执行。

continue 语句用来结束本轮循环，执行下一轮循环。

(1) break 语句示例代码如下：

```
#include <iostream>
using namespace std;
int main(void){
    int i,sum=0;
    for (i=1;i<=10;i++){
        sum=sum+i;
        if (i%3==0)
           break;
        cout<<i<<endl;
    }
    cout<<"sum="<<sum<<endl;
    return 0;
}
```

(2) continue 语句示例代码如下：

```
#include <iostream>
using namespace std;
int main(void){
    int i,sum = 0;
    for (i = 1; i<=10; i++){
        sum = sum+i;
        if (i%3==0)
          continue;
        cout<<i<<endl;
    }
    cout<<"sum="<<sum<<endl;
```

```
    return 0;
}
```

当循环次数预先难以确定时，常使用诸如 while(1)的无限循环方式，再在循环体中使用特定的控制条件，以 break 语句来退出循环。

2. 循环嵌套

之前讲解了选择分支结构的嵌套，而循环结构与之类似，也可以相互嵌套。在实际开发中，多种结构之间的相互嵌套或者循环结构的嵌套都是极为常见的。

在一个循环结构中，又包含另一个完整的循环结构称为循环嵌套。内嵌循环的循环体中还可以出现新的循环，从而构成多重循环。

循环嵌套的执行过程为：外层循环每执行一次，内层循环都要整体循环一次(即从初值开始，一直执行到本层循环不满足条件为止)。

【**例 2-12**】分析程序运行结果：

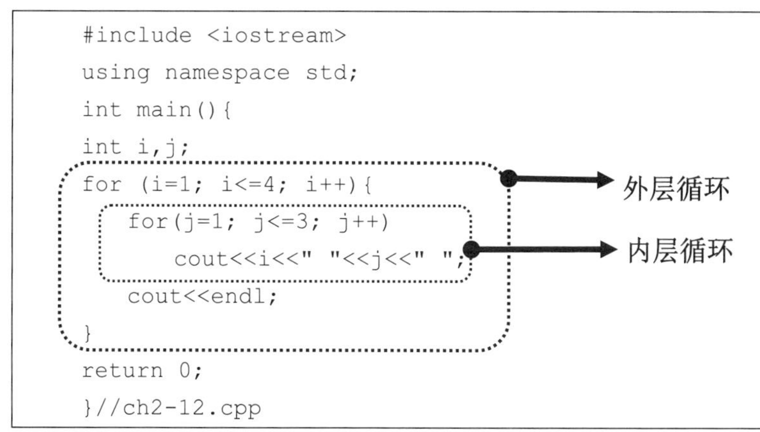

多重循环

分析：

外层循环每进入 1 次，内层循环就执行 3 次，每一次输出 i、j 的值，其运行结果如下所示：

```
1 1 1 2 1 3
2 1 2 2 2 3
3 1 3 2 3 3
4 1 4 2 4 3
```

2.4　程序设计综合应用

2.4.1　最值问题

【**例 2-13**】求 n 个整数的最大值和最小值。

1)　解决方法

假定第一个数是最大值，依次将后面的 n-1 个数与它比较，若新的数比假定的最大值大，则该数作为新的最大值；否则原最大值不变。

求最小值使用相同的方法，该方法后面还会用到。

最大最小及均值

2) 实现代码

实现代码如下：

```
#include <iostream>

using namespace std;

int main()
{
    int num;
    int i = 0;
    int max, min, data;
    cout<<"请输入数据个数: ";
    cin>>num;

    if(num<1){
        cout<<"没有输入数据!"<<endl;
        return 0;
    }

    cout<<"请输入"<<num<<"个整数:"<<endl;
    cin>>data;
    max = min = data;
    while((++i)<num){
        cin>>data;
        if(data>max)max = data;
        if(data<min)min = data;
    }

    cout<<"最大值:"<<max<<endl;
    cout<<"最小值:"<<min<< endl;
    return 0;
}//ch2-13.cpp
```

3) 运行结果

程序运行结果如下：

```
请输入数据个数: 6
请输入 6 个整数:
90 12 23 66 9 98
最大值: 98
最小值: 9
```

2.4.2　均值问题

【例 2-14】求 n 个数的平均值。

1)　解决方法

分两个阶段：先累加求和，再求平均值。

2)　实现代码

实现代码如下：

```
#include <iostream>

using namespace std;

int main()
{
    int num, data;
    int i = 0;
    long sum = 0;
    cout<<"请输入数据个数: ";
    cin>>num;

    if(num<1){
        cout<<"没有输入数据!"<<endl;
        return 0;
    }

    cout<<"请输入"<<num<<"个整数:"<<endl;
    while(i<num){
        cin>>data;
        sum+=data;
        i++;
    }

    cout<<"平均值: "<<(double)sum/num<<endl;
    return 0;
}//ch2-14.cpp
```

3)　运行结果

程序运行结果如下：

```
请输入数据个数: 7
请输入 7 个整数:
12 36 58 69 86 99 128
平均值: 69.7143
```

2.4.3 计数问题

【例 2-15】试计算在区间 1 到 n 的所有整数中，数字 x(0≤x≤9)共出现了多少次？例如，在 1 到 11 中，即在 1、2、3、4、5、6、7、8、9、10、11 中，数字 1 出现了 4 次。

1) 分析与解决方法

输入表示区间 1 到 n 的右端点 n 和数字 x。对区间 1 到 n 的每一个整数进行如下所示的操作。

(1) 依次取出该数每个位置上的数字。

(2) 判断这个数字是否为 x，若该数字是 x，则进行计数。

显然，应该使用嵌套循环进行解决。

2) 实现代码

实现代码如下：

```
#include <iostream>

using namespace std;

int main()
{
    int n, x;
    int count = 0;
    int temp;
    cout<<"请输入区间 n 和数字 x: ";
    cin>>n>>x;

    for(int i = 1; i<=n; i++)
    {
        temp = i;
        while(temp>0)
        {
            if(temp%10==x)count++;
            temp/=10;
        }
    }

    cout<<x<<"在区间[1, "<<n<<"]出现"<<count<<"次!"<<endl;
    return 0;
}//ch2-15.cpp
```

3) 运行结果

程序运行结果如下：

```
请输入区间 n 和数字 x: 100 9
9 在区间[1, 100]出现 20 次!
```

2.4.4　级数求和问题

求和问题在前面已讲过，可使用循环结果来实现，但当时是针对一个有限的数据集合进行累加求和，而实际中常常遇到待计算数据的个数不是有限个数的情况，如级数求和问题。

【例 2-16】计算级数。

$$\sin x = x - \frac{x^3}{3!} + \frac{x^5}{5!} - \frac{x^7}{7!} + \cdots$$

1)　分析与实现代码

(1)　每项的构成与计算。

除第一项外，其余各项均是分式(第一项也可看成为分式，分母为 1)。

分子：在前一项分子的基础上乘以 x*x。

分母：在前一项分母的基础上乘以 2*n 和 2*n+1。

符号：每项之间符号取反。

(2)　循环的控制方法。

此处的循环次数是不确定的，因该级数是无穷多项之和，所以只能使用逻辑条件来实现。实现代码如下：

级数展开
(多项式求和)

```
#include <iostream>
#include <iomanip>
#include <math.h>
using namespace std;
int main()
{
    int i, f = -1;
    double alfa, x, sin_x, p, t, y;
    cout<<"请输入角度度数：";
    cin>>alfa;
    x = alfa*3.14/180;
    sin_x = x;
    p = 1;
    t = x;
    i = 1;
    while(1)
    {
        t = f*t*x*x;
        p* = (2*i)*(2*i+1);
        y = t/p;
        if(fabs(y)<1.0e-15)
             break;
        sin_x = sin_x+y;  i++;
    }
```

```
    cout<<"sin(x)为:"<<setprecision(16)<<sin_x<<endl;
    return 0;
}//ch2-16.cpp
```

2) 运行结果

程序运行结果如下：

```
请输入角度度数：30
sin(x)为:0.4997701026431025
```

2.4.5 穷举法

穷举是用计算机求解问题最常用的方法之一，其基本思想是将问题的所有可能的答案一一列举，然后根据条件判断此答案是否合适，合适就保留，不合适就丢弃，数学上也把穷举法称为枚举法。

使用穷举法解决问题，基本上就是以下两个步骤。

(1) 确定枚举对象、枚举范围和判定条件。

(2) 枚举可能的解，验证是否是问题的解。

【例 2-17】输入两个正整数 a、b，求这两个数的最大公约数。

1) 分析与实现代码

这是较为典型的数学问题，常使用穷举法、辗转相除法两种方法来解决。

(1) 穷举法。

从 a、b 中较小的那个数开始一直到 1 进行判断，遇到的第一个能同时整除 a、b 的那个数就是最大公约数。具体步骤如下。

设有两整数 a 和 b。

穷举算法

① i= a(或 b)。

② 若 a、b 能同时被 i 整除，则 i 即为最大公约数，结束。

③ 否则 i--，转向步骤②继续执行。

(2) 辗转相除法。

a、b 中大的那个数除以小的那个数，如果余数为 0，则小的数是最大公约数；否则，小数变大数，余数变小数，继续刚才的过程。具体步骤如下。

设有两整数 a 和 b。

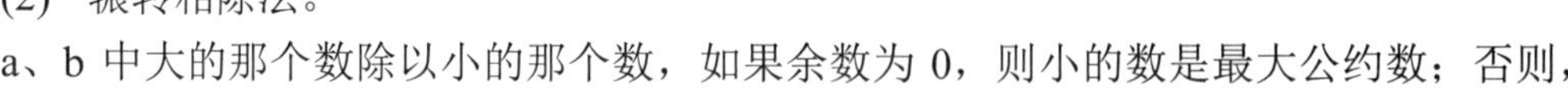

① a%b 得到余数 c。

② 若 c=0，则 b 为最大公约数。

③ 若 c≠0，则 a=b，b=c，转向步骤①继续执行。

从上面两种方法的描述来看，求解最大公约数的问题应该使用循环结构，且至少执行一次，因此我们使用 do-while 循环来编程实现。由于求解步骤较为简单，这里直接给出穷举法的实现代码，如下所示：

```
#include <iostream>
using namespace std;
```

```
int main()
{
    int a, b;
    int gcd;
    cout<<"请输入两个正整数: ";
    cin>>a>>b;
    gcd = a<b?a:b;
    do{
        if(a%gcd==0 && b%gcd==0)
            break;
        else
            gcd--;
    }while(gcd>1);
    cout << "gcd is: " << gcd << endl;
    return 0;
}
```

说明：其中的 break 语句是中断循环，跳到循环后面的语句开始执行。

2) 运行结果

运行结果如下：

```
请输入两个正整数: 27  63
gcd is: 9
```

2.4.6 迭代法

迭代法是用计算机解决问题的一种基本方法，是一种不断用变量的旧值递推新值的求解过程，它利用计算机运算速度快、适合做重复性操作的特点，让计算机对一组指令(或一定步骤)进行重复执行，在每次执行这组指令(或这些步骤)时，都从变量的原值推出它的一个新值。

迭代算法

利用迭代法解决问题，需要做好以下三个方面的工作。

(1) 确定迭代变量。

在可以用迭代算法解决的问题中，至少存在一个直接或间接地不断由旧值递推出新值的变量，这个变量就是迭代变量。

(2) 建立迭代关系式。

所谓迭代关系式，指如何从变量的前一个值推出其下一个值的公式(或关系)。其建立是解决迭代问题的关键，通常可以用顺推或倒推的方法来完成。

(3) 对迭代过程进行控制。

在什么时候结束迭代过程？这是编写迭代程序必须考虑的问题。不能让迭代过程无休止地重复执行下去。迭代过程的控制通常可分为两种情况：一种是所需的迭代次数是个确定的值，可以计算出来；另一种是所需的迭代次数无法确定。对于前一种情况，可以构建一个固定次数的循环来实现对迭代过程的控制；对于后一种情况，需要进一步分析出用来结束迭代过程的条件。

经典问题：斐波那契数列(Fibonacci sequence)，又称黄金分割数列，因数学家莱昂纳多·斐波那契(Leonardo Fibonacci)以兔子繁殖为例而引入，故又称为“兔子数列”，指的是这样一个数列：1、1、2、3、5、8、13、21、34、55…

【例 2-18】计算斐波那契数列的第 n 项(2≤n≤30)，以每行 5 个数据的方式输出。

1) 实现代码

实现代码如下：

```
#include <iostream>
#include <iomanip>
using namespace std;

int main()
{
    int n, count = 1;
    long fib1 = 1, fib2 = 1;
    long fib3;
    cout<<"请输入 Fibonacii 数据的项数 n(3~30): ";
    cin>>n;
    cout<<"Fibonacii 数列为: "<<endl;
    cout<<setw(10)<<fib1<<setw(10)<<fib2;
    count++;

    for(int i = 3; i<=n; i++)
    {
        fib3 = fib1+fib2;
        cout<<setw(10)<<fib3;
        if(++count%5==0)cout<<endl;
        fib1 = fib2;
        fib2 = fib3;
    }
    return 0;
}//ch2-18.cpp
```

2) 运行结果

程序运行结果如下：

```
请输入 Fibonacii 数据的项数 n(3~30): 30
Fibonacii 数列为:
         1         1         2         3         5
         8        13        21        34        55
        89       144       233       377       610
       987      1597      2584      4181      6765
     10946     17711     28657     46368     75025
    121393    196418    317811    514229    832040
```

2.4.7　随机数应用

在实际编程中，我们经常需要生成和使用随机数，例如，贪吃蛇游戏中在随机的位置出现食物，扑克牌游戏中随机发牌等。

C/C++语言提供了两个与随机数相关的库函数——rand()、srand(x)。

(1) rand()函数——产生 0～32767 之间的伪随机整数(每次均从某一个固定的整数开始)。

(2) srand(x)——设置随机数的位置，x 俗称种子数，是一个无符号整数。如果种子相同，每次运行产生的伪随机数列也相同。

【例 2-19】由计算机出 10 道两位整数加法题，让学生回答，输出最后的得分。答对得 10 分，答错得 0 分。

1)　实现代码

实现代码如下：

```
#include <iostream>
#include <cstdlib>
using namespace std;

int main()
{
    int num1, num2, answer, score = 0;
    for (int i = 1; i<=10; i++){
        num1 = rand()%100;
        num2 = rand()%100;

        cout<<num1<<'+'<<num2<<'=';
        cin>>answer;
        if(answer==num1+num2)
            score+=10;
    }
    cout<<"score: "<<score<<endl;
    return 0;
}//ch2-19.cpp
```

2)　运行结果

程序运行结果如下：

```
41+67 = 108
34+0 = 34
69+24 = 93
78+58 = 136
62+64 = 126
5+45 = 50
```

```
81+27 = 108
61+91 = 152
95+42 = 137
27+36 = 63
score: 100
```

注：真正意义上的随机数(或者随机事件)在某次产生过程中是按照实验过程中表现的分布概率随机产生的，其结果是不可预测的，是不可见的；而计算机中的随机函数是按照一定算法模拟产生的，其结果是确定的、可预见的，所以用计算机随机函数所产生的“随机数”通常并不随机，是伪随机数。

2.4.8 字符图案打印

【例 2-20】使用字符“*”，输出如图 2.10 所示的空心图形，其中行数可由用户指定。

图 2.10 空心三角形图案

字符图案打印

1) 分析

(1) 该图案轮廓为空心等腰三角形，设该图案行数为 n。

(2) 第 1 行和最后 1 行(即第 n 行)较为特殊，其‘*’的数量等于 2×行号−1。

第 1 行：4 个空格，1 个星号，1 个换行。

第 5 行：0 个空格，9 个星号，1 个换行。

(3) 中间每一行的构成如下(除第 1 行和第 n 行外)。

字符及其处理

① 若干个空格。

② 一个星号。

③ 若干个空格。

④ 一个星号。

⑤ 换行符。

具体来说，当 n=2，3，4 时

第 2 行：3 个空格，1 个星号，1 个空格，1 个星号，1 个换行。

第 3 行：2 个空格，1 个星号，3 个空格，1 个星号，1 个换行。

第 4 行：1 个空格，1 个星号，5 个空格，1 个星号，1 个换行。

由此可知，第 i 行：n−i 个空格，1 个星号，2×(i−1)−1 个空格，1 个星号，1 个换行。

2) 实现代码

实现代码如下：

```
#include <iostream>
using namespace std;
```

```
int main()
{
    int  n;
    cin>>n;

    for (int i = 1; i<=n; i++){
        for (int j = 1; j<=n-i; j++)
            cout<<'▯';

        if (i==1||i==n)
            for (int j = 1; j<=2*i-1; j++)
                cout<<"*";
        else{
            cout<<"*";
            for (int j = 1; j<=2*(i-1)-1; j++)
                cout<<'▯';
            cout<<"*";
        }

        cout<<endl;
    }
    return 0;
}
```

3)　运行结果

运行结果如下：

```
请输入三角形行数：9
        *
       * *
      *   *
     *     *
    *       *
   *         *
  *           *
 *             *
*****************
```

2.5　补充阅读材料

2.5.1　数据及其表示

1. 数据的定义

采取存储程序方式是冯·诺依曼计算机的核心思想。存储程序方式是指实现编制程序(能够完成一定功能的有序操作指令的集合)并将程序和数据存入主存储器中，计算机在运

行时就能自动、连续地从存储器中取出指令并执行。实际上是计算机程序对接收的数据进行加工处理，并将处理的结果数据输出。也就是说，计算机程序的处理对象是数据，处理结果还是数据。

数据是通过有意义的组合来表达现实世界中某种实体特征的、可以记录、通信以及能被识别的非随机符号的集合。

数据定义中包含两方面内容：①一方面是符号。表示数据的符号多种多样，可以是数字、数字序列、字母、文字或其他符号；也可以是声音、图像、图形等。②另一方面使数据用具体的载体来记录和表示。用来记录和表示数据的媒体多种多样，例如纸张、石碑、木板以及现代信息技术中所使用的存储媒体等。数据只有通过一定的媒体加载后，才能对其进行存取、加工、传递和处理。

2. 数据的分类

根据数据的定义看，数据不仅指狭义上的数字，还可以是具有一定意义的文字、字母、数字符号的组合、图形、图像、视频、音频等，因此将数据分为数值数据和非数值数据两种。

数值数据表示数量，由数字、小数点、正负号和表示乘幂的字母 E 组成。数值型的数据是不能包含文本的，必须是数值。除了数值数据之外的都为非数值数据，如字母、文字、图像、声音等。

3. 冯·诺依曼结构计算机中数据表示

冯·诺依曼结构计算机采用二进制形式表示数据和指令，数据在计算机中是以元器件的物理状态(如晶体管的“通”和“断”等)来表示的，以具有两种状态的器件智能表示二进制。因此，计算机中要处理的所有数据，都要用二进制数字来表示。指令是计算机可以识别和执行的命令，计算机的所有动作都是按照一条一条指令的规定来进行的。指令也是用二进制编码来表示的。

4. 数据存储单位

在计算机内部，各种数据都是以二进制编码形式存储。信息的单位常采用“位”“字节”“字”几种。

1) 位/比特(bit)

位是最小的存储单位，二进制数的一个 0 或一个 1 就是一个比特，在电脑中，用一个晶体管表现一个比特。

2) 字节(B、byte)

8 个二进制位称为 1 个字节(1byte=8bit)。是计算机中最常用、最基本的存储单位。计算机的存储器(包括内存与外存)通常也是以多少字节来表示它的容量。常用的单位有 KB、MB、GB、TB、PB、EB 等。其换算关系为：1byte=8bit，1KB=1024B，1MB=1024KB，1GB=1024MB，1TB=1024GB，1PB=1024TB，1EB=1024PB。

3) 字

字是位的组合，并作为一个独立的信息单位处理。它的长度取决于机器的类型、字长以及使用者的要求。常用固定字长有 8 位、16 位、32 位、64 位等。

4)　机器字长

机器字长一般是指参加运算的寄存器所含有的二进制的位数，它代表了机器的数据宽度和精度。机器的功能设计决定了机器的字长，字长的长短直接影响计算机的功能强弱、精度的高低和速度的快慢。一般大型计算机用于数值计算，为保证足够的精度，需要较长的字长。不同类的计算机系统字长不同，随着芯片制造技术的不断进步，各类计算机的字长有增加的趋势。

5. 常用数制

在数制系统中，各位数字所表示的值不仅与该数字有关，而且与它所在的位置有关。

例如在十进制数 123 中，百位上的 1 表示 1 个 100，十位上的 2 表示 2 个 10，个位上的 3 表示 3 个 1，因此，有 $123=1\times100+2\times10+3\times1$，其中 100, 10, 1 被称为百位、十位、个位的权。十进制中，个、十、百、千、万等各数位的权分别是 1, 10, 100, 1000, 10000 等，一般地，写成 10 的幂，就是 $10^0, 10^1, 10^2, 10^3, 10^4$ 等；10 被称为十进制的基数。

1)　十进制

十进制特点：采用 0, 1, 2, 3, 4, 5, 6, 7, 8, 9 共 10 个不同的数字符号，并且是“逢十进一，借一当十”。

对于任意一个十进制数，都可以表示成按权展开的多项式。例如：

$1999=1\times10^3+9\times10^2+9\times10^1+9\times10^0$

$2003=2\times10^3+0\times10^2+0\times10^1+3\times10^0$

$48.25=4\times10^1+8\times10^0+2\times10^{-1}+5\times10^{-2}$

2)　二进制

在电子计算机中采用的是二进制。二进制数只需两个不同的数字符号 0 和 1，并且是“逢二进一，借一当二”，它的基数是 2。对于二进制数，其整数部分各数位的权，从最低位开始依次是 1，2，4，8 等，写成 2 的幂，就是 2^0，2^1，2^2，2^3 等；其小数部分各数位的权，从最高位开始依次是 0.5，0.25，0.125 等，写成 2 的幂，就是 2^{-1}，2^{-2}，2^{-3} 等。

对于任意一个二进制数，也都可以表示成按权展开的多项式。例如：

$(10110101)^2=1\times2^7+0\times2^6+1\times2^5+1\times2^4+0\times2^3+1\times2^2+0\times2^1+1\times2^0$

$(10.11)^2=1\times2^1+0\times2^0+1\times2^{-1}+1\times2^{-2}$

为什么人们在计算机中采用二进制？

这是因为，二进制数具有以下一些重要特点。

(1)　二进制数只含有两个数字 0 和 1，因此可用大量存在的具有两个不同的稳定物理状态的元件来表示。例如，可用指示灯的不亮和亮，继电器的断开和接通，晶体管的断开和导通，磁性元件的反向和正向剩磁，脉冲电位的低和高等，来分别表示二进制数字 0 和 1。计算机中采用具有两个稳定状态的电子或磁性元件表示二进制数，这比十进制的每一位要用具有十个不同的稳定状态的元件来表示，实现起来容易得多，工作起来也稳定得多。

(2)　二进制数的运算规则简单，使得计算机中的运算部件的结构相应变得比较简单。

二进制数的加法和乘法的运算规则都只有 4 条：

$0+0=0\quad 0+1=1\quad 1+0=1\quad 1+1=10$

$0\times0=0\quad 0\times1=0\quad 1\times0=0\quad 1\times1=1$

实际上，二进制数的乘法可以通过简单移位和相加来实现。

(3) 二进制数的两个数字 0 和 1 与逻辑代数的逻辑变量取值一样，从而可采用二进制数进行逻辑运算，这样就可以应用逻辑代数作为工具来分析和设计计算机中的逻辑电路，使得逻辑代数成为计算机设计的数学基础。

3) 八进制与十六进制

在计算机内部，一切信息的存储、处理与传送均采用二进制的形式。但由于二进制数所需位数较多，阅读与书写很不方便。为此，在阅读与书写时又通常用十六进制或八进制来表示，这是因为十六进制和八进制与二进制之间有着非常简单的对应关系。

八进制的基数是 8，有 8 个基本数字：0, 1, 2, 3, 4, 5, 6, 7，并且“逢八进一，借一当八”。

由于八进制的基数 8 是二进制的基数 2 的 3 次幂，即 $2^3=8$，所以一位八进制数相当于 3 位二进制数，这样使得八进制数与二进制数之间的转换十分方便。

十六进制数的基数是 16，有 16 个基本数字或符号：0, 1, 2, 3, 4, 5, 6, 7, 8, 9, A, B, C, D, E, F，并且“逢十六进一，借一当十六”。

由于十六进制的基数 16 是二进制的基数 2 的 4 次幂，即 $2^4=16$，所以一位十六进制数相当于 4 位二进制数，这样使得十六进制数与二进制数之间的转换十分方便，如表 2.6 所示。

表 2.6 进制转换对照关系

二 进 制	八 进 制	十 进 制	十六进制
0000	0	0	0
0001	1	1	1
0010	2	2	2
0011	3	3	3
0100	4	4	4
0101	5	5	5
0110	6	6	6
0111	7	7	7
1000	10	8	8
1001	11	9	9
1010	12	10	A
1011	13	11	B
1100	14	12	C
1101	15	13	D
1110	16	14	E
1111	17	15	F
10000	20	16	10
10001	21	17	11
10010	22	18	12
10011	23	19	13
…	…	…	…

6. 不同进制的数据转换

1)　二进制数与十进制数之间的相互转换

(1)　二进制数转换成十进制数——乘权求和，即将二进制数按权展开求和。

【例 2-21】把二进制数 1101.11 转换成十进制数。

$(1101.11)_2=1\times2^3+1\times2^2+0\times2^1+1\times2^0+1\times2^{-1}+1\times2^{-2}$

$=8+4+0+1+0.5+0.25$

$=13.75$

(2)　十进制数转换成二进制数——整数部分辗转除以 2 取余，小数部分辗转乘以 2 取整。即将十进制整数除以 2，得到一个商和一个余数；再将商除以 2，又得到一个商和一个余数；以此类推，直到商等于零为止。每次得到的余数的倒排列，就是对应的二进制数。

【例 2-22】把十进制数 37 转换成二进制数。

除数	商	余数	
2	37		低位
2	18	1	↓
2	9	0	↓
2	4	1	↓
2	2	0	↓
2	1	0	↓
	0	1	高位

于是得：$(37)_{10}=(100101)_2$

十进制小数转换成二进制小数是用“乘 2 取整法”。即用 2 逐次去乘十进制小数，将每次得到的积的整数部分按各自出现的先后顺序依次排列，就得到相对应的二进制小数。

【例 2-23】把$(0.6875)_{10}$转换成二进制数。

设$(0.6875)_{10}=a_{-1}*2^{-1}+a_{-2}*2^{-2}+\cdots+a_{-m}*2^{-m}$

```
            0.6875
        ×)       2
--------------------
  a-1=1……1.3750
        ×)       2
--------------------
  a-2=0……0.7500
        ×)       2
--------------------
  a-3=1……1.5000
        ×)       2
--------------------
  a-4=1……1.0000
```

于是得：$(0.6875)_{10}=(0.1011)_2$

说明：一个有限的十进制小数并非一定能够转换成一个有限的二进制小数，即上述过程的乘积的小数部分可能永远不等于 0，这时我们可按要求进行到某一精确度为止。

如：$(0.1)_{10}=(0.0001100110011001100110011001100\cdots)_2$

如果一个十进制数既有整数部分又有小数部分，则可将整数部分和小数部分分别进行转换，然后再将两部分合起来。

如：$(37.6875)_{10}=(100101.1011)_2$

2) 二进制数与八进制数之间的相互转换

【例 2-24】把$(56.103)_8$转换成二进制数。

方法是将每位八进制数变成为三位二进制数，如下所示：

5	6	.	1	0	3
↓	↓	↓	↓	↓	↓
101	110	.	001	000	011

所以：$(56.103)_8=(101110.001000011)_2$

【例 2-25】把$(11101.1101)_2$转换成八进制数。

方法是以小数点为中心，分别向左右两边每隔 3 位进行分组(不足 3 位的，在外边补 0)，每 3 位二进制数使用一个八进制数字表示，如下所示：

011	101	.	110	100
↓	↓	↓	↓	↓
3	5	.	6	4

所以：$(11101.1101)_2=(35.64)_8$

3) 二进制数与十六进制数之间的相互转换

【例 2-26】把$(3AD.B8)_{16}$转换成二进制数。

方法是将每位十六进制数变成为四位二进制数，如下所示：

3	A	D	.	B	8
↓	↓	↓	↓	↓	↓
0011	1010	1101	.	1011	1000

所以：$(3AD.B8)_{16}=(1110101101.10111)_2$。

【例 2-27】把$(1111100111.111111)_2$转换成十六进制数。

方法是以小数点为中心，分别向左右两边每隔 4 位进行分组(不足 4 位的，在外边补 0)，每 4 位二进制数用一个十六进制符号表示，如下所示：

0011	1110	0111	.	1111	1100
↓	↓	↓	↓	↓	↓
3	E	7	.	F	C

所以：$(1111100111.111111)_2=(3E7.FC)_{16}$

4) 其他进制数与十进制数之间的相互转换

其他进制数与十进制数之间的转换方法如下。

(1) 把其他进制数转换成十进制数，都用乘权求和的方法。

(2) 把十进制数转换成其他进制数，都用整数部分辗转除以其他进制数的基数取余，小数部分辗转乘以其他进制数的基数取整的方法。

【例 2-28】把$(17.26)_8$转换成十进制数(乘权求和)。

$(17.26)_8=1\times8^1+7\times8^0+2\times8^{-1}+6\times8^{-2}$

$=8+7+2\times0.1256\times0.015625$

$=15.34375$

【例 2-29】把$(65535)_{10}$转换成十六进制数(辗转除以 16 取余)。

16	65535	余数	低位
16	4095	15 → F	
16	255	15 → F	
16	15	15 → F	
	0	15 → F	高位

所以：$(65535)_{10}=(FFFF)_{16}$

7. 计算机中数值数据的表示

在计算机中所有的数据、指令以及符号等都是用特定的二进制代码表示的。我们把一个数在计算机内被表示的二进制形式称为机器数，该数称为这个机器数的真值。机器数具有下列特点。

(1) 由于计算机设备的限制和操作上的便利，机器数有固定的位数。它表示的数受到固定位数的限制，具有一定的范围，超过这个范围就会产生“溢出”。例如，一个 8 位机器数，所能表示的无符号整数的最大值是 11111111，即十进制数 255，如果超过这个数就会“溢出”。

(2) 机器数能表示数的符号(正、负或 0)。通常是用机器数中规定的符号位(一般是最高位)取 0 或 1 表示数的正或负。例如，一个 8 位机器数，其最高位是符号位，在定点整数原码表示的情况下，对于 00101110 和 10010011，其真值分别为十进制数+46 和-19。

(3) 机器数中，采用定点或浮点方式来表示小数点的位置。

1) 原码、反码和补码

在计算机中参加运算的数有正负之分，通常在计算机中我们用 $X=X_0X_1X_2\cdots X_{N-1}$ 来表示一个二进制数，并规定当 $X_0=0$ 时 X 为正数，$X_0=1$ 时 X 为负数。在计算机中这种表示法有原码、补码和反码三种。

(1) 原码。

原码的定义：其最高位为符号位，0 表示正，1 表示负，其余位数表示该数的绝对值。通常用$[X]_{原}$表示 X 的原码。

例如：假设，因为$(17)_{10}=(10001)_2$，$(39)_{10}=(100111)_2$，那么——

$[+17]_{原}=00010001$，$[-39]_{原}=10100111$

$[+0]_{原}=00000000$，$[-0]_{原}=10000000$，因此，0 的原码表示有两种，“浪费”了资源。

当机器数的位数是 8 时，原码表示范围是[−127,127]。原码的表示法简单易懂，但是它最大的缺点是运算复杂。

(2) 反码。

反码的定义：正数的反码与原码相同，负数的反码是把其原码除符号位外的各位取反(即 0 变 1，1 变 0)。通常用$[X]_{反}$表示 X 的反码。例如：

$[+45]_{反}=[+45]_{原}=00101101$

由于$[-32]_{原}=10100000$，所以$[-32]_{反}=11011111$。

$[+0]_{反}=[+0]_{原}=00000000$，$[-0]_{原}=10000000$，$[-0]_{反}=11111111$，因此 0 的反码表示也有两种。

根据$[X]_{反}$所能表示的整数范围公式，当机器数位数为 8 位时，我们可以计算出反码表示范围是[−127,127]。

(3) 补码。

补码的定义：正数的补码与原码相同，负数的补码是在其反码的最低有效位上加 1。通常用$[X]_{补}$表示 X 的补码。例如：

$[+14]_{补}=[=14]_{原}=00001110$

由于$[-36]_{原}=10100100$，而$[-36]_{反}=11011011$，所以$[-36]_{补}=11011100$。

$[+0]_{补}=[+0]_{原}=00000000$，$[-0]_{反}=11111111$，规定$[-0]_{补}=00000000$(溢出部分忽略)，这样在用补码表示时，0 的表示方法就唯一了。

根据$[X]_{补}$所能表示的整数范围公式，当机器数位数为 8 位时，我们可以计算出补码表示范围是[-128,127]。

用补码进行加减运算是很简单的，公式为：

$$[X+Y]_{补}=[X]_{补}+[Y]_{补}$$

$$[X-Y]_{补}=[X]_{补}+[-Y]_{补}$$

加法公式是非常简单的，在减法中我们可以根据$[Y]_{补}$计算$[-Y]_{补}$：将$[Y]_{补}$连同符号位一起按位求反后末位加 1 可得$[-Y]_{补}$。在运算中符号位怎么办？符号位参加运算，符号位相加，若有进位，则进位舍去。

【例 2-30】已知 X=6，Y=2，求 X-Y。

解：$[X]_{补}=00000110$，$[Y]_{补}=00000010$，$[-Y]_{补}=11111110$。

$$\begin{array}{rl} 00000110 & =[X]_{补} \\ +)\ 11111110 & =[-Y]_{补} \\ \hline 100000100 & =[X-Y]_{补} \end{array}$$

最后舍弃符号位上的进位，得$[X-Y]_{补}=00000100$，即 X-Y=4。

【例 2-31】已知 X=-19，Y=-30，求 X+Y。

解：$[X]_{补}=11101101$，$[Y]_{补}=11100010$。

$$\begin{array}{rl} 11101101 & =[X]_{补} \\ +)\ 11100010 & =[Y]_{补} \\ \hline 111001111 & =[X+Y]_{补} \end{array}$$

最后舍弃符号位上的进位，得$[X+Y]_{补}=11001111$，即 X+Y=-49。

补码的重大意义：从上面例子可见，加法和减法统一成了加法，再由于乘除可通过移位和加减来实现，于是就使四则算术运算在计算机中能转化成对补码进行简单移位运算或加法运算，从而大大地简化了计算机运算部件的电路设计。

2) 定点表示法和浮点表示法

在计算机中，针对小数点的处理有两种方法：定点表示法与浮点表示法。

(1) 定点表示法。

定点表示法就是小数点约定在机器数某一固定的位置上。如果将小数点约定在符号位和数值的最高位之间，这时的数值为定点有符号纯小数。

例如：

$$[X]_{补}=01010000$$

↑

小数点位置

这时 X=0.625。

如果将小数点约定在数值的最低位之后，这时的数值为整数。

例如：

$$[X]_{补}=11010000$$

↑

小数点位置

这时 X=−48。

对于 8 位定点有符号整数，用补码表示时，最大整数$[M]_{补}$=01111111，即 $M=+(2^7-1)=+127$；最小整数$[N]_{补}$=10000000，即 $N=-2^7=-128$。因此使用 8 位二进制位表示的定点有符号整数(用补码表示)时，表示范围是−128～+127，共 $2^8=256$ 个不同的整数。

使用 8 位二进制位表示定点无符号整数时，由于没有符号位，即约定为非负数，此时用原码表示即可，因为补码与原码相同。表示范围是 $0\sim2^8-1$，即 0～255，共 $2^8=256$ 个不同的整数。

同理可得：16 位定点有符号整数(用补码表示)的范围是$-2^{15}\sim+(2^{15}-1)$，即−32768～+32767；16 位定点无符号整数的表示范围是 $0\sim2^{16}-1$，即 0～65535；32 位定点有符号整数(用补码表示)的范围是$-2^{31}\sim+(2^{31}-1)$，即−2147483648～+2147483647。

(2)　浮点表示法。

浮点表示法就是小数点的位置并不固定，通常用于表示浮点数。假设浮点数为 N，则表示形式为：

$$N=\pm M*R^{\pm E}$$

其中 M 表示尾数，为纯小数；R 为进制表示法的基数，如十进制的 10，二进制的 2，八进制的 8 或十六进制的 16 等；E 为阶码，为正整数或负整数。同时我们规定尾数的最高数位必须是一个有效值(一般为非零数字)，称为浮点数的规格化。规格化浮点数的尾数 M 的绝对值就满足 1/r≤|M|<1，若 R 为 2，则对应区间为[0.5, 1)。

在计算机中，通常用一串连续的二进制位来存放二进制浮点数，它的一般结构如图 2.11 所示。

阶符
E
数符
M
E 的符号
阶码部分
M 的符号
小数位 尾数部分

图 2.11　浮点数的表示结构

8. 计算机中非数值数据的表示

在计算机内部，非数值数据也是采用“0”和“1”两个符号来进行编码表示。有多种不同的中、西文编码方案，如 ASCII 码、BCD 码、中文信息编码等，下面主要介绍 ASCII 码。

ASCII 码是“美国信息交换标准代码”的简称，是目前国际上最为流行的字符信息编码方案。ASCII 包括 0～9 十个数字，大小写英文字母及专用符号等 95 种可打印字符，还有 33 种控制字符(如回车、换行符)，共 128 个字符。一个字符的 ASCII 码通常占一个字节，用 7 位二进制数编码组成，字节的最高位一般规定为 0，或者用作校验码。所以 ASCII 码最多可表示 128 个不同的符号。

ASCII 码的数值为 0～31 及 127(共 33 个)是控制字符或通信专用字符(其余为可显示字符)，如控制符有 LF(换行)、CR(回车)、FF(换页)、DEL(删除)、BS(退格)、BEL(响铃)

等；通信专用字符有 SOH(文头)、EOT(文尾)、ACK(确认)等；ASCII 值 8、9、10 和 13 分别转换为退格、制表、换行和回车字符。它们并没有特定的图形显示，但会依不同的应用程序，而对文本显示有不同的影响。

ASCII 码的数值为 32～126(共 95 个)是字符(编码值 32 表示空格)，其中 48～57 表示 0 到 9 这 10 个数字字符。

ASCII 码的数值为 65～90 是 26 个大写英文字母，97～122 为 26 个小写英文字母，其余为一些标点符号、运算符号等。

由于标准 ASCII 字符集字符数目有限，在实际应用中往往无法满足要求。为此，国际标准化组织又制定了 ISO 2022 标准，它规定了在保持与 ISO 646 兼容的前提下将 ASCII 字符集扩充为 8 位代码的统一方法。ISO 陆续制定了一批适用于不同地区的扩充 ASCII 字符集，每种扩充 ASCII 字符集分别可以扩充 128 个字符，这些扩充字符的编码均为高位为 1 的 8 位代码(即十进制数 128～255)，称为扩展 ASCII 码，主要包含 128 个特殊符号字符、外来语字母和图形符号。

2.5.2 编程规范

在 C/C++语言中，如果不遵守编译器的规定，编译器在编译时就会报错，这个规定叫作规则。但是有一种规定，它是一种人为的、约定俗成的，即使不按照那种规定也不会出错，这种规定就叫作规范。

虽然我们不按照规范也不会出错，但是那样代码写得就会很乱。大家刚开始学习 C 语言的时候，第一步不是说要把程序写正确，而是要写规范。因为如果你养成一种非常不好的写代码的习惯，代码就会写得乱七八糟，为了提高程序的可读性、可维护性等，编写程序时必须要按照规范编写。

1. 代码如何写才能规范

那么代码如何写才能写得很规范呢？代码的规范化不是说看完本节内容后就能实现的。它里面细节很多，而且需要不停地写代码练习，不停地领悟，慢慢地才能掌握良好的编程习惯。

有很多规范是为了在程序代码量很大的时候，便于自己阅读，也便于别人阅读。在一般情况下，根据软件工程的思想，我们的注释要占整个文档的 20%以上。所以注释要写得很详细，而且格式要写得很规范。同时，把代码写规范则程序不容易出错。即使出错了查错也会很方便。格式虽然不会影响程序的功能，但会影响可读性。程序的格式追求清晰、美观，是程序风格的重要构成元素。

2. 代码规范化的七大原则

代码规范化基本上有七大原则，体现在空行、空格、成对书写、缩进、对齐、代码行、注释七方面的书写规范上。

1) 空行

空行起着分隔程序段落的作用。空行得体将使程序的布局更加清晰。空行不会浪费内存，虽然打印含有空行的程序会多消耗一些纸张，但是值得。

规则一：定义变量后要空行。尽可能在定义变量的同时初始化该变量，即遵循就近原则。如果变量的引用和定义相隔比较远，那么变量的初始化就很容易被忘记。若引用了未被初始化的变量，可能会导致程序出错。

规则二：每个函数定义结束之后都要加空行。

总规则：两个相对独立的程序块、变量说明之后必须要加空行。比如上面几行代码完成的是一个功能，下面几行代码完成的是另一个功能，那么它们中间就要加空行。这样看起来更清晰。

2)　空格

规则一：关键字之后要留空格。像 const、case 等关键字之后至少要留一个空格，否则无法辨析关键字。像 if、for、while 等关键字之后应留一个空格再跟左括号(，以突出关键字。

规则二：函数名之后不要留空格，应紧跟左括号(，以与关键字区别。

规则三：)、,、;这三个字符向前紧跟；紧跟处不留空格。

规则四：,之后要留空格。如果;不是一行的结束符号，其后要留空格。

规则五：赋值运算符、关系运算符、算术运算符、逻辑运算符、位运算符，如 =、==、!=、+=、-=、*=、/=、%=、>>=、<<=、&=、^=、|=、>、<=、>、>=、+、-、*、/、%、&、|、&&、||、<<、>>、^ 等双目运算符的前后应当加空格。

注意，运算符“%”是求余运算符，与 printf 中 %d 的“%”不同，所以 %d 中的“%”前后不用加空格。

规则六：单目运算符 !、~、++、--、-、*、&等前后不加空格。

注意：

这里的“-”和规则五里面的“-”不同。这里的“-”是负号运算符，规则五里面的“-”是减法运算符。

这里的“*”和规则五里面的“*”也不同。这里的“*”是指针运算符，规则五里面的“*”是乘法运算符。

这里的“&”和规则五里面的“&”也不同。这里的“&”是取地址运算符，规则五里面的“&”是按位与运算符。

总之，规则六中的是单目运算符，而规则五中的是双目运算符，它们是不一样的。

规则七：像数组符号[]、结构体成员运算符.、指向结构体成员运算符->，这类操作符前后不加空格。

规则八：对于表达式比较长的 for 语句和 if 语句，为了紧凑起见，可以适当地去掉一些空格。但 for 和 if 后面紧跟的空格不可以删，其后面的语句可以根据语句的长度适当地去掉一些空格。例如：

```
for (i = 0; i<10; i++)
```

for 和分号后面保留空格就可以了，=和<前后的空格可去掉。

3)　成对书写

成对的符号一定要成对书写，如()、{}。不要写完左括号然后写内容最后再补右括号，否则很容易漏掉右括号，尤其是写嵌套程序的时候。

4)　缩进

缩进是通过键盘上的 Tab 键实现的，缩进可以使程序更有层次感。原则是：如果地位相等，则不需要缩进；如果属于某一个代码的内部代码，就需要缩进。

5)　对齐

对齐主要是针对大括号{}说的。

规则一：{和}分别都要独占一行。互为一对的{和}要位于同一列，并且与引用它们的语句左对齐。

规则二：{}之内的代码要向内缩进一个 Tab，且同一地位的要左对齐，地位不同的继续缩进。

还有需要注意的是，很多编程软件是会“自动对齐”的，比如：

```
#include <stdio.h>
int main(void)
{
    if (...)
    return 0;
}
```

写完 if 那一行后，按 Enter 键，系统会自动对齐到与 if 左对齐的正下方，我们直接输入大括号即可。再接着看：

```
#include <stdio.h>
int main(void)
{
    if (...)
    {
        while (...)
    }
    return 0;
}
```

写完 while 那一行后，按 Enter 键，此时直接输入大括号即可，系统会自动对齐到与 while 左对齐的正下方的。

此外编程软件还有“对齐、缩进修正”功能。就是按 Ctrl+A 组合键全选，然后按 Alt+F8 组合键，这时程序中所有成对的大括号都会自动对齐，未缩进的也会自动缩进。不管是在编程过程中，还是在编写结束之后，都可以使用这个技巧。但如果完全按照规范写，那根本就不需要这个技巧，所以，这只是一个辅助功能。

6)　代码行

规则一：一行代码只做一件事情，如只定义一个变量，或只写一条语句。这样的代码容易阅读，并且便于写注释。

规则二：if、else、for、while、do 等语句自占一行，执行语句不得紧跟其后。此外，非常重要的一点是，不论执行语句有多少行，就算只有一行也要加{}，并且遵循对齐的原则，这样可以防止书写失误。

7)　注释

C/C++语言中一行注释一般采用//……，多行注释必须采用/*……*/。注释通常用于重要的代码行或段落提示。在一般情况下，源程序有效注释量必须在 20% 以上。虽然注释有助于理解代码，但注意不可过多地使用注释。

规则一：注释是对代码的“提示”，而不是文档。程序中的注释不可喧宾夺主，注释太多会让人眼花缭乱。

规则二：如果代码本来就是清楚的，则不必加注释。例如：

```
i++;  //i 加 1
```

这个就是多余的注释。

规则三：边写代码边注释，修改代码的同时要修改相应的注释，以保证注释与代码的一致性，不再有用的注释要删除。

规则四：当代码比较长，特别是有多重嵌套的时候，应当在段落的结束处加注释，这样便于阅读。

规则五：每一条宏定义的右边必须要有注释，说明其作用。

习　　题

具体内容请扫描二维码获取。

第 2 章　习题

第 2 章　习题参考答案

第3章 函　　数

第3章 源程序

3.1 求三角形的面积

【**例 3-1**】编写一个计算三角形面积的工具，根据用户的实际需要，可以选择不同的计算方法。

(1) 已知三角形的底和高，计算三角形的面积。

(2) 已知三角形的三边，计算三角形的面积。

(3) 已知三角形两边 a、b 和这两边的夹角 c，计算三角形的面积。

1) 分析

根据题目要求，要完成三角形的面积计算，必须分为两步。

(1) 用户选择面积计算方法。

(2) 根据用户选择的计算方法计算三角形的面积。

其程序流程图如图 3.1 所示。

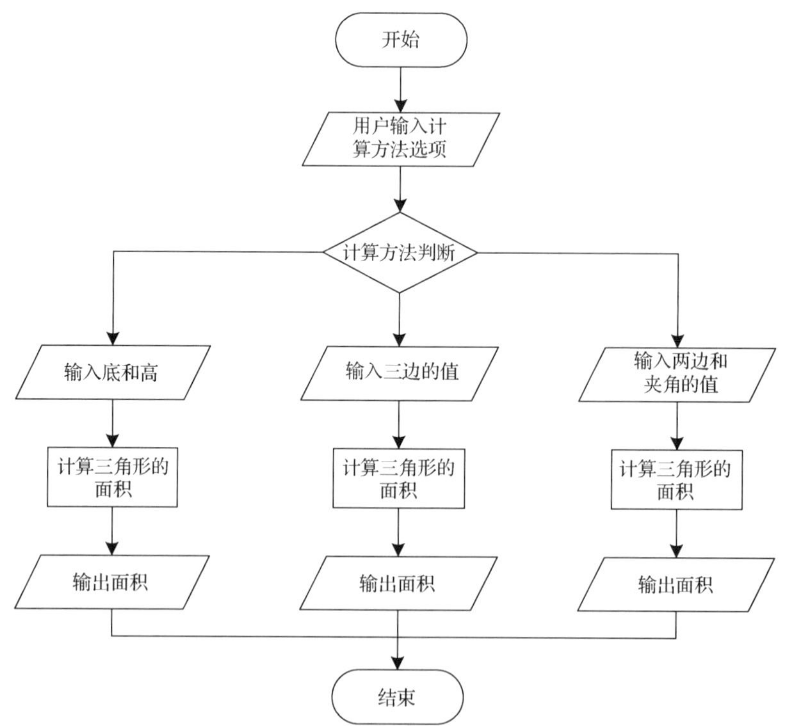

图 3.1 计算三角形面积的程序流程图

2) 实现程序

实现代码如下：

```
#include <iostream>
```

```
#include <cmath>
using namespace std;

int main()
{
    float a, b, c;
    float area = 0.0, p = 0.0;
    int selection;
    cout << "**************************************" << endl;
    cout << "*          请选择 1 或 2 或 3         *" << endl;
    cout << "*        1 已知三角形的底和高;        *" << endl;
    cout << "*        2 已知三角形的三边;          *" << endl;
    cout << "*        3 已知三角形的两边及夹角;    *" << endl;
    cout << "**************************************" << endl;
    cout << "请选择: ";
    cin >> selection;
    switch(selection)
    {
      case 1:
        cout<<"请输入三角形的底和高: " << endl;
        cin >> a >> b;
        area=(a * b) / 2.0;
        cout << "三角形的面积为: "<< area;
        break;
      case 2:
        cout<<"请输入三角形的三边值: " << endl;
        cin >> a >> b >> c;
        p= (a + b + c) / 2.0;
        area = sqrt(p * (p - a) * (p - b) * (p - c));
        cout << "三角形的面积为: "<< area;
        break;
      case 3:
        cout<<"请输入三角形的两边及夹角的值: " << endl;
        cin >> a >> b >> c;
        area=(a*b*sin(c * 3.14159 / 180)) / 2.0;
        cout << "三角形的面积为: "<< area;
        break;
      default:
        cout<<"请选择 1 或 2 或 3!!!";
    }
    return 0;
}
```

程序根据输入的 1 或 2 或 3，再输入相应的值，完成面积计算。但这种写法，主程序

main 函数较长，使程序的可阅读性变差。

实际上，编写程序的目的，就是用程序设计语言编写程序来解决现实世界中的实际问题。对于较简单的问题，不考虑程序的设计方法和控制结构也可以编写出正确的程序。但一旦遇到复杂问题(目前遇到的基本为复杂问题)，需要团队协作完成，若采用不适当的程序设计方法和控制结构，往往会使编写的程序可读性差，性能达不到预期的效果。

目前程序设计方法主要有结构化程序设计、面向对象程序设计、事件驱动程序设计等，本课程主要采用结构化程序设计方法。

结构化程序设计是一种设计程序的技术，通常采用自顶向下、逐步求精的设计方法和单入口单出口的控制结构。先进行总体设计，采用自顶向下逐步求精的方法，将一个复杂问题分解细化成多个子问题，如果子问题仍然较复杂，再将子问题分解为若干个更小的子问题来处理，这样使得复杂问题转化成了由许多个小问题组成、具有层次结构的系统，小问题的解决及程序的编写相对容易。通常，把求解较小问题的算法及实现的程序称为“模块”。图 3.2 给出了分解一个复杂问题的模块结构。

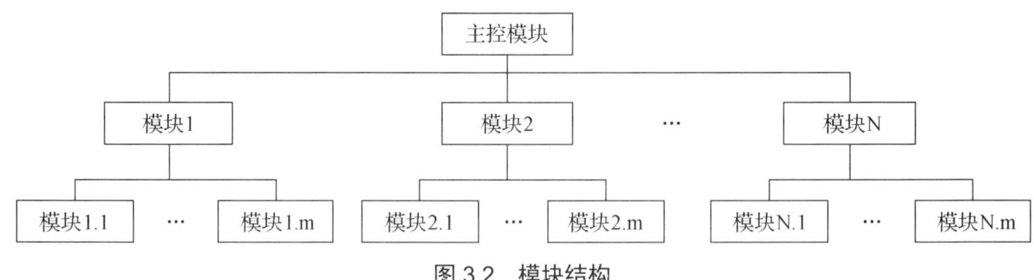

图 3.2　模块结构

从总体设计上，采用先全局后局部、先整体后细节、先抽象后具体的逐步求精的过程，使问题的划分在结构上层次十分清楚，便于分工。从程序实现上，模块采用单入口单出口的控制结构，不使用 go to 语句，使程序结构清晰、容易阅读和理解。

从实现的角度看，为了提高程序的可读性、可重用性等，将程序开发中经常用到的相同的功能，比如数学函数运算、字符串操作等，独立出来编写成函数，然后按照相互关系或应用领域汇集在相同的文件里，这些文件构成了函数库。这样，函数库实现了对信息的封装，将常用的函数封装起来，人们不必知道如何实现它们。只需要了解如何调用它们即可。函数库可以被多个应用程序共享，在具体编程环境中，一般都有一个头文件相伴，在这个头文件中以标准的方式定义了库中每个函数的接口，根据这些接口形式，可以在程序中的任何地方调用所需的函数。这样，程序被分解成一个个函数模块(模块)，其中既有系统函数，也有用户定义的函数。通过对函数的调用，程序的运行逐步被展开。阅读程序时，由于每一块的功能相对独立，因此对程序结构的理解相对容易，在一定程度上缓解了程序代码可读性和可重用性的矛盾。在结构化程序设计中，任何程序段的编写都基于 3 种结构：分支结构、循环结构和顺序结构。程序具有明显的模块化特征，每个程序模块具有唯一的出口和入口语句。结构化程序的结构简单清晰，模块化强，描述方式贴近人们习惯的推理式思维方式，因此可读性强，在软件重用性、软件维护等方面都有所进步，在大型软件开发尤其是大型科学与工程运算软件的开发中发挥了重要作用。到目前为止，仍有许多应用程序的开发采用结构化程序设计技术和方法。即使在目前流行的面向对象软件开发中也不能完全脱离结构化程序设计。

根据结构化程序设计思想，例 3-1 实际上可以划分为三个模块，即不同计算三角形面积的方法就是一个模块，我们用函数表示每个模块，在主程序中直接调用三个函数就可以了，这样使得程序的可读性更强。

修改后的程序代码如下：

```
#include <iostream>
#include <cmath>
using namespace std;

void area_ah();
void area_abc();
void area_ab_angle();
int main()
{
    int selection;
    cout << "*************************************" << endl;
    cout << "*          请选择 1 或 2 或 3          *" << endl;
    cout << "*         1 已知三角形的底和高;         *" << endl;
    cout << "*         2 已知三角形的三边;           *" << endl;
    cout << "*         3 已知三角形的两边及夹角;     *" << endl;
    cout << "*************************************" << endl;
    cout << "请选择: ";
    cin >> selection;
    switch(selection)
    {
      case 1:
        area_ah(); //调用函数
        break;
      case 2:
        area_abc();  //调用函数
        break;
      case 3:
        area_ab_angle();  //调用函数
        break;
      default:
        cout<<"请选择 1 或 2 或 3!!!";
    }
    return 0;
}

void area_ah()
{
```

```
    float a, h, area;
    cout<<"请输入三角形的底和高: " << endl;
    cin >> a >> h;
    area=(a * h) / 2.0;
    cout << "三角形的面积为: "<< area;
}
void area_abc()
{
    float a, b, c, area, p;
    cout<<"请输入三角形的三边值: " << endl;
    cin >> a >> b >> c;
    p= (a + b + c) / 2.0;
    area = sqrt(p * (p-a) * (p-b) * (p-c));
    cout << "三角形的面积为: "<< area;
}
void area_ab_angle()
{
    float a, b, c, area;
    cout<<"请输入三角形的两边及夹角的值: " << endl;
    cin >> a >> b >> c;
    area=(a*b*sin(c * 3.14159 / 180)) / 2.0;
    cout << "三角形的面积为: "<< area;
}
```

3.2 函数分类

C/C++语言中，函数具有双重作用，当它作为数学概念的“函数”使用时，可得到返回的函数值；当它作为处理“过程”使用时，函数只描述一个特定的处理任务。

一个 C/C++语言源程序是由一个或多个函数组成的。其中，必须有且只能有一个叫 main 的函数，它被称为主函数。当运行 C/C++语言的程序时，不管 main()函数出现在程序中的什么位置，总是由主函数 main()开始执行。main()函数常常要调用其他函数来实现它的功能，有时是调用本程序中定义的函数，有时则调用系统函数库中提供的函数。因此，在 C/C++语言中，从函数使用的角度来看，可以分为标准库函数和用户自定义函数。标准库函数由 C/C++语言函数库提供，用户可以直接引用。用户函数是用户根据需要定义的完成某一特定功能的一段程序。

3.2.1 标准库函数

【例 3-2】现在需要编写一个简单的计算器，通过输入一个角度，计算其正弦值和余弦值。

1) 分析

本程序主要包含三个部分。

(1) 输入一个角度。

(2) 计算正弦值和余弦值。

(3) 输出计算的结果。

其关键部分是完成正弦和余弦值的计算，可以直接引用 C/C++提供的标准库函数中的函数 sin()和 cos()完成计算。

2) 实现程序

实现代码如下：

```
#include <iostream>
#include <cmath>
using namespace std;
int main()
{
   double x;
   cout<<"请输入角度：";
   cin>>x;
   cout<<"cos("<<x<<") = "<<cos(x)<<endl;
   cout<<"sin("<<x<<") = "<<sin(x)<<endl;
   return 0;
}//ch3-2.cpp
```

其中 sin(x)和 cos(x)是调用了 C++的标准库的两个函数，这两个函数包含在 cmath.h(C 语言为 math.h)文件中。

标准库函数简称库函数，是系统提供的，用户无须定义即可使用。这些库函数按照功能可以划分为类型转换函数、字符判别与转换函数、字符串处理函数、标准 I/O 函数、文件管理函数以及数学运算函数等。这些库函数所用到的常量、外部变量、函数类型和参数说明，都在相应的头函数中声明，要使用库函数，包含了相应的头文件后就可以直接调用，下面简单介绍几个常用的头文件。

(1) 输入输出函数。C/C++语言的头文件分别为 stdio.h/iostream.h 文件，文件提供了标准输入输出函数所用的常量、结构、宏定义函数的类型、参数的个数与类型的描述。常用的函数有 getchar、putchar、gets 和 puts 等。在 C/C++源文件中包含以下代码行：#include <stdio.h>、#include <iostream>。

(2) 数学函数。C/C++语言的头文件分别为 math.h/cmath.h 文件，文件中给出了与数学函数相关的常量、结构及相应的函数类型和参数描述。常用的函数有 fabs、sin、cos、exp、log 和 log0 等。需在 C/C++源文件中包含以下代码行：#include <math.h>、#include <cmath>。

(3) 字符函数。C/C++语言的头文件分别为 ctype.h / iostream.h 文件，文件提供了与字符函数相关的常量、宏定义以及相应函数的类型和参数描述。常用的宏定义有 isalpha、isdigit、isspace 和 iscntrl 等。需在 C/C++源文件中包含以下代码行：#include <ctype.h>、#include <iostream>。

(4) 字符串函数。C/C++语言的头文件分别为 string.h/cstring.h 文件，文件中给出了与字符串操作函数相关的常量、结构及相应的函数类型和参数描述。常用的函数有 strcmp、strcpy、strcat 和 stlen 等。需在 C/C++源文件中包含以下代码行：#include <string.h>、#include <cstring>。

(5) 内存动态分配与随机函数。C/C++语言的头文件分别为 stdlib.h/cstdlib.h 文件，文件给出了与存储分配、转换、随机数字产生等有关的常量、结构及相应的函数类型和参数描述。常用的函数有 calloc、malloc、free、realloc、random 和 randomsize 等。需在 C/C++源文件中包含以下代码行：#include <stdlib.h>、#include <cstdlib.h>。但在 C++ 语言中通常用 new 命令申请分配动态存储空间，用 delete 命令释放所申请的存储空间。

3.2.2 自定义函数

除了系统在标准库中提供的标准函数外，C/C++语言允许用户根据模块功能的要求自行定义函数(常常称为自定义函数)，以便建立结构更为复杂的程序，使程序结构清晰、容易阅读和理解。

【例 3-3】编写一个计算器，输入年月日，计算出该日为该年的第几天。

1) 分析

总目标：计算从该年 1 月 1 日至输入日期的总天数。

分目标：计算每个月的天数，在计算每个月的天数时，需要区分该年是否为闰年以及该月是大月还是小月或者是平月还是闰月。

具体内容如下。

(1) 判断年份是否为闰年。年份有闰年与平年之分，两者的区别在于闰年的 2 月为 29 天，平年的 2 月为 28 天。因此，给定年份，首先应确定其是否为闰年。

(2) 求月份对应的天数。月份不同，其对应的天数不同，1、3、5、7、8、10、12 月每月为 31 天，4、6、9、11 月每月为 30 天，2 月根据所在年份是否为闰年来确定。

(3) 求总天数。分为经历完整的月份天数与经历不完整月份天数。

(4) 输出数据。年月日及相应的天数。

因此，根据结构化程序设计思想，从总体上可将整个程序的结构划分为三个模块：输入年份模块、求总天数模块、输出模块。而求总天数模块又可以细分为判断闰年模块和求某月天数模块。图 3.3 所示为程序的模块结构。

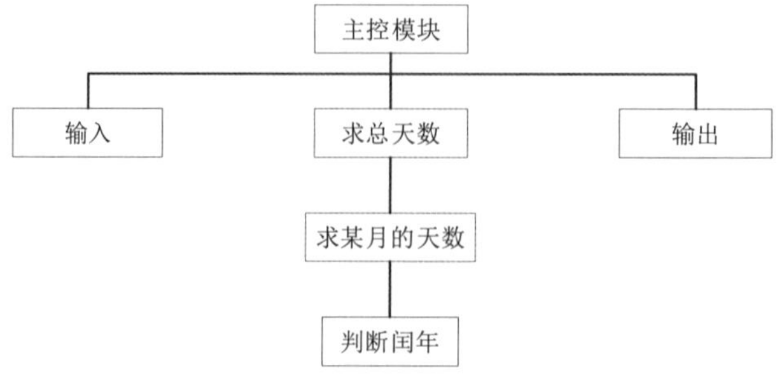

图 3.3 程序的模块结构

各模块之间的关系是：主控模块(C/C++中为 main 函数)调用输入、求总天数和输出模块，求总天数模块调用求某月的天数模块，求某月的天数模块需要调用判断闰年模块。

其中：主控模块为主函数，输入、输出可以调用标准库函数完成，但求总天数、求某月的天数、判断闰年模块在标准模块库中没有标准函数，需要我们自己定义函数(模块)完成相应的功能。

2) 实现程序

根据程序模块结构，翻译为如下程序：

```
#include <iostream>
using namespace std;

int main()
{
    int year, month, day, t_day;
    cout<<"请输入年月日(用空格分割)："<<endl;
    cin>>year>>month>>day;                    //输入模块
    t_day = days(year, month, day);           //计算总天数模块
    cout<<year<<"-"<<month<<"-"<<day<<"为该年的第"<<t_day<<"天";   //输出模块
    return 0;
}
```

主程序(main 函数)调用标准库中的 cin 和 cout 完成输入输出，求总天数模块因没有标准函数而采用自定函数 days( )实现其功能。这样，主程序结构清晰、容易阅读和理解。

1. 函数的定义形式

```
函数返回值类型名  函数名(类型名 形参1, 类型名 形参2, …)
{
    说明语句
    执行语句
}
```

函数由函数说明与函数体两个部分构成。

(1) 函数说明包含函数返回值的类型、函数名、参数类型及参数说明(形参)，函数说明又称为函数首部。

函数值返回值类型名：指定所定义函数返回值的类型，可以是简单数据类型、构造类型或 void 类型等，若返回值类型为 void 时，表示函数无返回值，相当于其他语言的过程。当函数返回值类型为 int 类型时，可省略其类型的说明。

函数名：是函数的标识符，遵循 C/C++语言标识符的命名规则，区分大小写。为提高程序的可读性，要确保函数说明的完整性。

形式参数：简称形参，处在函数名后的一对圆括号中，表示函数接收的参数描述。一个函数可以有一个或多个形参，也可以没有形参。要特别注意的是，无论函数是否有形式参数，函数名后的圆括号不可省略，并且圆括号之后不能接“;”。多个形式参数之间用“,”分隔，形式参数名用标识符表示。形式参数可以是任意数据类型。

形式参数属于所在函数的局部变量，其存储类型只能是 auto 型或 register 型，默认为 auto 型。

例如，定义比较两个整数大小的函数 cmp 的函数说明：

```
int cmp(int x, int y)
{
    函数体
}
```

第 1 个 int 为函数返回值的类型为整数；函数名为 cmp；形参为两个整数 x 和 y，即 cmp 函数要接收两个整型参数，x 和 y 为 auto 存储类型。

(2) 函数体。

函数体说明之后的花括号“{}”部分为函数体。函数体内数据说明部分在前，执行语句部分在后。函数体中说明的变量是该函数调用时有效的局部变量，执行语句是实际生成命令代码的部分。函数的功能由函数体内的各个语句的执行来实现。函数体结束在“}”括号处。

(3) 返回值。

若函数有返回值，使用 return 语句返回，其格式如下：

```
return 表达式;
```

或者：

```
return(表达式);
```

其功能是返回 return 语句中表达式的值作为函数值，表达式值的数据类型要与其所在函数所声明的返回类型一致。如果函数的类型和表达式的类型不一致，则应以函数类型为准。

一个函数中可以有多个返回语句，函数的返回值取决于被执行的那个 return 语句汇总的表达式的值。

例如，比较两个整数大小的函数 cmp 的函数体和返回值如下：

```
int cmp(int x, int y)
{
    if(x>y)
      return x;
    else
      return y;
}
```

在例 3.3 中，需要自定义计算总天数的函数 days，其算法是该年 1 月 1 日到输入日期的每个月的天数之和。其定义如下：

```
int days(int year, int month, int day)
{
    int i, ds = 0;
```

```
    for(i = 1; i<month; i++)
        ds = ds+month_days(year, i);
    ds = ds+day;
    return ds;
}
```

其中第 1 个 int 为函数的返回值类型，days 是函数名，days 后括号中的 int year, int month, int day 是 3 个形式参数；{}中的内容为函数体，从 1 到传递进来的月份的前一个月计算天数后再加上最后一个月的天数；return 返回总的天数。

在该函数中调用了自定义函数 month_days 完成每个月天数的计算，因此，还要定义计算每个月天数的函数(month_days)，其定义如下：

```
int month_days(int year, int month)
{
    int d;
    switch(month)
    {
      case 1:
      case 3:
      case 5:
      case 7:
      case 8:
      case 10:
      case 12:
        d = 31;
        break;
      case 2:
        d = leap(year)?29:28; //若为闰年，d 赋值为 29，否则赋值为 28
        break;
      default:
        d = 30;
    }
    return d;
}
```

在 month_days 函数中又调用了 leap 函数，判定输入的年份是否是闰年，其函数定义如下：

```
int leap(int year)
{
    int lp;
    lp=((year%4==0 && year % 100 ! = 0) || year%400==00)?1:0;
    return lp;//lp 为 1 表示为闰年，为 0 表示不是闰年
}
```

这样，采用先全局后局部、先整体后细节、先抽象后具体的逐步求精的过程，使程序结构清晰、容易阅读和理解。

2. 函数分类

从函数的定义格式即函数的形式来看，函数既可以有形参也可以没有形参，因此将函数分为无参函数和有参函数。

若函数定义时无参数说明，则称该函数为无参函数。无参函数一般用来执行指定的一组操作，主调函数不传递数据给被调函数，例如函数 getchar()。

若参数定义时定义了一个或多个参数，则称该函数为有参函数。调用有参函数可以将要处理的数据传送给被调函数，如上例中的 days(year,month,day)、days(year,month)和leap(year)等均为有参函数。

当定义的函数既无参数也无执行语句时，该函数称为空函数。空函数被调用时，不执行任何操作就立即返回其调用函数。这种空函数通常用于第一阶段基本模块设计，函数体没有编写，空函数先占一个调用位置，以后可以用编好的函数代替它。这样做使程序的结构清楚，可读性好，便于以后扩充新功能，对程序结构影响不大。

3. 主函数 main

一个 C/C++语言程序至少包含一个函数，并且必须有且只能有一个名为 main 的函数，称为主函数。在包含多个函数的程序中，不仅可以由主函数调用其他函数，还可以由被调用函数调用其他函数，但任何函数都不能调用主函数，**它只由操作系统调用并返回给操作系统**。

在具有多个函数的 C/C++ 程序中，主函数出现的位置并不重要。为方便阅读，可将主函数 main 放在最前面。为了避免过多的函数声明语句，习惯上将主函数放在其他所有函数之后。不管主函数放在什么位置，一旦启动该程序，总是从主函数开始执行，并且最终在主函数结束整个程序的执行。

4. 自定义函数原型的声明

在 C/C++程序中，使用函数前首先需要对函数原型进行声明，告诉编译器函数的名称、类型和形式参数。在 C/C++中，函数原型的声明原则如下。

(1) 如果函数定义在先，调用在后，调用前可以不必声明；如果函数定义在后，调用在先，调用前必须声明。

(2) 在程序设计中为了使程序设计的逻辑结构清晰，一般将主要的函数放在程序的起始位置声明，这样也起到了列函数目录的作用。

第一种方式：函数定义在先，调用在后。

若函数定义放在主调函数之前，遵循先定义后调用的原则，则主调函数调用时已具备了该函数的全部信息(函数名、函数类型名、参数类型名)，函数声明可以省略。例 3-3 函数定义在先调用在后的实现方式如下：

```
#include <iostream>
using namespace std;
int leap(int year)
```

```
{
    int lp;
    lp=((year%4==0 && year % 100 ! = 0) || year%400==00)?1:0;
    return lp;//lp 为 1 表示为闰年，为 0 表示不是闰年
}
int month_days(int year, int month)
{
    int d;
    switch(month)
    {
      case 1:
      case 3:
      case 5:
      case 7:
      case 8:
      case 10:
      case 12:
        d = 31;
        break;
      case 2:
        d = leap(year)?29:28;//若为闰年，d 赋值为 29，否则赋值为 28
        break;
      default:
        d = 30;
    }
    return d;
}
int days(int year, int month, int day)
{
    int i, ds = 0;
    for(i = 1; i<month; i++)
        ds = ds+month_days(year, i);
    ds = ds+day;
    return ds;
}
int main()
{
    int year, month, day, t_day;
    cout<<"请输入年月日(用空格分割): "<<endl;
    cin>>year>>month>>day;
    t_day = 10;
    t_day = days(year, month, day);
    cout<<year<<"-"<<month<<"-"<<day<<"为该年的第"<<t_day<<"天";
```

```
    return 0;
}
```

函数的调用顺序：main()->days()->month_days()->leap()。其声明顺序与其相反，其声明顺序为 leap()->month_days()->days()，最后是 main()函数。

第二种方式：函数定义在后，调用在先。

这种方式在调用前必须声明函数。声明函数原型的形式如下。

形式一：

```
返回类型 函数名(数据类型 1 参数 1, 数据类型 2 参数 2, …);
```

或

形式二：

```
返回类型 函数名(数据类型 1, 数据类型 2, …);
```

(1) 声明函数原型的形式和定义函数时的函数头的形式基本相同，不过由于声明函数原型是一条语句，它必须以分号“;”结尾。

(2) 函数原型中的返回类型、函数名和形参表必须与定义该函数时完全一致，但形参表中可以不包含参数名，而只包含形参的类型。例如：

```
int max(int x, int y);
```

或者：

```
int max(int, int);
```

例 3-3 函数定义在后调用在先的实现方式如下：

```
#include <iostream>
using namespace std;

//函数声明部分
int days(int year, int month, int day);
int month_days(int year, int month);
int leap(int year);
//主程序
int main()
{
    int year, month, day, t_day;
    cout<<"请输入年月日(用空格分割): "<<endl;
    cin>>year>>month>>day;
    t_day = 10;
    t_day = days(year, month, day);
    cout<<year<<"-"<<month<<"-"<<day<<"为该年的第"<<t_day<<"天";
    return 0;
}
```

```
//以下为函数定义部分
int leap(int year)
{
    int lp;
    lp = ((year%4==0 && year % 100 ! = 0) || year%400==00)?1:0;
    return lp; //lp 为 1 表示为闰年，为 0 表示不是闰年
}
int month_days(int year, int month)
{
    int d;
    switch(month)
    {
      case 1:
      case 3:
      case 5:
      case 7:
      case 8:
      case 10:
      case 12:
        d = 31;
        break;
      case 2:
        d = leap(year)?29:28;//若为闰年，d 赋值为 29，否则赋值为 28
        break;
      default:
        d = 30;
    }
    return d;
}
int days(int year, int month, int day)
{
    int i, ds = 0;
    for(i = 1; i<month; i++)
        ds = ds+month_days(year, i);
    ds = ds+day;
    return ds;
}
```

函数声明部分也可以写成：

```
int days(int, int, int);
int month_days(int, int);
int leap(int);
```

提示：“函数声明”与“函数定义”不同。“函数定义”用来建立和实现函数的功

能，因而它除了函数名和参数表外，还必须有函数体。“函数声明”只给出函数的类型及参数的类型即可，一般把它安排在主调函数的说明部分，也可以放在所有函数之前。

3.3 函数的调用和参数传递

当一个函数被定义后，就可以在程序的其他函数中使用它了，这个过程称为函数的调用。

在 C/C++程序中，除了 main()函数以外，任何一个函数都在 main()函数中直接或间接地被调用。也可以在自定义函数体中包含对其他函数的调用，甚至包含对自身的调用。调用函数就是执行该函数的函数体的过程。

如例 3-3 的调用关系。

```
int main()
{
    int year,month,day,t_day;
…
    t_day=days(year,month,day);
    …
    return 0;
}

int days(int year, int month, int day)
{
    int i,ds=0;
    …
    ds=ds+month_days(year,i);
    …
    return ds;
}

int month_days(int year, int month)
{
    int d;
    …
    d=leap(year)?29:28;
    …
    return d;
}

int leap(int year)
{
    …
    return lp;
}
```

调用过程为：main()调用 days()，days()调用 month_days，month_days()调用 leap()。

3.3.1　函数的调用形式

函数调用的一般形式如下：

```
函数名(参数 1，参数 2，…)；
       └──────┬──────┘
          实际参数表
```

(1) 实际参数表中的实际参数又称为实参，一般为一个表达式，可以是常量、变量或表达式，用来初始化被调用函数的形参。因此，应与该函数定义中的形参表中的形参一一对应，即个数相等且次序、对应参数的数据类型也相同。实参之间以“,”分隔。

注意，当实际参数的个数、次序、类型与对应形式参数的个数、次序、类型不一致时，系统并不提示错误，后果却难以预测。

(2) 函数调用时，首先计算出每个实参表达式的值，然后使用该值初始化对应的形参，即用第一个实参初始化第一个形参，用第二个实参初始化第二个形参，以此类推。

(3) 函数调用是一个表达式，函数名连同括号是函数调用运算符。表达式的值就是被调用函数的返回值，它的类型就是函数定义中指定的函数返回值的类型，即函数的类型。

(4) 如果函数的返回值为 void，说明该函数没有返回值。这时该函数的调用表达式只能在其后加分号(;)，用作表达式语句；如果函数有返回值，则可以把调用表达式当作普通变量用在表达式中。

因此，函数调用形式分为函数语句调用、函数表达式调用和函数参数调用三种形式。

(1) 函数调用语句是在函数调用后加“;”，构成一个语句调用函数的目的不是获取一个返回值，而是执行一个动作或完成特定的功能。

例如，将例 3-3 中的输出部分修改为一个函数：

```
void output(int year, int month, int day, int sum_day)
{
   cout<<year<<"-"<<month<<"-"<<day<<"为该年的第"<<sum_day<<"天";
}
#include <iostream>
using namespace std;

int main()
{
    int year, month, day, t_day;
    cout<<"请输入年月日(用空格分割): "<<endl;
    cin>>year>>month>>day;                        //输入模块
    t_day = days(year, month, day);               //计算总天数模块
    output(year, month, day, t_day);              //输出模块
    return 0;
}
```

在 main()函数中 output(year,month,day,t_day);就是一个函数调用语句。

(2) 函数表达式调用是大多数函数的调用方式，除非一个函数的类型说明为 void 型，被调用函数执行的结果为调用函数提供一个值。调用函数通过表达式接收值。

如例 3-3 中 main()函数中的语句：

```
t_day = days(year, month, day);
```

在 main()函数中调用 days()函数，计算总天数并将总天数返回后，再赋值给变量 t_day。

(3) 函数参数调用时被调用函数作为函数的一个参数。

例如：

```
main()
{
    int x,y,z,m;
    cin>>x>>y>>z;
    cout<<max(max(x,y),z);
}
```

```
int max(int a, int b)
{
    int temp;
    temp=(a>b) ? a : b;
    return temp;
}
```

在 main()函数中，max(max(x,y),z)调用中，max(x,y)函数作为参数被调用。

3.3.2 形参与实参

按照参数所在场合的不同，函数使用的参数可分为实际参数和形式参数，定义函数使用的参数称为形式参数(简称形参)，调用函数使用的参数称为实际参数(简称实参)。

如下 int max(int a, int b)中的 a、b 为形式参数。在 main()函数中调用了 max(x, y)函数，其中 x、y 为实参：

```
int max(int a,int b)      形参
{
    int temp;
    temp=(a>b) ?  a : b;
    return temp;
}
```

```
main()
{
    int x,y;
    cin>>x>>y;
    cout<<max(x,y);       实参
}
```

C/C++语言函数的参数均采用单向值传递方式(或称复制方式)。单向值传递方式是指函数调用时，将实参的值传递(复制)给对应的形参，使形参具有与实参相同的值。函数执行时，形参就是以这个传递(复制)过来的值为初始值参与运算。当实际参数为变量的地址值、指针常量或指针变量时，实际参数传递给形式参数的是地址值，也同样是单向值传递方式。

函数调用之单向值传递

如上面的程序中，在主程序(main 函数)中输入 x、y 的值，假设输入的值 x 为 10，y 的值为 20。程序中也定义了函数 max，指定了形参为 a,b 及其类型为 int；函数 main 中调用函数 max，将实参 x、y 的值传递给相应的形参 a、b，

函数 max 在执行时，形参 a,b 就以获得的实参值(10,20)为初始值参与运算。参数传递过程如图 3.4 所示。

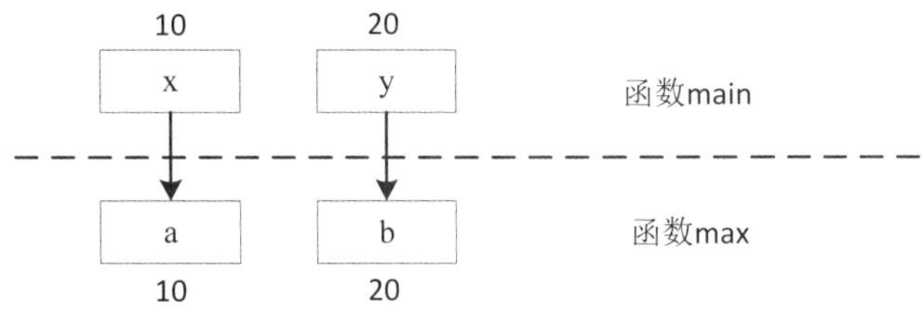

图 3.4　实参与形参的传递

3.3.3　函数调用的执行过程

当调用一个函数时，整个调用过程分为 3 步进行，第 1 步是函数调用，第 2 步是函数体执行，第 3 步是返回，即返回到函数调用表达式的位置，如图 3.5 所示。在调用每个函数时，系统自动为该函数开辟一个栈空间，当函数返回时，系统自动回收该栈空间。

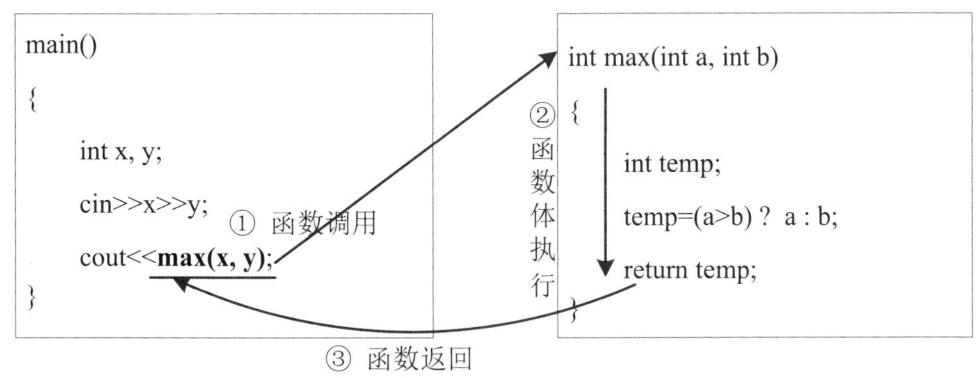

图 3.5　函数调用的执行过程

(1)　函数调用。

①　在函数调用时，先分配一个被称为“栈”的内存空间，将函数调用语句的下一条语句的地址保存在栈中(压栈)，以便函数调用完后返回。将数据放到栈空间中的过程称为压栈。

②　对实参表从后向前依次计算出实参表达式的值，将实参值压入形参栈中。

如上面的函数 int max(int a, int b) {…}，用“max(x, y);”调用时，依次将 y、x 的值压栈。

③　跳转到函数体。

(2)　函数体的执行。

函数体执行的过程是逐条运行函数体中语句的过程。

①　如果函数中还定义了变量，将变量压栈。

②　将每一个形参以栈中对应的实参值取代，执行函数体的功能。

③　将函数体中的变量、保存在栈中的实参值依次从栈中取出，以释放空间。从栈中取出数据称为出栈，x 出栈用 pop(x)表示。

在函数 max()的功能模块中，a、b 分别以 x、y 在栈中的值取代，对 a、b 进行运算实际上是对 x、y 的值进行运算。

(3) 返回，返回过程执行的是函数体中的 return 语句。

其过程为从栈中取出调用时压入的地址，跳转到函数调用语句的下一条语句。当 return 语句不带表达式时，按保存的地址返回；当 return 语句带有表达式时，将计算出的 return 表达式的值保存起来，然后再返回。

如上面 main 函数调用 max 函数后的栈内容示意如图 3.6 所示。

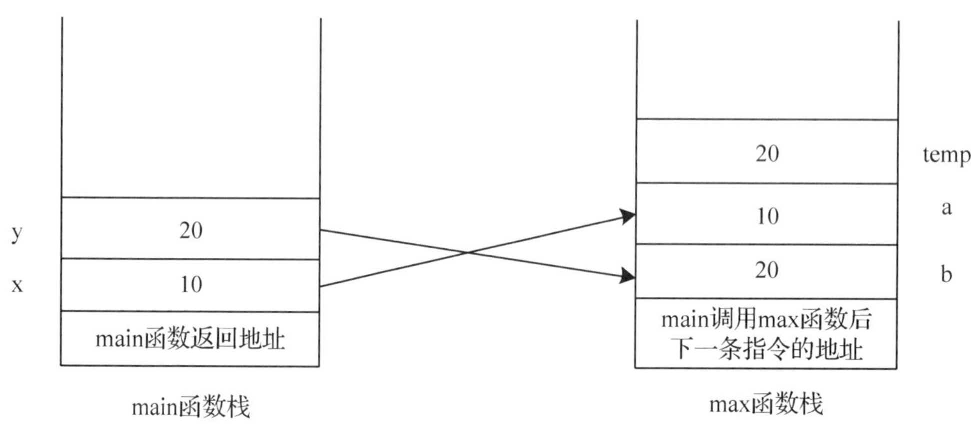

图 3.6 main 函数调用 max 函数时的栈空间示意

从函数调用的执行过程可以看出，在编译处理中，实参与相应的形参实际上占用不同的存储单元。形参是被调用函数的局部变量，其值的变化不影响对应的实参，也不能用形参传递函数的结果，实参和形参是不同的变量，作用的范围不同，它们之间的数据交互只能通过参数传递方式进行。

有关实参与形参需要做几点说明。

- 在函数定义中指定的形参，未调用时，它们不占用存储空间。只有调用该函数时，形参才被分配空间，函数调用结束后，形参所占的存储单元被释放。
- 实参为表达式。函数调用时，先计算表达式的值，然后将值传递给形参。常量、变量、函数值都可以看成是表达式的特殊形式。
- 定义函数时，形参的列表没有次序要求，但对形参列表中的每个参数要进行说明。调用函数时，实参类型、个数及排列次序应与形参一一对应。若类型不一致，必须在参数前加上强制转换符，否则会发生“类型不匹配”的错误。
- 实参与形参的数据传递为单向传递，只能由实参向形参传递，不能由形参传回实参。实参与形参处在不同的函数中，作用区域不同。即使实参与形参同名，它们也是不同的变量。

3.3.4 函数的嵌套调用

函数嵌套调用的执行过程

C/C++语言允许函数的嵌套调用。所谓函数的嵌套调用，是指一个函数调用另一个函数过程中，又出现对其他函数的调用。比如函数 1 调用了函数 2，函数 2 又调用函数 3，这便形成了函数的嵌套调用。这种嵌套调用的层次原则上不限制，除了 main()以外，都可以相互调用。但 C/C++中函数的定义是平行的，函数不可以嵌套定义，只可以嵌套调用。函数嵌套调用如图 3.7 所示。其调用过程为：main()函数调用 fun1()函数，fun1()函数调用 func21()函数和 func22()函数。

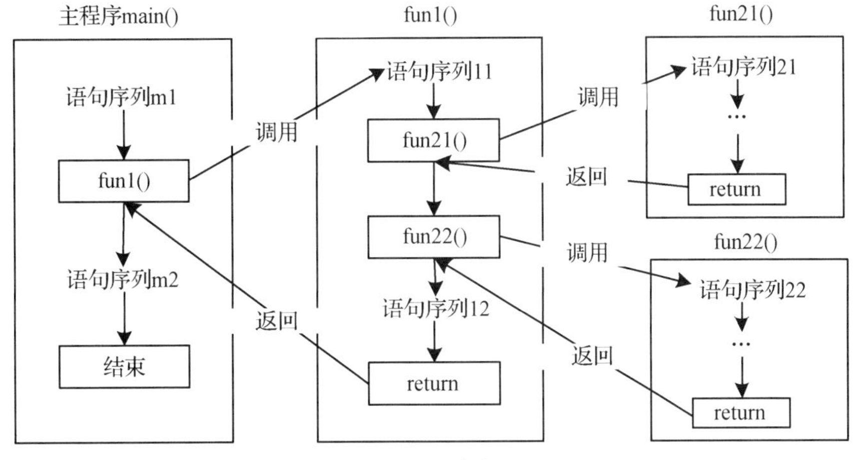

图 3.7　函数嵌套调用

在这样的嵌套调用中，其程序执行过程如下。

(1) 首先进入主程序 main()函数，执行语句序列 m1。

(2) main()函数调用 fun1()函数，进入 fun1() 函数执行语句序列 11 后，调用函数 fun21()。

(3) 进入 fun21() 函数后，执行语句序列 21，fun21()函数一直执行到 return 语句，程序流程返回到 fun1()函数中的 fun21()函数调用的后继语句 fun22()函数，fun1()函数调用 fun22()函数。

(4) 进入 fun22()函数，执行语句序列 22，一直执行到 fun22()函数的 return 语句，fun22()函数执行结束，程序流程返回到 fun1()函数调用 fun22()函数的后继语句“语句序列 12”，fun1()函数执行语句序列 12，一直执行到 fun1()函数的 return 语句，fun1()函数执行完成，程序执行流程返回到主程序(main()函数)调用 fun1()函数的后继语句“语句序列 m2”。

(5) main()函数继续执行语句序列 m2，一直执行到 main()函数的 return 语句，整个程序执行结束。

【例 3-4】编写程序完成求 3 个数中最大数和最小数的差值。

分析：根据题意，必须先完成求 3 个数中的最大值和最小值，再求最大数和最小数的差值。我们可以设计 3 个函数：求 3 个数中最大值的函数 max()、求 3 个数中最小值的函数 min()、求差值的函数 dif()。由主程序 main() 函数调用 dif()函数，dif()函数又调用 max()、min()函数，完成 3 个数中最大值与最小值的差值计算。程序代码如下：

```
#include <iostream>
using namespace std;

int max(int, int, int);      //函数原型声明
int min(int, int, int);      //函数原型声明
```

```
int dif(int, int, int); //函数原型声明

int main()
{
    int a, b, c;
    cout << "请输入a, b, c的值: "<<endl;
    cin >> a >> b >> c;
    cout<<"max - min="<<dif(a, b, c) << endl;
    return 0;
}

//max()函数定义
int max(int x, int y, int z)
{
    int t;
    t = x>y?x:y;
    return(t>z?t:z);
}

//min()函数定义
int min(int x, int y, int z)
{
    int t;
    t=x<y?x:y;
    return(t<z?t:z);
}

//dif()函数定义
int dif(int x, int y, int z)
{
    int m, n, m_n;
    m=max(x, y, z);
    n=min(x, y, z);
    m_n= m - n;
    return m_n;
}
```

说明:

(1) 定义函数时，函数 max()、min()、dif()与 main()函数独立，互不从属，即 max()、min()、dif()三个函数的定义是并列的。

(2) 函数 max()、min()、dif()定义在 main()函数之后，因此在函数 main 中必须先对它们进行声明。

(3) 程序从函数 main() 开始执行，由函数 main() 调用 dif()函数，在 dif()函数中调用 max()和 min()函数，形成了函数的嵌套调用。嵌套过程如图 3.8 所示。

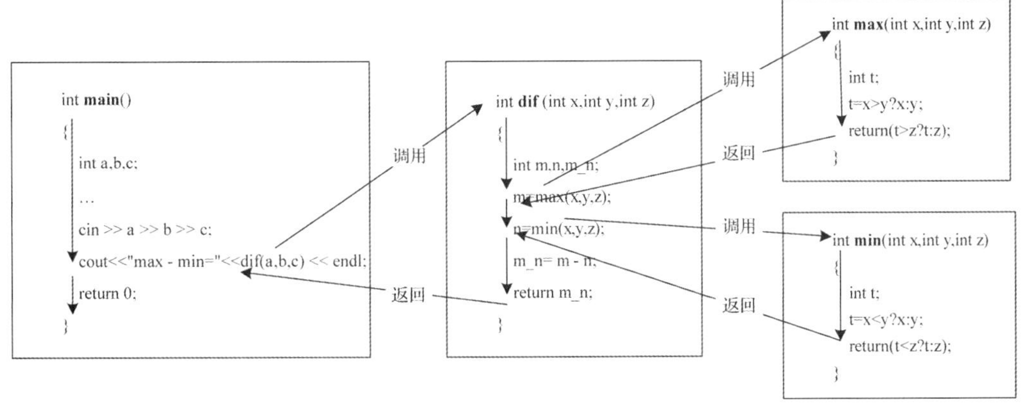

图 3.8　例 3-4 程序的执行过程

3.3.5　递归函数

按照结构化设计思想，当遇到一个复杂问题时，先进行总体设计，采用自顶向下逐步求精的方法，将一个复杂问题分解细化成多个子问题，如果子问题仍然较复杂，再将子问题分解为若干个更小的子问题来处理，这样使得复杂问题转化成了由许多个小问题组成、具有层次结构的系统，小问题的解决及程序的编写相对容易。

在这样的复杂问题中，也常常遇到这样的情况：有些问题不能直接求解或者难以求解，但这些问题可将其分解为多个规模较小的子问题，这些子问题互相独立且与原问题形式相同，可以递归地解这些子问题，然后将各子问题的解合并，得到原问题的解。按照这样的方法分解问题常常称为分治法，也称为分治策略。

递归函数

分治法的基本思想是： 如果原问题可分割成 k 个子问题，$1<k\leqslant n$，且这些子问题都可解，就可利用这些子问题的解求出原问题的解，如图 3.9 所示。其过程如下。

(1)　将问题分解为 k 个子问题，对这 k 个子问题分别求解。

(2)　如果子问题的规模仍然不够小，则再划分为 k 个子问题，如此递归地进行下去，直到问题的规模足够小，很容易求出其解为止。

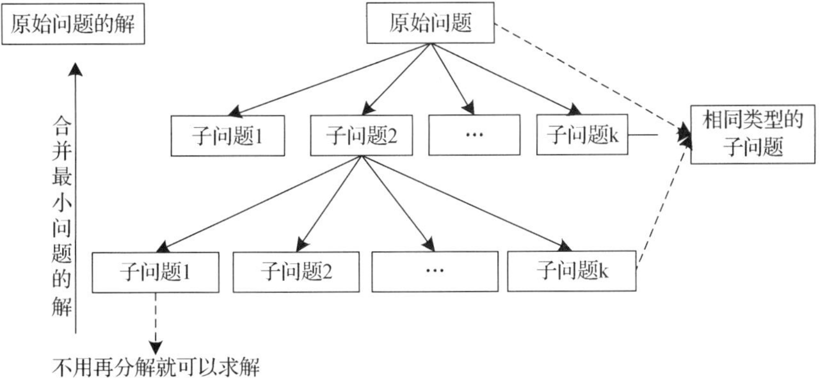

图 3.9　分治法的基本思想

(3) 将求出的小规模的问题的解合并为一个更大规模的问题的解，自底向上逐步求出原来问题的解。

由分治法产生的子问题往往是原问题的较小模式，这就为使用**递归技术**提供了方便。在这种情况下，反复应用分治手段，可以使子问题与原问题类型一致，而其规模却不断缩小，最终使子问题缩小到很容易直接求出其解。这自然就导致了递归过程的产生。

直接或间接地调用自身的算法称为**递归算法**。用函数调用自身给出定义的函数称为递归函数。分治与递归像一对孪生兄弟，经常同时应用在算法设计之中，并由此产生出许多高效的算法。

C/C++语言的函数调用过程中，若函数调用的不是其他函数，而是直接或间接调用函数自身，则这种调用称为函数的“递归调用”，前者称为直接递归，后者称为间接递归。当一个问题具有递归关系时，采用递归调用方式可使程序更简洁。

直接递归示例：

```
void fun()
{
    …
    fun();  //函数 fun 自己调用自己，直接递归
    …
}
```

间接递归示例：

```
void fun1()
{
    …
    fun2();
    …
}
void fun2()
{
    …
    fun1();
    …
}
```

无论是直接递归还是间接递归，两者都是无终止地调用自身。要避免这种情况的发生，使用递归解决的问题应该满足两个基本条件。

首先是问题的转化。有些问题不能直接求解或者难以求解，但它可以转化为一个新问题，这个新问题相对原问题更简单或更接近解决方法。这个新问题的求解与原问题一样，可以转化为下一个新问题，以此类推。

其次是转化的终止条件。原问题得到新问题的转化是有条件的，次数是有限的，不能无限次地转化下去。这个终止条件也称为边界条件，相当于递推关系中的初始条件。

从递归解决问题的角度看，可将递归问题分为两类。

(1) 数值问题，编写数值问题的程序，关键在于找出所要解决问题的递归算法。

(2) 非数值问题，编写非数值问题的程序，要将所要解决的问题分成两部分。

① 明确解法最基本部分(结束条件)。

② 与原问题性质相同的小问题(递归部分)。

按照缩小问题规模的思路分解原问题，反复递归调用函数自身，直至递归结束，以解决原问题。

【例 3-5】编写程序求阶乘 n!。

分析：

(1) n!可以通过累乘方法实现。

(2) n!可写成数学公式：

$$n!\begin{cases}1 & (n=0\text{或}n=1)\\ n*(n-1)! & (n>0)\end{cases}$$

即 n!问题可以理解为：直接计算 n!没有相应的运算符，但可以将 n!转化为 n*(n−1)!的形式，即将 n!转化为一个乘法问题，但乘法中的(n−1)!与 n!是同一类问题，需要继续进行转化，直到问题趋于边界 1!或 0!。

程序代码如下：

```
#include <iostream>
using namespace std;

long f(int n)
{
    long h;
    if (n==0 || n==1)
        h = 1;
    else
        h = n*f(n-1);
    return h;
}
int main()
{
    int n;
    long p;
    cout<<"请输入 n 的值："<<endl;
    cin >> n;
    p = f(n);
    cout<<n<<"的阶乘的值为："<<p;
    return 0;
}
```

程序运行结果如下：

```
请输入 n 的值：
5
5 的阶乘的值为：120
```

程序运行时，在提示信息下输入 n 的值为 5，程序自动递归调用，并计算出 5!值为 120。

在上述程序中，定义了函数 f(n)，而函数 f(n-1)又作为一个表达式出现在自身函数体内的赋值语句中，所以，这是一个自己调用自己的直接递归函数。函数的递归调用虽然使程序更加紧凑，但根据函数调用时的存储空间分配原则，并不节省空间，也没有加快程序运行的速度，因为它必须增加一个处理“值”的堆栈。

那么，递归程序是如何执行的呢？实际上，递归程序的执行过程分为两个阶段：**回推和递推**。以求 5!为例：5！=5*4!、4!=4*3!、3!=3*2!、2!=2*1!、1!=1 这是已知条件，至此回推阶段结束，在回推阶段的每一次调用的参数值一次压入堆栈。回推之后是递推，由 1!=1 可得 2!=2*1!=2，3!=3*2!=3*2=6，4!=4*3!=4*6=24，5!=5*4!=5*24=120，到此为止，递推阶段结束，即在递推时从堆栈中按后进先出的顺序弹出参数值，依次计算所需要的结果。这个过程可以用图 3.10 来表示。

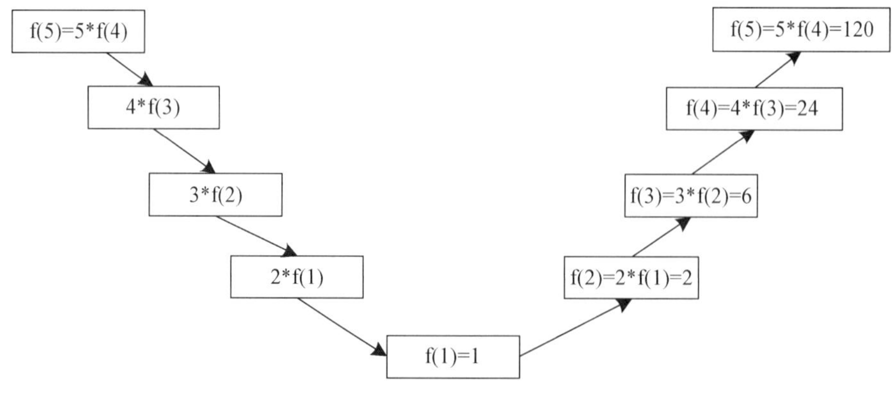

图 3.10　递归调用程序执行流程图

在设计递归程序时要注意以下两点。

(1)　确定递归结束的条件，不允许出现无休止的递归。

(2)　设计回推过程，这是递归本身性质决定的。

若将程序执行过程展开，其执行过程如图 3.11 所示。

函数逐层调用后，当满足递归结束条件时，再逐层返回中上层调用函数的后继语句，直到主程序执行完毕。

```
int main()
{
    int n;
    long p;
    cout<<"请输入n的值："<<endl;
    cin>>n;
    p=f(5);
                n=5
        if (5==0||5==1)
            h=1;
        else
            h=5*f(4);
                        n=4
                if (4==0||4==1)
                    h=1;
                else
                    h=4*f(3);
                                n=3
                        if (3==0||3==1)
                            h=1;
                        else
                            h=3*f(2);
                                        n=2
                                if (2==0||2==1)
                                    h=1;
                                else
                                    h=2*f(1);
                                                n=1
                                        if (1==0||1==1)
                                            h=1;
                                        else
                                            h=1*f(0);
                                        return1;
                                return h; //2*1
                        return h; //3*2
                return h; //4*6
        return h; //5*24

    cout<<n<<"的阶乘的值为："<<p;
    return 0;
}
```

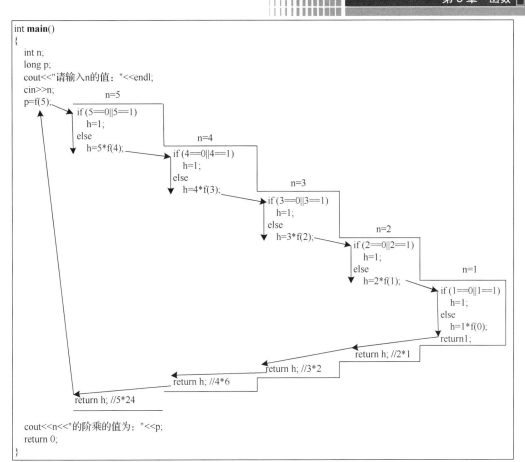

图 3.11　递归程序执行过程的展开

【例 3-6】把一个十进制整数按相反的顺序将组成它的各位数字打印出来。程序代码如下：

```
#include <iostream>
using namespace std;

void print_d(long n)
{
    long int i;
    if (n<0)
    {
        cout<<'-';
        n = -n;
    }
    cout<< n % 10 ;
    if ((i = n/10)! = 0) print_d(i);
}
int main()
```

```
{
    long a;
    cout << "请输入一个十进制整数："<< endl;
    cin >> a;
    print_d(a);
    cout <<endl;
    return 0;
}
```

每次调用执行 print_d()函数时，先打印传递进来的值除以 10 后的余数，如果还有高位数就继续递归调用；根据函数后调用先返回的原则，函数 print_d(123)执行后，依次打印十进制数的各位数字 321。

【例 3-7】汉诺(Hanoi)塔游戏。

汉诺塔(Tower of Hanoi)，又称河内塔，是一个源于印度古老传说的益智玩具。游戏的装置如图 3.12 所示(图中以 3 个金片为例)，底座上有三根金针，第一根针上放着从大到小 64 个金片。游戏的目标是把所有金片从第一根针移到第三根针上，第二根针作为中间过渡。每次只能移动一个金片。并且大的金片不能压在小的金片上面。

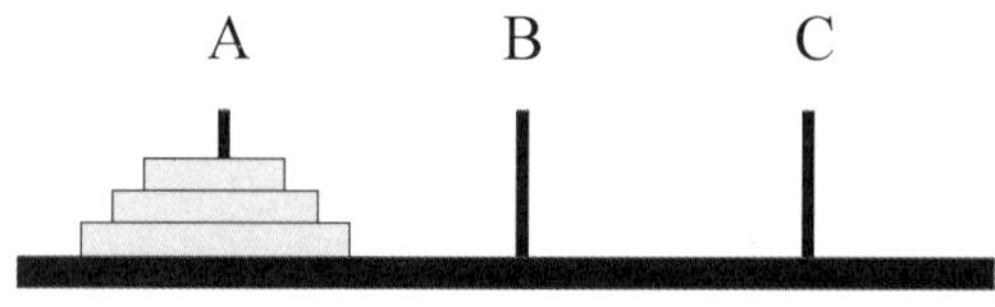

图 3.12　三个金片的 Hanoi 游戏装置

分析：

游戏中金片移动是一个很烦琐的过程。通过计算，对于 64 个金片至少需要移动 $2^{64}-1\approx 1.8\times10^{19}$ 次。

本游戏要求探索从初始状态到目标状态的通路，最终解决问题，达到目标状态。

用 A 表示被移动金片所在的针(源)，C 表示目的针，B 表示过渡针，移动基本思路是要把最大的盘移到柱 C，就要先把次大的盘移到柱 B；而要把次大的盘移到柱 B，就要先把比它小一层的盘移到柱 C；依次类推，直到只需要移动最上面的盘为止。

对于把 n(n>1)个金片从第一根针 A 上移到第三根针 C 的问题可以分解成如下步骤。

(1)　将 n-1 个金片从 A 经过 C 移动到 B。

(2)　将第 n 个金片移动到 C。

(3)　再将 n-1 个金片从 B 经过 A 移动到 C。

这样就把移动 n 个金片的问题转化为移动 n-1 个金片的问题，即移动 n 个金片的问题可用移动 n-1 个金片的问题进行递归描述，以此类推，可转化为移动一个金片的问题。显然，一个金片就可以直接移动。

程序代码如下：

```
#include <iostream>
using namespace std;
```

```
int i = 0;  //i 为移动的次数，说明为全局变量
void step(int n, char take, char put)
{
    i++;    //第 i 次移动
    cout<<"第["<<i <<"]次移动, move" <<n<<":"<< take << "->"<< put<<endl;
}
void hanoi(int n, char A, char B, char C)
{
    if(n==0) return;                //0 个金片不处理
    if (n==1)
        step(n, A, C);              //n = 1 时，直接将金片从 A 移动到 C
    else
    {
        hanoi(n-1, A, C, B);        //先将 n-1 个金片从 A 经过 C 移动到 B
        step(n, A, C);              //将第 n 个金片从 A 移动到 C
        hanoi(n-1, B, A, C);        //再将 n-1 个金片从 B 经过 A 移动到 C
    }
}
int main()
{
    int n;
    cout << "请输入 n 的值: ";
    cin >> n;
    hanoi(n, 'A', 'B', 'C');
    return 0;
}
```

程序运行结果如下：

```
请输入 n 的值: 3
第[1]次移动, move1:A->C
第[2]次移动, move2:A->B
第[3]次移动, move1:C->B
第[4]次移动, move3:A->C
第[5]次移动, move1:B->A
第[6]次移动, move2:B->C
第[7]次移动, move1:A->C
```

move 后的数值表示第 i 个金片(i=1,2,3,最小的金片编号为 1)，如 move1，表示移动 1 号金片。1->3。

递归在算法上简单而自然，递归过程结构清晰，源程序代码紧凑，因而递归调用在完成如阶乘运算、级数运算以及对递归的数据结构进行处理等方面特别有效。

3.4 函数的特殊形式

3.4.1 内联函数

按照结构化程序设计思想，使用函数有利于代码重用，可以提高开发效率，增强程序的可维护性，也有利于团队分工协作开发。函数在编译时，一个函数编译成一个独立的机器指令代码段，这样可以减少程序的目标代码，实现程序代码和数据的共享。但从前面的函数调用执行过程可以看出，当调用一个函数时，程序执行流程要转到内存中函数的起始地址去执行，为函数分配相应的内存空间，保留函数执行完后的下一条指令的执行地址，分配形参变量和函数局部变量的内存空间，并完成实参向形参值的传递(复制)，当函数执行完后要恢复现场并按保存的地址继续执行，这一切都需要时间和空间方面的开销。

这样，对于一些函数体代码不是很大，但又频繁调用的函数来讲，附加的时间开销将大得不容忽视，函数调用的时间开销与由于采用了函数而很不合算。为了解决这一矛盾，C/C++引用了“内联函数”来解决这一问题。

内联函数是通过在编译时将函数体代码插入到函数调用处，将调用函数的方式改为顺序执行方式来节省程序执行的时间开销，这一过程称为**内联函数的扩展**。因此，内联函数实际上是一种用空间换时间的解决方案。

内联函数应该定义在前，使用在后，定义时只需要在函数定义的头前面加上关键字inline即可。内联函数的定义形式如下：

```
inline 函数类型 函数名(形式参数表)
{
    函数体;
}
```

在内联函数扩展时也进行了实参与形参结合的过程：先将实参名(而不是实参值)与函数体中的形参替换，然后搬到调用处。但从用户角度看，调用内联函数和一般函数没有任何区别。下面是一个使用内联函数的例子。

【例 3-8】内联函数的使用。程序代码如下：

```
#include <iostream>
using namespace std;

inline double CirArea(double radius)
{
    return 3.14 * radius * radius;
}
int main()
{
    double r1 = 1.0, r2 = 2;
    cout << CirArea(r1) << endl;
```

```
    cout << CirArea(r1 + r2 +4) << endl;
    return 0;
}
```

程序运行结果如下：

```
3.14
153.86
```

程序解释如下。

cout << CirArea(r1) << endl;语句在编译时替换为：

```
cout << 3.14 * r1 * r1 << endl;
```

cout << CirArea(r1 + r2 +4) << endl;被替换为：

```
cout << 3.14 *(r1 + r2  + 4)* (r1 + r2  + 4)<< endl;
```

注意事项：

(1) 如果仅在声明函数原型时加上关键字 inline，并不能达到内联效果。

(2) 内联函数的定义必须出现在对该函数的调用之前，这是因为编译器在对函数调用语句进行替换时，必须事先知道替换该语句的代码是什么，这也是仅在声明函数原型时加上关键字 inline 并不能达到内联效果的原因。

(3) 使用内联函数虽然节省了函数调用时的时间开销，但却是以代码膨胀(空间开销)为代价的，因此在具体编程时应仔细权衡时间开销与空间开销之间的矛盾，以确定是否采用内联函数。一般来说，以下情况不宜使用内联函数。

① 如果函数体内的代码比较长，使用内联函数会导致内存消耗代价较高。

② 在内联函数体内不宜出现循环。

③ 递归函数不能定义为内联函数。

④ 在内联函数体内不宜含有复杂结构的控制语句，如 switch 等。

事实上，是否对一个内联函数进行扩展完全由编译器自行决定，编译器根据函数的定义自动取消不值得的内联操作。因此，说明一个内联函数只是请求而不是命令编译器对它进行扩展。如果将一个较复杂的函数定义为内联函数，大多数编译器会自动将其作为普通函数处理。

3.4.2 带有默认参数的函数

一般情况下，函数调用时实参个数与形参个数要相同，但 C++ 语言允许实参个数与形参个数不同。方法是在说明函数原型时(若没有说明函数原型，则应在函数定义时)，为一个或多个形参指定默认值，在调用此函数时，若省略其中某一实参，C++自动地以默认值作为相应参数的值。

例如有一函数原型说明为：

```
int special(int x = 5, float y = 5.3);
```

则 x 与 y 的默认参数值分别为 5 和 5.3。

当进行函数调用时，编译系统按照从左向右顺序将实参与形参结合，若未指定足够的实参，则编译系统按顺序用函数原型中的形参默认值来补足所缺少的实参。可以形成如下的函数调用形式：

```
special(50.3, 80.2);      //形参的值分别为：x = 50.3, y = 80.2
special(25);              //相当于 special(25, 5.3)，结果为 x = 25, y = 5.3
special();                //相当于 special(5, 5.3)，结果为 x = 5, y = 5.3
```

可以看出，在调用带有默认参数的函数时，实参的个数可以与形参个数不同，实参未给定的，可以从形参的默认值得到值。利用这一特性，可以使函数的使用更加灵活。

说明：

(1) 在声明函数时，所有指定默认值的参数都必须出现在不指定默认值的参数的右边。因为实参与形参的结合是从左至右的顺序进行的，第 1 个实参必须与第 1 个形参结合，第 2 个实参与第 2 个形参结合，以此类推，因此指定默认值的参数必须放在形参表的最右端，否则会出错。例如：

```
int func1(int i, int j = 5, int k);
```

是错误的，因为在指定默认参数的 int j=5 后，不应再说明不带默认参数的 int k。若修改为：

```
int func1(int i, int k, int j = 5);
```

则是正确的。

(2) 在函数调用时，若某个参数省略，则其后的参数皆应省略而采用默认值。不允许某个参数省略后，再给其后的参数指定参数值。例如不允许出现如下的调用形式：

```
special(, 80.2);
```

(3) 如果函数的定义在函数调用之前，则应在函数定义中指定默认值。如果函数的定义在函数调用之后，则函数调用之前需要有函数声明，此时**必须在函数声明中给出默认值，在函数定义时就不要给出默认值了**(因为如果在函数声明与函数定义时都给出默认值，有的 C++编译系统会给出“重复指定默认值”的报错信息)。

3.4.3　函数的重载

在传统的 C 语言中，函数名必须是唯一的，也就是说，不允许出现同名的函数。例如如果编写函数完成 3 种不同类型的数据(整数、字符型和实数)的求和功能时，若用 C 语言来处理，就必须写 3 个函数，这 3 个函数的函数名不允许同名。例如：

```
Add_int(int x, int y);              //完成两个整数的求和
Add_char(char x, char y);           //完成两个字符的求和
Add_float(float x, float y);        //完成两个实数的求和
```

当使用这些函数完成某两个数(整数、字符型和实数中任意一种)的求和时，必须调用合适的函数，也就是说，程序员必须记住这 3 个函数并根据数据类型选择合适的函数。而

对于 3 种不同类型的数据操作，程序员关注的应该是“求和”这个共性，采用多个函数名既增加了编程者的工作量，让程序显得累赘，也容易造成潜在的名字冲突。

为此，C++允许用一个函数名来表达这些功能相同、只是操作类型不同的函数，即函数重载(overload)。函数重载的本质就是允许功能相同但函数参数个数或函数参数类型不同的函数采用同一个函数名，从而在编译器的帮助下能够用同一个函数名访问一组相关的函数。

函数重载是指函数名相同，形参个数或者形参类型不同的多个函数的实现。

函数重载时，编译器能够根据它们各自的实参和形参的类型及参数的个数进行最佳匹配，自动决定调用哪个函数体。

例如：

```
int max(int, int);
int max(int, int, int);
float max(float, float);
double max(double, double);
```

这些都是合法的重载。

函数重载有两种形式。

1. 函数参数类型不同的重载

函数名相同，函数的形参个数相同，但形参的类型不同。当用户调用这些函数时，编译系统就会根据实参的类型来确定调用哪个重载的函数。

【例 3-9】求整数、浮点数和双精度数的平方。程序代码如下：

```
#include <iostream>
using namespace std;
int square(int x){
     return x*x;
}
float square(float x){
     return x*x;
}
double square(double x){
     return x*x;
}
int main(){
     int a = 5;
     float b = 10.4;
     double c = 20.5;
     cout <<a<<'*'<<a <<'='<<square(a)<<endl;
     cout <<b<<'*'<<b <<'='<<square(b)<<endl;
     cout <<c<<'*'<<c <<'='<<square(c)<<endl;
     return 0;
}
```

程序运行结果如下：

```
5*5 = 25
10.4*10.4 = 108.16
20.5*20.5 = 420.25
```

在 main()函数中 3 次调用 square()函数，实际上是调用了 3 个不同的函数版本。由系统根据传送的不同参数类型来决定调用哪个函数版本。例如使用 square(a)来调用函数，因为 a 为整数变量，所以 C++系统将调用求整数平方的函数版本。因此，利用重载概念，程序编写者在调用函数时非常方便。

2. 函数参数个数不同的重载

函数名相同，函数的形参类型相同，但形参的个数不同。当用户调用这些函数时，编译系统就会根据实参的个数来确定调用哪个重载的函数。

【例 3-10】编写程序，完成求 2 个或 3 个整数的最大值。程序代码如下：

```
#include <iostream>
using namespace std;
int max(int a, int b){
      int m;
      if (a>b) m = a;
      else m = b;
      return m;
}
int max(int a, int b, int c){
     int m;
     if (a>b) m = a;
     else m = b;
     if (m<c) m = c;
     return m;
}
int main(){
  int a = 10, b = 20, c = 15;
  cout <<max(a, b)<<endl;
  cout <<max(a, b, c)<<endl;
  return 0;
}
```

程序运行结果如下：

```
20
20
```

例中 max()函数被重载，这两个重载函数的参数个数不同。编译系统根据传递的参数个数决定调用哪个函数。

3.函数重载注意事项

(1) 各个重载函数的返回类型可以相同，也可以不同。但如果函数名相同、参数个数和参数类型也相同，但返回类型不同，不能构成重载，编译系统在编译时，认为是语法错误。因此，这种方式是非法的。例如：

```
int max(int a, int b);
float max(int a, int b);
```

虽然这两个函数的返回值类型不同，但由于参数个数和参数类型完全相同，C++编译系统无法从函数的调用形式上判断哪一个函数与之匹配，因为在没有确定函数调用时对哪一个函数重载之前，返回类型是不知道的。

(2) 确定对重载函数的哪个函数进行调用的过程称为**绑定**(binding)，绑定的优先次序为精确匹配、对实参的类型向高类型转换后的匹配、实参类型向低类型及相同类型转换后的匹配。如有以下的函数重载：

```
int max(int a, int b);
double  max(double a, double b);
```

现在做如下的函数调用：

```
max('A', 100);
max(float(8), float(9));
```

max('A',100)的实参类型为(char, int)，不能从重载中获得精确匹配，于是将 char 型转换成 int 型，然后与 max(int,int)绑定。

max(float(8),float(9))的实参类型为(float,float)，不能从重载中获得精确匹配，于是实参向(double,double)高类型转换，然后与 float max(double a, double b)绑定。

又如有以下的函数重载声明：

```
int max(int a, int b);
long max(long a, long b);
```

当执行以下的函数调用时，就会出现不可分辨的错误：

```
max(10.56, 20.3);
```

由于存在 max(int a, int b)、max(long a, long b)两个重载函数，编译器无法确定将 10.56 转换成 int 还是 long 类型数据，也就无法确定与哪个函数绑定，这种现象称为绑定(匹配)二义性。消除这种二义性的方法如下。

① 添加重载函数定义，使调用获得精确匹配。例如增加定义 max(float, float)。

② 将函数的实参进行强制转换，使调用获得精确匹配。如 max(int(10.56), int(20.3))。

(3) 函数的重载与带默认值的函数一起使用时，有可能引起二义性。例如有以下函数原型：

```
int max(int a, int b);
int max(int a, int b, int c = 100);
```

当调用 max(20,15)时，编译系统不能分辨究竟是与 max(int,int)还是 max(int,int,int=100)进行绑定。消除这种二义性的方法是增加或减少实参个数。

3.5 变量的作用域及存储特性

C/C++程序中所用到的变量都要进行说明。变量的数据类型仅描述了变量应占有的内存空间大小和变量在存储空间分配时所限定的边界条件，而变量的性质实际上是由变量的数据类型、存储类型、作用域和生存周期等多方面决定。变量的数据类型在前面章节已经有详细的介绍，本节主要讨论变量的作用域和存储特性。

3.5.1 变量的作用域

【例 3-11】一个实现两个数据交换的程序。程序代码如下：

```
#include <iostream>
using namespace std;

int g1 = 10, g2 = 20;

void swap(int x, int y)
{
    int t;
    t = x; x = y; y = t;
    t = g1; g1 = g2; g2 = t;
}

int main()
{
    int a = 3, b = 5;
    cout<<"Before swap:"<<endl;
    cout<<"   a = "<<a<<" b = "<<b<<endl;
    cout<<"   g1 = "<<g1<<" g2 = "<<g2<<endl;
    swap(a, b);
    cout<<"After swap:"<<endl;
    cout<<"   a = "<<a<<" b = "<<b<<endl;
    cout<<"   g1 = "<<g1<<" g2 = "<<g2<<endl;
    return 0;
}
```

程序运行结果如下：

```
Before swap:
  a = 3 b = 5
g1 = 10 g2 = 20
After swap:
```

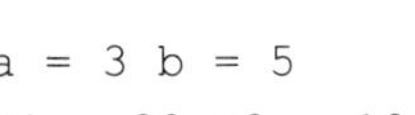

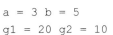

```
a = 3 b = 5
g1 = 20 g2 = 10
```

主程序 main()函数中调用了 swap 函数。程序运行结果如上，其中 a 与 b 的值没有交换，g1 与 g2 的值实现了交换。为什么？

实际上，本程序声明了下列变量。

(1) 在所有程序外声明了变量 g1 和 g2。

(2) 在 main()函数中声明了变量 a 和 b。

(3) 在 swap()函数中声明了变量 x、y 和 t。

从程序运行的结果可以看出，变量在不同的地方(函数内、函数外)声明，其访问范围也不一样，这就是常说的变量作用域。

1. 变量作用域

变量的作用域是指能正确访问该变量的有效程序范围，在作用域内该变量是可见的。任何一个变量都有它的作用域，就是说，定义了一个变量以后，并不是在程序的任何地方都可以使用这个变量。只有在变量的作用域内才能使用这个变量。

按照变量定义语句出现的位置不同，可以将变量分为局部变量和全局变量。变量的定义出现在两种典型的位置上：函数内部或函数外部。

函数内部定义的变量称为局部变量；在函数外部定义的变量称为全局变量。在不同位置上定义的变量，其作用域不同。

2. 局部变量

局部变量的位置有三种。

(1) 在函数体的数据说明部分定义，其作用域为所在函数。

(2) 在函数的形式参数说明部分定义，其作用域为所在函数。

(3) 在函数体内某复合语句({…})中定义的变量，其作用域是该复合语句。

不同地方定义的局部变量的作用域不同，当定义了局部变量后，在使用时临时分配内存单元，在其作用范围结束时，系统自动释放分配的内存空间。

【例 3-12】现有一个求 3 个数中最大值的程序。程序代码如下：

```
#include <iostream>
using namespace std;

int max(int x, int y, int z)
{
    int t;
    t=x>y?x:y;
    return(t>z?t:z);
}

int main()
{
    int a, b, c;
    int m;
```

```
    cout<<"请输入 a, b, c 的值: "<<endl;
    cin >>a>>b>>c;
    m = max(a, b, c);
    cout<<"a, b, c 中的最大值为: "<<m << endl;
    {
        int k1, k2, k3, temp;
        cout<<"请输入 k1, k2, k3 的值: "<<endl;
        cin >>k1>>k2>>k3;
        temp = max(k1, k2, k3);
        cout<<"k1, k2, k3 中的最大值为: "<<temp << endl;
    }
    return 0;
}
```

程序运行结果如下：

```
请输入 a, b, c 的值:
10 20 5
a, b, c 中的最大值为: 20
请输入 k1, k2, k3 的值:
8 12 6
k1, k2, k3 中的最大值为: 12
```

分析：本程序定义了多个局部变量。

(1) max()函数中定义 x、y 和 z 三个形参变量，一个局部变量 t，4 个变量的作用范围均在 max()函数中有效。

(2) main() 函数中定义了 a、b、c、m 四个局部变量，其作用范围为整个 main()函数。

(3) main()函数体中有一复合语句({…})中定义了 k1、k2、k3、temp 四个局部变量，其作用范围为本复合语句。

内存空间分配与释放过程见图 3.13。程序运行结束后，所有分配的内存空间均已回收。

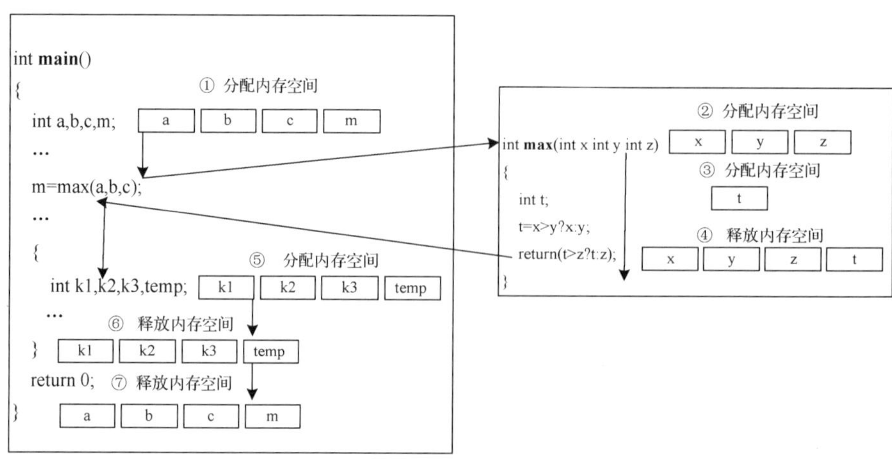

图 3.13　内存分配与释放过程

将例 3-12 程序修改一下，注意程序中的加黑部分：

```
#include <iostream>
using namespace std;

int max(int a, int b, int c)
{
   int t;
   t = a>b?a:b;
   return(t>c?t:c);
}

int main()
{
   int a, b, c;
   int m;
   cout<<"请输入 a, b, c 的值: "<<endl;
   cin >>a>>b>>c;
   m = max(a, b, c);
   cout<<"a, b, c 中的最大值为: "<<m << endl;
   {
      int a, b, c, temp;
      cout<<"请输入 a, b, c 的值: "<<endl;
      cin >>a>>b>>c;
      temp = max(a, b, c);
      cout<<"a, b, c 中的最大值为: "<<temp << endl;
   }
   cout<<"a, b, c 中的最大值为 : "<<m << endl;
   return 0;
}
```

程序运行结果如下：

```
请输入 a, b, c 的值:
10 20 5
a, b, c 中的最大值为: 20
请输入 a, b, c 的值:
8 12 6
a, b, c 中的最大值为: 12
a, b, c 中的最大值为: 20
```

程序运行结果没有变化，原因如下。

(1) 不同函数或者不同分程序中定义的变量都属于局部变量，不同函数或分程序都有独立的内存分配空间，各自的局部变量代表不同的对象，作用在不同的区域。

(2) 不同函数或不同分程序中若定义相同名字的变量，它们的作用范围互不干扰，

这里 main()中定义的 a、b、c 变量和 max() 函数中的形参变量 a、b、c，它们的作用范围不一样，相互不干扰。

(3) 同一函数中，不同分程序定义的同名局部变量，如本例中 main()函数中定义的变量 a、b、c，与在分程序({})中定义的 a、b、c 变量名相同，则分程序自己定义的局部变量将屏蔽 main()函数中定义的同名变量的作用域，当分程序结束后恢复 main()函数中定义的变量的作用域。

3. 全局变量

在函数外部定义的变量称为全局变量或外部变量。它的作用域从变量定义处开始到所在源程序文件结束为止，这样全局变量可以在定义点之后的很多函数中使用它，其主要作用是在该文件内各函数之间传递数据。

注意：全局变量不能被重复定义。

【例 3-13】使用全局变量完成数据交换的 swap 函数。程序代码如下：

```
#include <iostream>
using namespace std;

int x, y;
void swap()
{
    int t;
    t = x;x = y;y = t;
}
int main()
{
    x = 3;
    y = 5;
    cout << "x="<<x<<", y=" << y << endl;
    swap();
    cout << "x="<<x<<", y=" << y << endl;
    return 0;
}
```

程序运行结果如下：

```
X = 3, y = 5
X = 5, y = 3
```

程序定义了全局变量 x、y，其作用域为从定义的位置到程序结束，函数 swap 与 main 都可以直接使用这两个变量，这样，在函数 main 中输入并存储在变量 x 和 y 中的数据，通过调用函数 swap 实现交换，函数 main 再次访问 x 与 y 而获得交换后的数据。

关于全局变量的几点说明如下。

(1) 采用全局变量可以从某个函数内部得到多个计算值。

(2) 一旦定义了一个全局变量，它就要占用内存空间，直到整个程序运行结束，这样

内存的利用率不高。

(3) 建议尽量少使用全局变量。当不需要函数返回值或返回值只有一个时，尽量不要使用全局变量，可以通过函数参数的传递来完成。其实对全局变量的使用全部可以通过参数的传递来完成。同时按照结构化程序设计思想，使用全局变量会使得各模块之间的关系更紧密(耦合度高)，破坏了模块之间的独立性。

(4) 如果想在定义全局变量之前直接使用全局变量，可以在要使用全局变量的函数内用关键字 extern 对即将使用的全局变量进行说明，告诉系统，要使用的这个变量是全局变量。

声明全局变量的格式为：

```
extern 类型  变量名表;
```

只要在一个函数内引用全局变量，就要有一条 extern 外部变量说明语句，而外部变量的定义语句只有一句。

例如，用 extern 说明外部变量，程序代码如下：

```
#include <iostream>
using namespace std;

int max(int x, int y)
{
    return x>y?x:y;
}
int main()
{
    extern int a, b;
    cout <<"a、b 的最大值为: "<<max(a, b);

    return 0;
}

int a = 33, b = 30;
```

程序运行结果如下：

```
a、b 的最大值为: 33
```

程序中，全局变量 a、b 在程序的末尾定义，函数 main 在使用全局变量 a、b 时，变量 a、b 还未定义，因此在 main 函数中需要使用 extern int a,b;语句进行全局变量的声明。

(5) 若全局变量与局部变量同名，局部变量的作用域将屏蔽全局变量的作用域，全局变量将无法访问。

例如，全局变量与局部变量的重名：

```
#include <iostream>
using namespace std;
```

```
int a = 3, b = 5;
int max(int a, int b)
{
    return a>b?a:b;
}
int main()
{
    int a = 8;
    cout <<"a、b 的最大值为: "<<max(a, b);
    return 0;
}
```

程序运行结果如下：

```
a、b 的最大值为: 8
```

为程序的所有函数定义了变量 a 和 b，变量 a、b 为全局变量。在 main 函数中的语句 int a=8;是在 main 函数中定义 a 为 main 的局部变量，当在 main 函数中使用变量 a 时为局部变量，屏蔽了全局变量 a 的作用范围，b 还是为全局变量。因此将局部变量 a 的值 8、全局变量 b 的值 5 传递给函数 max，返回最大值为 8。

3.5.2 变量的存储特性

C/C++语言中，每一个变量都有两个属性：数据类型和存储特性。变量的数据类型是其操作属性，如 int、float、char 等。而变量存储特性是其存储属性，包括变量的生存期与变量存储类型。变量的生存期是指变量的存在时间，即变量的存在性。变量的存储类型描述变量存放的存储媒介，即存储器、外存储器和 CPU 的通用寄存器。根据不同的存储媒介，可以将变量存储特性分为 4 类：自动型(auto)、静态型(static)、外部型(extern)和寄存器型(register)。可以归纳为两类：静态存储和动态存储。静态存储的变量存放在静态存储区中，动态存储的变量存放在动态存储区中。变量的存储类型与变量的作用域有着密切联系。因此，在定义一个变量时需要指明两种属性，其一般格式为：

```
[存储类型标识符] [数据类型标识符] 变量列表;
```

其中，存储类型标识符和数据类型标识符可以缺省一个，当存储类型标识符缺省时，默认为动态存储(即自动变量 auto)，当数据类型缺省时，默认为整数(即 int 型)。

1. 静态存储变量

静态变量

静态存储变量由于其定义位置的不同，又分为全局变量和局部静态变量。

1) 全局变量

在函数外部定义的变量称为全局变量或外部变量。全局变量是静态存储的，在编译时为变量分配存储空间，并赋初始值且只赋值一次，若在定义时未赋初始值，则默认初始值为 0(对数值型变量)或空字符(对字符型变量)。在程序执行时，变量值在作用

域内可以被程序中任何函数所引用，所占用的存储空间一直到程序执行完毕才释放。

全局变量可以被其他文件所引用，但要在引用它的文件中用 extern 对该变量做“全局变量声明”，表示该变量是一个已经定义的全局变量。

关键字 extern 用来扩展全局变量(外部变量)的作用域。可以在文件内将全局变量的作用域扩展到定义点之前，也可以将其作用域扩展到其他文件，以便被其他文件引用。

如果一个外部变量不允许被其他文件引用，可以用关键字 static 加以说明，告诉编译系统该变量是静态外部变量，只能在定义它的文件中被引用。这一特点也被称为全局变量的局化，这时全局变量的作用域只限于本文件内。

2) 局部静态变量

局部静态变量是指在某个函数内使用关键字 static 定义的变量，这种变量只在定义它的函数内起作用，但它是静态存储的，定义格式为：

```
static 数据类型 变量名;
```

例如：

```
max()
{
    static int a = 5;
    …
}
```

示例中，局部变量 a 是静态存储的，赋初始值为 5，若不赋初值，则系统默认初始值为 0。局部静态变量在编译时系统为它们分配内存空间并赋初始值，而且初始值只赋一次，函数调用结束时，空间不释放，其值可以保留，当函数再次被调用时，就可以直接使用这个保存下来的值，直到整个程序执行完毕，它所占用的空间才被释放，变量值消失。

局部静态变量除了作用域与全局变量不同外，其他特性与全局变量相同。

【例 3-14】局部变量和静态局部变量的使用比较。程序代码如下：

```
#include <iostream>
using namespace std;

int f()
{
    int y = 0;//定义 y 为局部变量
    y++;
    return y;
}
int main()
{
    int i;
    for (i = 0;i<5;i++)
        cout<< f() << " ";
    return 0;
}
```

程序运行结果如下：

```
1 1 1 1 1
```

在 f()函数中定义的变量 y 为局部变量，其作用范围为 f()函数，每次调用时分配存储空间并赋初值为 0，执行 y++;语句后其值增加 1，函数结束时释放内存空间。

若在函数 f()中将 y 声明为局部静态变量，程序代码如下：

```
#include <iostream>
using namespace std;

int f()
{
    static int y = 0;//定义 y 为局部静态变量
    y++;
    return y;
}
int main()
{
    int i;
    for (i = 0;i<5;i++)
        cout<< f() << " ";
    return 0;
}
```

程序运行结果如下：

```
1 2 3 4 5
```

在 f()函数的内部定义了一个静态变量 y，主函数对这个 f()函数调用了 5 次。虽然在 f()函数内部有一条初始化语句，但由于变量 y 被定义为静态变量，所以编译时就分配了存储空间，其生命周期为整个程序的执行期，而不是局部变量的函数(f())的执行期。只在第一次调用 f()函数时才执行赋初值语句(y=0)，其余的调用就直接使用 y 变量的保留值而不进行初始化了。变量 y 直到程序结束时才释放内存空间。

关于局部静态变量的几点说明如下。

(1) 局部的静态变量如果在定义时不对其进行初始化，那么系统默认为 0。

(2) 虽然局部的静态变量在函数返回时依然存在，但由于它是局部变量，所以其他函数仍然不能对它进行引用。

(3) 对静态变量的初始化是在编译阶段完成的，即在程序运行前，就已经初始化完毕了。

2. 动态存储变量

动态存储变量只是在定义它们的函数被调用时才分配存储空间，在定义它们的函数返回时，系统回收变量所占内存空间，对这些变量的创建和回收是由系统自动完成的。动态

存储变量主要有自动变量(auto)和寄存器变量(register)两种。

1) 自动变量

自动变量是 C/C++语言函数体中说明的一种变量，在函数调用时自动建立其存储空间，开始局部变量的生存期；在函数返回时，自动释放变量所占的存储空间，从而结束它们的生存期。C/C++语言将这种变量称为自动型变量，用 auto 进行说明，但常常省略。前面程序中使用的变量都属于自动型变量。自动型变量的说明格式如下：

```
[auto] 类型标识符  变量列表;
```

格式中 auto 可以省略，默认为 auto 型变量。自动型变量主要有三类。

(1) 在函数体内定义的局部变量只要没有被声明为 static 存储类型的，都是自动存储的局部变量。

(2) 函数的形式参数。

(3) 函数体内分程序的局部变量。

自动型变量随函数的调用而存在，随函数的返回而消失，它们在一次调用结束到下一次调用开始之间不再占有存储空间，所以在函数体中必须明确地给它们赋予有意义的值。自动型变量的作用域局限于所定义的函数，其生存期等于或小于函数的生存期。例如：

```
int main()
{
    auto int i, j, k;//可以省略 auto
    …
}
void fun(int x, int y)
{
    auto int  i, j, k, m;//可以省略 auto
    …
}
```

其中，一组变量 i,j,k 是局限于函数 main 的自动变量，另一组同名变量 i,j,k 和 m 是局限于函数 fun 的自动变量，由于对它们的说明局限于包含它们的函数，虽然它们有相同的名字，但它们之间没有任何关系。形参 x,y 也是局限于 fun 的自动变量，作用域仅局限于 fun 函数。

若分程序({})中使用变量的存储特性为 auto(或缺省说明)时，则它们是局限于该分程序的，它们的生存期是该分程序被执行的时限，而作用域也局限于该分程序。

2) 寄存器变量

一般情况下，所有的变量是存放在内存中的，程序运行时，需要计算的变量从内存中取到运算器，运算结果再存放到内存中。如果有一个变量在某段时间内重复使用的次数很多，那么，这种从内存中存取的过程将花费大量的时间，影响程序的执行速度。所以对这种重复使用的变量，可以将其存放到 CPU 的寄存器中，这类以 CPU 寄存器为存储单元的变量称为寄存器型变量，用关键字 register 定义。寄存器处在 CPU 的内部，对于使用频率高的变量，用寄存器作为变量的存储单元，存储程序执行过程中产生的中间结果，可避免 CPU 频繁访问存储器，从而提高程序的执行速度。

寄存器型变量的定义格式：

```
register 数据类型 变量名;
```

例如：

```
register int a;
register char b;
```

注意：

(1) 寄存器型变量不能定义为全局变量，只限于整型、字符型和指针型局部变量。寄存器型变量也不可以定义为静态局部变量。

(2) 计算机系统中寄存器的数目是非常有限的，所以寄存器型变量只能是动态变量，且数目有限，一般只允许同时定义两个寄存器变量。例如：

```
int main()
{
    register int i;
    for(i = 0;i<1000;i++)
        cout<<i;
}
```

程序中 i 为整型的寄存器变量。

3.6 程序的文件结构与编译预处理

将几十行甚至上百行的代码放在一个 C/C++源代码程序文件中是可以的，但现在我们往往遇到的是大型程序，通常包含多个模块，并由多个程序员协作完成，分别编写程序。如果放在一个源代码文件中很显然就不现实了。

其实，C/C++语言允许将一个程序的源代码放置在多个文件中，即常常将多个模块共用的数据(如符号常量和数据结构)或者函数集中到一个单独的文件中。这样凡是要使用其中的数据或调用其中函数的程序成员，只要使用文件包含处理功能将所需要的文件包含进来就可以，不必再重复定义它们，从而减少了重复劳动。这样分别编写、分别编译，也可以提高调试效率，同时增加 C/C++程序模块的可移植性。

在 C/C++程序中包含的多个文件类型是：C 语言是.h 和.c 文件，C++是.h 和.cpp 文件。

3.6.1 文件包含命令#include

文件包含是指在一个 C/C++源程序中通过#include 命令，将一个文件(通常是以.h、.c 或.cpp 为扩展名的文件)的全部内容包含进来。文件包含命令的一般格式如下：

```
#include <被包含文件>
```

或者：

```
#include "被包含文件"
```

编译时预编译器将被包含文件的内容插入到源程序中#include 命令的位置，以形成新的源程序。

下面给出了文件包含命令#include 预编译的示意。本程序有两个源代码文件，一个是主程序 main.cpp，另一个是自定义数学函数的头文件 mymath.h。在 main.cpp 文件中采用# include "mymath.h"语句包含了 mymath.h 头文件。

main.cpp 文件的内容如下：

```
/****************************
*   程序名：main.cpp         *
*   说  明：主程序            *
* *************************/
#include <iostream>
using namespace std;
#include "mymath.h"
int main()
{
    cout<<max(5, 6);
    return 0;
}
```

mymath.h 文件的内容如下：

```
/****************************
*   程序名：mymath.h         *
*   功  能：自定义的数学函数   *
* *************************/
#include <iostream>
using namespace std;
int max(int x, int y)
{
    return x>y?x:y;
}
```

编译器对主程序 main.cpp 编译时，预处理程序执行#include "mymath.h"，将 main.cpp 变成：

```
#include <iostream>
using namespace std;
#include <iostream>
using namespace std;
int max(int x, int y)
{
    return x>y?x:y;
}
```

```
int max(int x, int y)
{
   return x>y?x:y;
}
```

灰色背景部分就是 mymath.h 文件中的代码。

常用在文件头部的被包含文件称为“标题文件”或“头部文件”，常以.h(head)为扩展名，简称头文件。在头文件中，除了包含宏定义以外，还可包含外部变量定义、结构类型定义等。

文件包含可以嵌套，即被包含文件中又包含另一个文件，但一条包含命令只能指定一个被包含文件，如果要包含 n 个文件，则要用 n 个包含命令。

文件包含两种格式的区别如下。

(1) 使用尖括号<>：到编译器指定的文件包含目录去查找被包含的文件，不同的编辑环境均可以设置文件包含目录。

(2) 使用双引号" "：系统首先到主程序所在当前目录下查找被包含文件，如果没有找到，再到系统指定的文件包含目录中查找。

一般来说，使用尖括号包含系统提供的头文件，使用双引号包含自己定义的头文件与源程序。" "之间可以指定包含文件的路径。例如#include "d:\\source\\myhead.h"表示把 D 盘 source 文件夹下的 myhead.h 的内容插入到此处(字符串中要表示\，必须使用\\)。

3.6.2 条件编译

一个较复杂的程序往往用多个源代码文件来表达，采用#include 预处理命令进行包含，但有时一个头文件在同一个 cpp 文件中被 include 了多次，这种错误常常是由于 include 嵌套造成的。比如，a.h 文件中存在#include "c.h"，而此时 b.cpp 文件导入了#include "a.h" 和#include "c.h"，此时就会造成 c.h 重复引用。

头文件被重复引用引起的后果：有些头文件重复引用只是增加了编译的工作量，不会引起太大的问题，仅仅是编译效率低一些，但是对于大工程而言，编译效率低下也是需要考虑的。有些头文件重复包含，会引起错误，比如在头文件中定义了全局变量(虽然这种方式不被推荐，但确实是 C/C++规范允许的)，这时会引起重复定义。

可以在头文件中使用 #ifndef/#define/#endif 防止该头文件被重复引用。一般格式为：

```
#ifndef <标识>
#define <标识>
...
#endif
```

其中的<标识>在理论上来说可以是自由命名的，但每个头文件的这个“标识”都应该是唯一的。标识的命名规则一般是头文件名全大写，把文件名中的“.”变成下划线，例如，stdio.h 中有：

```
#ifndef STDIO_H
#define STDIO_H
```

```
...
#endif
```

又如，#ifndef A_H 意思是 if not define a.h，即“如果不存在 a.h”，接着的语句应该#define A_H，并引入 a.h，最后一句应该写#endif(否则不需要引入)。

【例 3-15】比较两个三角形面积的大小。

分析：

比较大小使用在两个地方，一是判断是否构成三角形；二是比较两个三角形的面积大小。

本程序有三个源代码文件，一是主程序 main.cpp，二是自定义比较大小的函数 compare()的头文件 mymath.h，三是自定义计算三角形面积的函数 area()的头文件 myarea.h。其中，在 myarea.h 文件中需要包含 mymath.h 用于判断输入三边是否构成三角形，在 main.cpp 文件需要包含 mymath.h 和 myarea.h 头文件用于计算三角形面积和比较面积大小，因此在 mymath.h 和 myarea.h 文件中均需要采用条件编译。

mymath.h 文件内容：

```
/*****************************
*   程序名：mymath.h         *
*   功  能：自定义的数学函数   *
* *************************/
#ifndef MYMATH_H
#define MYMATH_H
#include <iostream>
using namespace std;
int compare(float x,float y)
{
   if (x > y)
      return 1;
   else
      return 0;
}
#endif
```

myarea.h 文件内容：

```
/*****************************
*   程序名：myarea.h         *
*   功  能：自定义的计算三角形面积函数   *
* *************************/
#ifndef MYAREA_H
#define MYAREA_H

#include <iostream>
using namespace std;
```

```
#include <cmath>
#include "mymath.h"
float area(float a,float b,float c)
{
    float p;
    if (compare(a+b,c)==0 && compare(a+c,b)==0 && compare(b+c,a)==0)
        return 0.0;
    else
    {
        p=(a+b+c) / 2;
        return sqrt(p*(p-a)*(p-b) * (p-c));
    }
}
#endif
```

```
/***************************
*   程序名: main.cpp         *
*   说  明: 主程序           *
* *************************/
#include <iostream>
#include "mymath.h"
#include "myarea.h"
using namespace std;

int main()
{
    float a,b,c,s1,s2;
    cout<<"请输入第一个三角形的三个边长: "<<endl;
    cin >>a>>b>>c;
    s1=area(a,b,c);
    cout<<"请输入第二个三角形的三个边长: "<<endl;
    cin >>a>>b>>c;
    s2=area(a,b,c);
    if((int)s1==0 || (int)s2==0 )
      cout<<"有输入的三边不能构成三角形，不能比较。";
    else
    {
        if (compare(s1,s2)==1)
          cout<<"第一个三角形的面积大。";
        else
          cout<<"第二个三角形的面积大。";
    }
    return 0;
}
```

3.6.3 名字空间

一个软件往往由多个模块(组件)组成，这些模块由不同程序员(软件商)提供，不同模块可能使用相同的标识符，简单地说，就是同一个名字在不同程序模块中代表不同的事物。当这些模块用到同一程序中时，同名标识符就引起了名字冲突问题。C++提供了名字空间(namespace，也称命名空间或名称空间)，将相同的名字放到不同的名字空间中，利用名字空间对标识符常量、变量、函数等进行分组，每个组就是一个名字空间，从而可以防止命名冲突。

定义一个名字空间的格式如下：

```
namespace  名称
{
    成员;
}
```

其中 namespace 为关键字，“名称”为名字空间标识符，“成员”为函数、变量、常量、自定义类型等。

例如，定义一个名为 company 的名字空间，将它保存到头文件 company.h 中：

```
namespace company
{
    int year = 2020;
    char name[] = "Test company";
    void ShowName()
    {
        cout << name <<" " << year <<endl;
    }
}
```

1. 个别使用声明方式

个别使用声明方式的格式如下：

```
名字空间名::成员使用形式
```

其中::为作用域分隔符，“成员使用形式”包含函数调用式、变量名、常量名、类型名等。

【例 3-16】名字空间的使用。

对 company 名字空间的成员采用个别使用声明方式：

```
#include <iostream>
using namespace std;
#include "company.h"
int main()
{
```

```
    company::ShowName();
    return 0;
}
```

2. 全局声明方式

全局声明方式的格式如下：

```
using namespace 名字空间名
```

如上例中使用全局声明方式改写程序如下：

```
#include <iostream>
using namespace std;
#include "company.h"
using namespace company;
int main()
{
    ShowName();
    return 0;
}
```

这种方式表明此后使用的成员来自声明处的名字空间，如程序中的 using namespace std;，表明此后使用的名字空间为 C++标准库名字空间 std，此后的 cout、endl 均来自名字空间 std。

同时，使用了 company 名字空间，所以 main()函数中 ShowName 函数就可以直接使用了。

3. 全局声明个别成员

全局声明个别成员的格式如下：

```
using 名字空间名 N::成员名 M
```

这种声明形式表明以后使用的成员 M 来自名字空间 N。成员名 M 为函数、变量、常量、类型的名字。

如上例中使用全局声明个别成员方式改写程序如下：

```
#include <iostream>
using std::cout; //后面的 cout 来自名字空间 std
using std::endl; //后面的 endl 来自名字空间 std
#include "company.h"
int main()
{
    using company::ShowName;// //后面的 ShowName 来自名字空间 company
    ShowName();
    return 0;
}
```

通常，将全局声明方式与个别声明方式以及全局声明个别成员方式相结合使用。使用系统提供的名字空间成员时采用全局声明方式，使用自己定义名字空间的成员时采用个别使用声明方式或全局声明个别成员方式。

习　题

具体内容请扫描二维码获取。

第 3 章　习题

第 3 章　习题参考答案

第4章　数　　组

第 4 章 源程序

4.1　一 维 数 组

4.1.1　统计问题

在第 1～3 章的程序中使用的变量都属于基本类型，例如整型、字符型、浮点型数据，对于简单的问题，使用这些基本数据类型就可以了，但是客观世界中需要处理的数据千姿百态，只用以上的基本类型来表示它们是不够的。例如，输入 30 个学生的成绩，求大于平均成绩的人数。

1)　分析

(1)　先统计总成绩。

(2)　求出平均成绩。

(3)　再用所有学生的成绩，统计大于平均成绩的人数。

(4)　打印输出人数。

2)　问题

每个学生的成绩需要使用两次，并且是在不同时间使用；如何保存人数众多的学生成绩呢？我们可以用 30 个 float 型变量来表示每个学生的成绩，但是如果有 1000 名学生怎么办呢？

高级语言领域形成的有效的方式是用基本数据类型构造出更复杂的数据类型，称为复合数据类型，除了本章将介绍的数组，还有后面章节将介绍的结构体、联合体等。

上述问题中的 30 位学生的成绩 a0、a1、…、ai、…、a29，可用 a[0]、a[1]、…、a[i]、…、a[29]表示，称为数组(array)。其中某一个元素 a[i]称为下标变量(或称数组元素)，由数组名 a 和下标 i 来确定，下标代表数据在数组中的序号。如 a[15]代表第 15 位学生的成绩。

数组可以存储一组具有相同数据类型的值，使它们形成一个小组，可以把它们作为一个整体处理，同时又可以区分小组内的每一个数值。

4.1.2　一维数组的定义

一维数组是数组中最简单的，它的元素只需要用数组名加一个下标，就能唯一地确定。一维数组的定义形式为：

```
类型符　数组名[常量表达式];
```

例如：

```
int a[10];
```

它表示定义了一个整型数组，数组名为 a，数组包含 10 个整型元素。

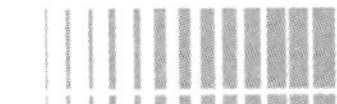

说明：

(1) 数组名的命名规则与变量名相同，遵循标识符命名规则。

(2) 在定义数组时，需要指定数组中元素的个数，方括号中的常量表达式用来表示元素的个数，即数组长度。注意，数组元素的**下标从 0 开始**，若用“int a[10] ;”定义数组，则最大下标值为 9，不存在数组元素 a[10]。

(3) 常量表达式中可以包括常量和符号常量，不能包含变量。如“int a[3+4];”是合法的，如“int a[n];”是不合法的。

用“int a[10] ;”定义了数组 a 后，就在内存中给数组分配了一片连续的存储空间，在 32 位计算机中整型为 4 字节，则此空间大小为 4*10=40 字节。假设数组 a 的首地址为 4000(即第一个元素 a[0]的地址)，则第 2 个元素的地址为 4004，第 3 个元素对的地址为 4008……，第 10 个元素的地址为 4000+(n−1)×4=4036。数组 a 在内存中的存储形式如图 4.1 所示。

a[0]	a[1]	a[2]	a[3]	a[4]	a[5]	a[6]	a[7]	a[8]	a[9]
4000	4004	4008	4012	4016	4020	4024	4028	4032	4036

图 4.1　数组 a 在内存中的存储形式

4.1.3　一维数组的引用

一维数组的定义及其在内存中的存储方式

一维数组的初始化及输入输出

一维数组作为函数参数

在程序中，经常需要访问数组中的一些元素，这时可以通过数组名和下标来引用数组中的元素。

一维数组元素的引用方式为：

```
数组名[下标]
```

下标可以是整型常量、符号常量，也可以是整型表达式。

下标的范围为：

```
0 ≤ 下标 ≤ 数组长度-1
```

下标指的是数组元素的位置，是从 0 开始的。

C/C++语言在数组引用时，不进行下标越界检查。即，如果下标超过范围，系统不会给出出错信息，但是，下标越界会导致计算结果出错。

注意，定义数组时用到的“数组名[常量表达式]”和引用数组元素时用的“数组名[下标]”形式相同，但含义不同。例如：

```
int a[10];        //前面有 int，这是定义数组，指定数组包含 10 个元素
t = a[5];          //这里的 a[5]表示引用 a 数组中序号为 5 的元素
```

4.1.4　一维数组的初始化

为了使程序简洁，常在定义数组的同时给各数组元素赋值，这称为数组的**初始化**。

(1) 在定义数组时对所有元素赋初值。例如：

```
int a[10] = {0,1,2,3,4,5,6,7,8,9};
```

依次赋值给 a[0]～a[9]。花括号内的数据就称为“**初始化列表**”。

(2) 可以只给数组中的一部分元素赋值。例如：

```
int a[10] = {0,1,2,3,4};
```

依次赋值给 a[0]～a[4]，系统自动给后 5 个元素赋初值为 0。

(3) 在对全部数组元素赋初值时，由于数据的个数已经确定，因此可以不指定数组长度。例如：

```
int a[ ] = {1,2,3,4,5}; //相当于 int a[5] = {1,2,3,4,5}
```

但是，如果数组长度与提供初值的个数不相同，则方括号中的数组长度不能省略。

4.1.5 一维数组的处理

一维数组的处理通常用循环方式，即用循环变量改变下标，从而引用其数组元素。

1. 一维数组的输入(用一重循环实现)

例如，输入 10 个学生的成绩：

```
void main( ){
    int i; float x[10];
    for (i = 0; i<10; i++)
        cin>>x[i];
  …
}
```

或：

```
void main( ){
    int i;float x[10];
    for (i = 0;i<10;i++){
        cout<<"x[="<<i<<"]=";        //给出输入提示信息。
        cin>>x[i];
    }
  …
}
```


2. 一维数组的输出(用一重循环实现)

例如，在上例后，输出 10 个学生的成绩：

```
for (i = 0; i<10; i++)
    cout<<x[i]<<"  ";
cout <<endl;
```

如果一行输出 5 个数：

```
for (i = 0; i<10; i++){
    if(i%5==0) cout<<endl;
    cout<<x[i]<< "  ";
}
```

【例 4-1】编写程序，定义一个含有 30 个元素的 int 数组。依次给数组元素赋偶数 2,4,6,…，然后按照每行 10 个数顺序输出，最后按每行 10 个数逆序输出。

分析：采用循环方式依次给数组的 30 个元素赋偶数值，再利用循环控制变量，顺序或逆序地逐个引用数组元素。本题示范了在连续输出数组元素值的过程中，如何利用循环控制变量进行换行。

程序代码如下：

```
#include <iostream>
#include <iomanip>
#define M 30
using namespace std;
int main()
{
    int a[M], i, k = 2;
    char c;
    //给数组 a 元素依次赋偶数值 2, 4, 6...
    for(i = 0;i<M;i++)
    {
        a[i] = k;
        k = k+2;
    }
    cout<<"按每行 10 个数顺序输出："<<endl;
    for(i = 0;i<M;i++)
    {
        cout<<setw(4)<<a[i];
        if((i+1)%10==0) cout<<endl;
    }
    cout<<"按每行 10 个数逆序输出："<<endl;
    for(i = M-1;i> = 0;i--)
    {
        cout<<setw(4)<<a[i];
        if(i%10==0) cout<<endl;
        else cout<<' ';
    }
    cout<<endl;
    return 0;
}
```

程序运行结果如下：

```
按每行 10 个数顺序输出：
  2   4   6   8  10  12  14  16  18  20
 22  24  26  28  30  32  34  36  38  40
 42  44  46  48  50  52  54  56  58  60
按每行 10 个数逆序输出：
 60   58   56   54   52   50   48   46   44   42
 40   38   36   34   32   30   28   26   24   22
 20   18   16   14   12   10    8    6    4    2
```

3. 一维数组作为函数参数

1) 数组元素作函数参数

由于函数实参可以是表达式，而数组元素可以是表达式的组成部分，因此数组元素可以作为函数实参。数组元素作为函数实参使用与第 3 章中函数参数为基本类型的变量没什么差别，在发生函数调用时，把作为实参的数组元素的值传给形参，实现单向的**“值传递”**。但是数组元素不能用作形参。因为形参是在函数被调用时临时分配存储单元的，不可能为一个数组元素单独分配存储单元(数组是一个整体，在内存中占连续的一段存储单元)。

【例 4-2】一个数组有 10 个整型元素，求数组中所有素数之和。程序代码如下：

```
#include <iostream>
#include <cmath>
using namespace std;
int main(void){
  int a[10], i, sum = 0;
  int prime(int x);
  printf("enter 10 numbers:");
  for(i = 0;i<10;i++){
     cin>>a[i];
     if(prime(a[i])) sum+ = a[i];  //与变量作为实参一样
  }
  cout<<sum<<endl;
  return 0;
}

int prime(int x)
{
  int f = 1, k;
  if(x==1) f = 0;
  for(k = 2;k<=sqrt(x);k++)
      if(x%k==0) {f = 0;break;}
  return(f);
}
```

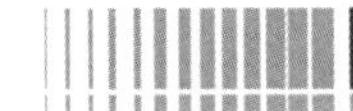

程序运行结果如下：

```
enter 10 numbers:23 34 33 11 1 78 137 90 2 23
sum = 196
```

2) 一维数组名作为函数参数

当我们希望在函数中处理整个数组的元素时，可以用数组作为形参，调用时，用数组名作为实参——将数组首元素的地址传送给形参，使得实参与形参具有相同的存储单元，这种参数的传递机制称为传地址。定义函数时要在形参声明中加上[ ]。而在函数调用表达式中的实参则直接使用数组名即可。

【例 4-3】输入 n 个学生(100 以内)的成绩，每行输出 5 个成绩。程序代码如下：

```
#include <iostream>
using namespace std;
const int N = 100;
void array_in(float x[], int n);     //array_in 函数声明
void array_out(float x[], int n);    //array_out 函数声明
int main(void){
    int n; float x[N];
    cout<<"学生人数(1-99):"; cin>>n;
    array_in(x, n);                  //调用 array_in 函数，数组名 x 作为实参
    array_out(x, n);                 //调用 array_ out 函数，数组名 x 作为实参
    return 0;
}
void array_in(float x[], int n){     //定义 array_in 函数
    int i;
    for (i = 0; i<n; i++){
        cout<<"x["<<i<<"]=";
        cin>>x[i];
    }
}
void array_out(float x[], int n){    //定义 array_out 函数
    int i;
    for (i = 0;i<n;i++){
        if (i%5==0) cout<<endl;
        cout<<x[i]<<"  ";
    }
}
```

程序运行结果如下：

```
学生人数(1-99):10
x[0] = 88
x[1] = 90
x[2] = 67
```

```
x[3] = 85
x[4] = 60
x[5] = 100
x[6] = 84
x[7] = 77
x[8] = 81
x[9] = 60

88  90  67  85  60
100  84  77  81  60
```

说明：

(1) 数组名代表数组存储空间的首地址。数组名作函数参数时，是将实参数组的首地址赋予形参数组名，即地址传递。这时，形参数组和实参数组共用一段存储空间。因此，被调函数在函数体中修改形参数组元素时，实际上修改的也是同一存储空间中的实参数组元素。这样当形参数组发生变化时，实参数组也随之变化。

(2) 数组名作为函数参数时，实参和形参都必须是类型相同的数组。

4.1.6 一维数组应用举例

1. 数学运算问题

【例 4-4】输入 10 个学生的成绩，计算并输出平均成绩、最好成绩、最差成绩。

分析：可以定义一个长度为 10 的 int 型数组，使用循环，依次输入 10 个学生的成绩存放在对应的 10 个元素中。定义四个变量 max、min、sum、avg，分别存放最高分、最低分、总分以及平均分。求最高分的方法采用打擂台法，先假设第一个学生的成绩为最高分，将第一个学生成绩赋值给变量 max，然后将后面每个学生成绩依次与最高分 max 进行比较，将二者的较大值赋给变量 max，依次比较下去，最后变量 max 的值即为 10 个成绩中的最高分；采用同样的方法，可求得 10 个学生的最低分。为求 10 个学生的平均分，需要先得到总分 sum，先给变量 sum 赋初值为 0，每当输入一个学生成绩，就将该成绩加到 sum 变量中，依次可以得到总分 sum；总分 sum 除以人数 10，即得到平均分 avg。

程序代码如下：

```
#include <iostream>
using namespace std;
int main()
{
    int score[10], i, max, min, sum;
    float avg;
    sum = 0;
    cout<<"请输入 10 个学生成绩："<<endl;
    //输入 10 个学生成绩并计算总分
    for(i = 0;i<10;i++)
```

```
    {
        cin>>score[i];
        sum = sum+score[i];
    }
    //求最高分和最低分
    max = min = score[0];
    for(i = 0;i<10;i++)
    {
        if(score[i]>max) max = score[i];
        if(score[i]<min) min = score[i];
    }
    //求平均分
    avg = sum/10.0;
    //输出最高分、最低分和平均分
    cout<<"10 个学生的最高分="<<max<<endl;
    cout<<"          最低分="<<min<<endl;
    cout<<"          平均分="<<avg<<endl;
    return 0;

}
```

程序运行结果如下：

```
请输入 10 个学生成绩：
78 89 90 70 65 45 68 95 79 30
10 个学生的最高分=95
          最低分=30
          平均分=70.9
```

【例 4-5】一个数如果恰好等于它的因子之和(包括 1，但不包括这个数本身)，这个数就称为“完数”。例如，28 的因子为 1、2、4、7、14，而 28=1+2+4+7+14。因此 28 是“完数”。编写程序找到 1000 之内的所有完数，并输出其因子。

解题思路如下。

(1) 题目中的因数不是要质因数，而是所有的因数，所以找到因数后无须将其从数据中“除掉”。

(2) 每个因数只记一次，如 8 的因数为 1、2、4 而不是 1、2、2、2、4。所以因数测试是用 if 语句。

(3) 若不考虑到输出格式，只需累加所有因子，并测试是否满足完数的条件，无须使用数组记录它们，但为了输出效果，必须用数组记录所有因子。

程序代码如下：

```
#include <iostream>
using namespace std;
int main()
```

```
{
    int i, k, j, s, a[25];
    for(i = 1; i<=1000; i++)
    {
        s = 1;
        k = 1;
        a[0] = 1;
        for(j = 2;j<i;j++)
           if(i%j==0)
           {
            s = s+j;
            a[k] = j;
            k++;
           }
        if(i==s)
        {
            cout<<s<<"  it's factors are  "<<a[0];
            for(j = 1;j<k;j++)
            cout<<", "<<a[j];
            cout<<endl;
         }
    }
    return 0;
}
```

程序运行结果如下：

```
1  it's factors are  1
6  it's factors are  1, 2, 3
28  it's factors are  1, 2, 4, 7, 14
496  it's factors are  1, 2, 4, 8, 16, 31, 62, 124, 248
```

程序说明：因为判断每一个数 i 是否为完全数，都要重新累加和记录其因数。所以一定要注意，两个赋初值语句“s=1;k=1;”一定要位于外层循环的内部；否则程序会有逻辑错误，从而得不到正确的结果。

2. 统计问题——巧用下标

程序设计中的信息一般有输入信息、加工处理的中间信息和输出信息。通过用数组来存放这些信息，将数组元素下标与其中存储的信息进行合理的对应，可以很大程度影响程序的编写效率和运行效率，下面的例 4-6 和例 4-7 恰当地选择了用数组存储信息，并把题目中的有关信息作为下标使用，使程序的实现过程大大简化。

【例 4-6】某次选举，要从 5 位候选人(编号分别为 1、2、3、4、5)中选一位厂长，请编写程序完成统计选票的工作。

分析：

(1) 虽然选票发放的数量一般情况下是已知的，但收回的数量通常是无法预知的，所以程序采用随机循环，设计停止标志为-1。

(2) 统计过程的简单方法为，先为 5 位候选人各自设置 5 个“计数器”a、b、c、d、e，然后根据录入数据，通过多分支语句或嵌套条件语句决定为某个“计数器”累加 1。最后输出统计结果。

程序代码如下：

```
#include <iostream>
using namespace std;
int main()
{
    int xp, a, b, c, d, e;
    a = b = c = d = e = 0;
    cout<<"Input integer number:    "<<endl;
    cin>>xp;
    while(xp! = -1)
    {
        switch(xp)
        {
            case 1: a = a+1;break;
            case 2: b = b+1;break;
            case 3: c = c+1;break;
            case 4: d = d+1;break;
            case 5: e = e+1;break;
            default:cout<<"Input data error"<<endl;
        }
        cin>>xp;
    }
    cout<<"1's number of votes is "<<a<<endl;
    cout<<"2's number of votes is "<<b<<endl;
    cout<<"3's number of votes is " <<c<<endl;
    cout<<"4's number of votes is "<<d<<endl;
    cout<<"5's number of votes is "<<e<<endl;
    return 0;
}
```

程序改进：这样的程序效率太低，因为程序在执行中要进行大量的比较运算。利用数组做计数器，问题可得到很好的解决。

实现技巧：把 5 个“计数器”用数组 int a[6]中的 a[1]～a[5]代替，选票中候选人的编号 xp 正好做下标，执行 a[xp]= a[xp]+1 就可方便地将选票内容累加到相应的“计数器”中。

考虑到程序的健壮性，不要出现数组越界操作，要排除对 1～5 之外的数据进行统

计。改进后的程序代码如下：

```
#include <iostream>
using namespace std;
int main()
{
    int i, xp, a[6] = {0};
    cout<<"Input integer number until input -1"<<endl;
    cin>>xp;
    while(xp! = -1)
    {
        if(xp>=1&&xp<=5)
            a[xp] = a[xp]+1;
        else
            cout<<xp<<" Input error!"<<endl;
        cin>>xp;
    }
    for(i = 1;i< = 5;i++)
        cout<<i<<" number get "<<a[i]<< " votes"<<endl;
    return 0;
}
```

程序运行结果如下：

```
Input integer number until input -1
1 2 5 2 5 3 5 4 -1
1 number get 1 votes
2 number get 2 votes
3 number get 1 votes
4 number get 1 votes
5 number get 3 votes
```

此题中选举的信息正好可作为数组下标使用，虽然在实际应用中的数据可能没有这样好的规律，不过经过算术运算后还是可以很好地利用这一技巧。

【例 4-7】编写程序统计身高(单位为厘米)分布。统计分 150 厘米以下、150～154 厘米、155～159 厘米、160～164 厘米、165～169 厘米、170～174 厘米、175～179 厘米、179 厘米以上，共 8 个档次进行。

实现技巧：输入的身高可能在 50～250 之间，若用输入的身高数据直接作为数组下标进行统计，至少要开辟 250 多个空间，这样既没有必要也不能直接得到问题的解。考虑用关系式“身高/5-29”做下标，则只需开辟 8 个元素的数组，对应 8 个统计档次，即可完成统计工作。

程序代码如下：

```
#include<iostream>
using namespace std;
```

```
int main()
{
    int i, sg, a[8] = {0};
    cout<<"Input heigh data until input -1"<<endl;
    cin>>sg;
    while(sg!=-1)
    {
        if(sg>179) a[7] = a[7]+1;
        else if (sg<150) a[0] = a[0]+1;
        else a[sg/5-29] = a[sg/5-29]+1;
        cin>>sg;
    }
    for(i = 0;i<=7;i++)
       cout<<i+1<<" field the number of people:"<<a[i]<<endl;
    return 0;
}
```

程序运行结果如下：

```
Input heigh data until input -1
158
150
160
170
185
172
162
155
190
-1
1 field the number of people:0
2 field the number of people:1
3 field the number of people:2
4 field the number of people:2
5 field the number of people:0
6 field the number of people:2
7 field the number of people:0
8 field the number of people:2
```

3. 排序

排序(sorting)问题是程序设计中的典型问题之一。排序是指将一组任意给定的数据序列排列成一个有序(升序或降序)序列的过程。经过排序以后的数据，可以极大地提高查找的效率。

排序过程一般都要进行元素值的比较和交换操作。排序方法有很多种，比如简单选择

排序、冒泡排序、插入排序、快速排序、归并排序等。本小节将以简单选择排序和冒泡排序为例，介绍数组在排序中的典型应用。

1) 简单选择排序算法

以从小到大排序为例，简单选择排序的基本思想如下。

简单排序

第一趟，通过 n-1 次比较，从 n 个数中找到最小的元素，将它与第一个数组元素交换。

第二趟，再通过 n-2 次比较，从剩余的 n-1 个数中找出次小的数，将它与第二个数组元素交换。

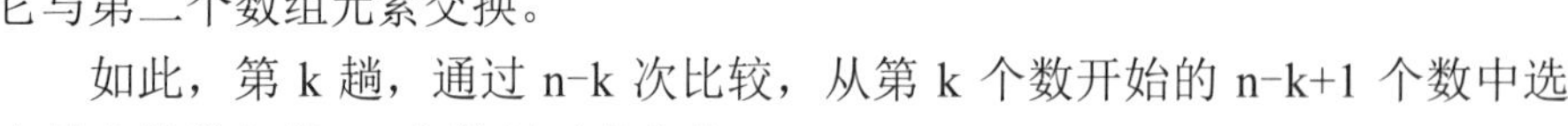

如此，第 k 趟，通过 n-k 次比较，从第 k 个数开始的 n-k+1 个数中选出最小的数与第 k 个数组元素交换。

选择排序

重复上述过程，共经过 n-1 趟排序后，排序结束。

下面以序列{50,26,74,60,12,1,100}为例，演示简单选择排序的步骤，如图 4.2 所示。

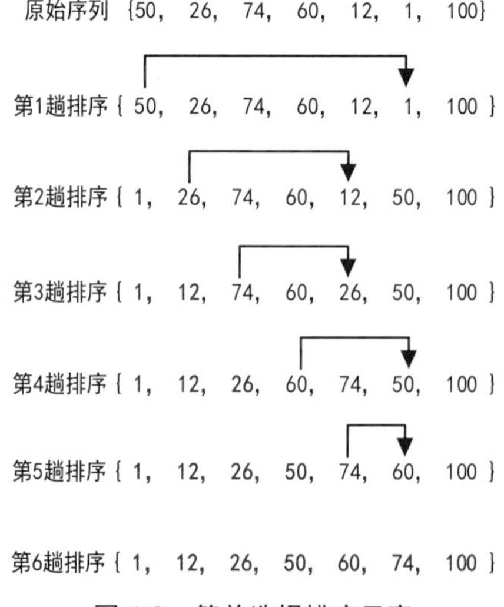

图 4.2 简单选择排序示意

【例 4-8】用简单选择法对数组中 10 个整数按由小到大排序。

解题思路：根据上述简单选择排序方法的基本思想可知，对于 10 个整数的排序，共需要 9 趟排序过程。第 1 趟找到 10 个数中最小的数，与 a[0]对换，第 2 趟再将 a[1]～a[9]中最小的数与 a[1]对换……每比较一趟，找出一个未经排序的数中最小的一个。

程序代码如下：

```
int main()
{
    void SelectSort(int array[], int n);
    int a[10], i;
    cout<<"enter array:"<<endl;
    for(i = 0;i<10;i++)
        cin>>a[i];
```

```
    SelectSort (a, 10);//调用 SelectSort 函数，a 为数组名，大小为 10
    cout<<"The sorted array: "<<endl;
    for(i = 0;i<10;i++)
        cout<<setw(2)<<a[i];
    cout<<endl;
    return 0;
}
void SelectSort(int array[], int n)
{   int i, j, k, temp;
    for(i = 0;i<n-1;i++)
    {   k = i;
        for(j = i+1;j<n;j++)
            if(array[j]<array[k])
                k = j;
        temp = array[k]; array[k] = array[i]; array[i] = temp;
    }
}
```

程序运行结果如下：

```
enter array:
45 2 9 0 -3 54 12 5 66 33
The sorted array:
-3 0 2 5 9 12 33 45 54 66
```

2) 冒泡排序法

冒泡排序算法

插入排序算法

冒泡排序(bubble sort)是一种常用的排序方法，这里以从小到大排序为例，排序的过程如下。

从数组头部开始，不断比较相邻的两个元素的大小，让较大的元素逐渐往后移动(交换两个元素的值)，直到数组的末尾。经过第一轮的比较，就可以找到最大的元素，并将它移动到最后一个位置。即最大数已“沉底”。

第一轮结束后，继续第二轮。仍然从数组头部开始比较，让较大的元素逐渐往后移动，直到数组的倒数第二个元素为止。经过第二轮的比较，就可以找到次大的元素，并将它放到倒数第二个位置。

以此类推，进行 n−1(n 为数组长度)轮“冒泡”后，就可以将所有的元素都排列好。

整个排序过程就好像气泡不断从水里冒出来，最大的先出来，次大的第二出来，最小的最后出来，所以将这种排序方式称为冒泡排序。

由上可知，对于任意 n 个数用冒泡排序，共需要 n−1 轮排序过程。第 1 轮对个数两两比较，共比较 n−1 次；第 2 轮对 n−1 个数两两比较，共比较 n−2 次；……第 n−1 轮对两个数两两比较，共比较 1 次。至此，全部比较结束。每次比较时，当前面一个数大于后面一个数时，就将两数的值进行交换。

下面以序列{19,18,15,12,9,7,? }为例，演示冒泡排序的步骤，如图 4.3 所示。

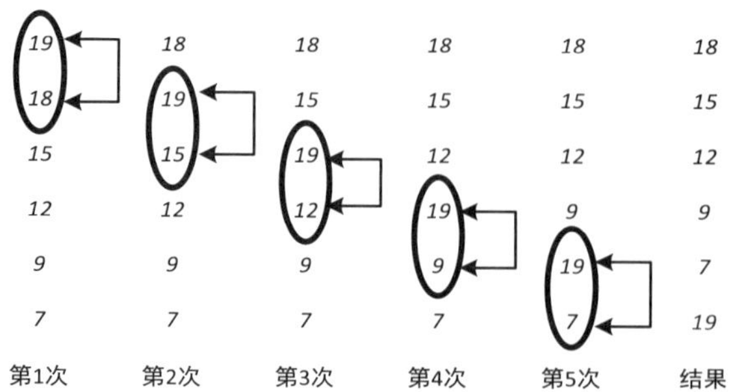

图 4.3　第 1 轮冒泡排序

完整的冒泡排序如图 4.4 所示。

初始数	第1轮	第2轮	第3轮	第4轮	第5轮
19	18	15	12	9	**7**
18	15	12	9	7	**9**
15	12	9	7	**12**	**12**
12	9	7	**15**	**15**	**15**
9	7	**18**	**18**	**18**	**18**
7	**19**	**19**	**19**	**19**	**19**

图 4.4　完整的冒泡排序

【例 4-9】用冒泡排序法对数组中 10 个整数按由小到大排序。

根据以上分析，该程序代码如下：

```
#include<iostream>
using namespace std;
int main()
{
    void BubbleSort(int array[], int n);
    int a[10], i;
    cout<<"enter array:"<<endl;
    for(i=0;i<10;i++)
        cin>>a[i];
    BubbleSort (a, 10);//调用 BubbleSort 函数，a 为数组名，大小为 10
    cout<<"The sorted array: "<<endl;
    for(i = 0;i<10;i++)
        cout<<a[i];
    cout<<endl;
    return 0;
}
void BubbleSort(int a[], int n)
{
    int i, j, temp;
    for (i=0; i<n-1; i++)
```

```
    /*共进行n-1趟排序*/
    for (j=n-1; j>i; j--)
        /*递减循环，从后往前比较*/
        if (a[j ] > a[j-1])
        {
            temp = a[j-1];
            a[j-1] = a[j];
            a[j] = temp;
    }
}
```

程序运行结果如下：

```
enter array:
30 78 39 8 90 67 100 51 3 29
The sorted array:
100 90 78 67 51 39 30 29 8 3
```

4. 查找

查找是在程序设计中最常用到的算法之一，指在一批数据中查找某个指定的数据。本节将介绍两种查找算法：顺序查找和折半(二分)查找。

1) 顺序查找

顺序查找算法

基本思路：先假设定义了一个具有 n 个元素的一维整型数组 a，用来存放 n 个整数。从数组的第一个元素 a[0]开始，从头到尾对数组中的每个元素逐个进行比较，直到找到指定元素或查找失败。 若找到，则函数返回指定元素在数组中的位置，否则返回-1。

【例 4-10】已知有 10 个整数：22,10,44,17,31,51,89,68,120,95，从键盘输入一个给定值 x，在该序列中查找是否有与给定值 x 相等的一个数。

程序代码如下：

```
#include <iostream>
#define N 10
using namespace std;
int SequentialSearch(int x[ ], int n, int d)
{
    int i;
    for (i = 0;i<n;i++)
      if(x[i]==d) return i;
    return -1;
}
int main()
{
    int a[N]={22, 10, 44, 17, 31, 51, 89, 68, 120, 95}, d, k;
    cout<<"请输入待查数据: ";
    cin>>d;
```

```
    k = SequentialSearch(a, N, d);
    if(k! = -1)
        cout<<a[k]<<"已找到! ";
    else
        cout<<"未找到! "<<endl;
    return 0;
}
```

程序运行结果如下：

```
请输入待查数据：10
10 已找到!
请输入待查数据：12
未找到!
```

顺序查找的优点是算法简单，缺点是当 n 较大时查找效率低。所以在数据量较大时一般将信息事先排好序，用下面的折半查找法进行检索。

2) 折半查找

折半查找又称为二分查找，要求被查找的数据序列是有序的，如数字的大小顺序、字母的字母序等。算法基本思路如下。

(1) 设定查找范围的上下界：low, high。

(2) 找出中间元素的位置：mid = (low + high) / 2。

(3) 比较中间元素与欲查找的元素 key。如 key 等于中间元素，则 mid 就是要查找的元素的位置；如 key 大于中间元素，由数据的有序性可知，从 low–mid 的这些元素不可能是要查找的元素，修正查找范围为 low = mid + 1 到 high；如 key 小于中间元素，则从 mid–high 的这些元素不可能是要查找的元素，修正查找范围为 low 到 high=mid-1；如 low>high，则要查找的元素不存在，否则返回第二步。

折半查找算法

实现要点如下。

循环的终止条件有二：一是找到了；二是找不到且找完了。找到了容易表示，下面讨论如何表示“找完了”。开始 low 小于 high，在折半查找的过程中，它们越来越接近，直到 low 和 high 相等，就是在和最后一个数据进行比较，这样当 low 大于 high 时就说明“找完了”。不过循环语句中应该是写循环的条件，而不是停止的条件。

示例：在有序序列{26,34,56,57,62,65,78,87,90,99}中查找 63 是否存在。

查找过程如表 4.1 所示。

表 4.1 折半查找过程展示

下标	0	1	2	3	4	5	6	7	8	9
数据	26	34	56	57	62	65	78	87	90	99
①	low				mid					high
②						low		mid		high
③						low mid	high			
④					high	low				

【**例 4-11**】在数组 x 中查找数据 d，若找到了，则函数返回 d 在数组中的位置，否则返回-1。

程序代码如下：

```
#include <iostream>
#define N 10
using namespace std;
int BinarySearch(int x[], int n, int d)
{
    int low = 0, high = n-1, mid;
    while(low<high)
    {
        mid = (low+high)/2;
        if(d==x[mid])   return mid;
        else if(d<x[mid]) high = mid-1;
        else low = mid+1;

    }
}
int main()
{
    int a[N] = {1, 2, 3, 5, 6, 7, 8, 9, 10, 12}, d, k;
    cout<<"输入待查数据:";
    cin>>d;
    k = BinarySearch(a, N, d);
    if(k! = -1)
        cout<<a[k]<<"已找到！"<<endl;
    else
        cout<<"未找到！"<<endl;
    return 0;
}
```

程序运行结果如下：

```
输入待查数据：8
8 已找到！
```

4.2　二 维 数 组

4.2.1　学生成绩表

某班有 30 位同学考了 5 门课程，成绩如表 4.2 所示，如何编写程序实现下列功能。

(1)　计算每位同学的平均分。

(2)　计算每门课的平均分。

(3) 找出所有同学中的最高分数所对应的学生和课程。

表 4.2 某班同学的成绩

学 号	高等数学	大学英语	高级语言程序设计	体 育	思 修
1	80	90	95	79	90
2	78	80	90	86	70
3	88	75	83	79	95
4	67	80	74	80	82
5	78	96	99	81	70
⋮	⋮	⋮	⋮	⋮	⋮
30	92	89	88	90	76

分析：由 4.1 节一维数组的介绍可知，每位同学 5 门课程的成绩可以由一个一维数组来存放，而 30 位同学的成绩需要定义 30 个一维数组吗？日常生活中常常需要保存类似于表 4.2 的数据以备查，这就需要用到二维数组，如果建立一个数组 score，它的第一维用来表示哪位同学，第二维用来表示哪门课程。例如用 $score_{2,3}$ 表示学号为 2 号同学的大学英语成绩，它的值为 80。

二维数组常称为矩阵(matrix)，把二维数组写成行(row)和列(colum)的排列形式，可以有助于形象化地理解二维数组的逻辑结构。

一般有两种情况要用二维数组，一种是描述一个二维的事物。比如用二维数组来描述一个迷宫地图，用 1 表示墙，用 0 表示通路；描述几个城市之间的交通情况，用 1 表示有通路，0 表示没有通路。还有一种是描述多个具有多项属性的事物。比如某班有多位同学，而每位同学的成绩由高数、高级语言程序设计和英语等多门课程成绩构成，我们就可以用二维数组来描述。

4.2.2 二维数组的定义

二维数组的定义及其存储

二维数组的定义形式为：

```
类型说明符 数组名[常量表达式1][常量表达式2];
```

例如：

```
float a[3][4], b[5][10];
```

定义 a 为 3×4(3 行 4 列)的单精度数组，b 为 5×10(5 行 10 列)的单精度数组。

注意，不能写成：

```
float a[3, 4], b[5,10];     //错误，在一对方括号内不能写两个下标
```

二维数组可被看作一种特殊的一维数组：它的元素又是一个一维数组。

例如，float a[3][4];可以把 a 看作一个一维数组，它有 3 个元素：a[0], a[1], a[2]，每个元素又是一个包含 4 个元素的一维数组：

```
a[0] —— a[0][0] a[0][1] a[0][2] a[0][3]
```

```
a[1] —— a[1][0] a[1][1] a[1][2] a[1][3]
a[2] —— a[2][0] a[2][1] a[2][2] a[2][3]
```

C/C++语言中，二维数组中元素排列的顺序是按行存放的，即在内存中先顺序存放第 1 行的元素，接着再存放第 2 行的元素。图 4.5 表示对 a[3][4]数组存放的顺序。

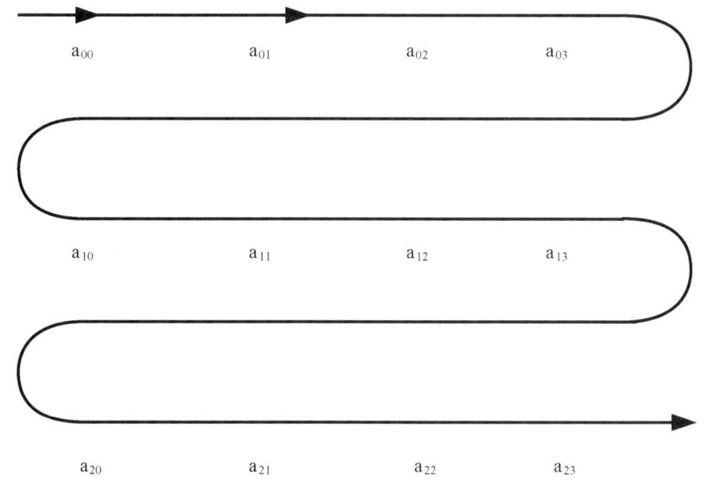

图 4.5 二维数组逐行连续存储

数组元素在内存中是连续存放的，在内存中占据一片连续的内存空间。现假设数组 a 的第一个元素 a[0][0]在内存中的地址编号是 3000，每个整型元素占 4 个字节的空间，则第 2 个元素 a[0][1]的地址编号是 3004，第 3 个元素 a[0][2]的地址编号是 3008，第 4 个元素 a[0][3]的地址编号是 3012……，第 6 个元素 a[1][1]的地址编号是 3000+(n−1)×4=3020。数组 a 在内存中的存放如图 4.6 所示。

a[0][0]	a[0][1]	a[0][2]	a[0][3]	a[1][0]	a[1][1]
3000	3004	3008	3012	3016	3020

图 4.6 数组 a 在内存中的存放

4.2.3 二维数组的引用

二维数组的引用方式同一维数组的引用方式一样，也是通过数组名和下标的方式来引用数组元素，其语法格式如下：

```
数组名[行下标] [列下标]
```

行下标、列下标的范围为：0≤行下标<数组第一维长度；0≤列下标<数组第二维长度。

即下标值应该在已定义的数组的大小范围内，例如，下面这种情况就是错误的：

```
int a[3][4];    //定义 a 为 3 行 4 列的二维数组
a[3][4] = 3;    //对数组 a 第 3 行第 4 列元素赋值，出错
```

4.2.4　二维数组的初始化

1. 给所有元素赋值

1)　按行赋初值

例如：

```
int x[2][4] = {{1, 2, 3, 4}, {5, 6, 7, 8}};
```

这种赋初值方法比较直观，把第 1 个花括号内的数据赋给第 1 行的元素，第 2 个花括号内的数据赋给第 2 行的元素……即按行赋初值。

2)　不分行，用类似一维数组的方法

例如：

```
int x[2][4] = {1, 2, 3, 4, 5, 6, 7, 8};
```

二维数组 x 共有两行，每行有 4 个元素，其中，第 1 行的元素依次为 1、2、3、4，第 2 行元素依次为 5、6、7、8。

3)　可以省略行的定义

如果对全部数组元素置初值，一维数组的大小可以省略，可是二维数组的元素个数是行数和列数的乘积，如果我们只提供元素个数，系统无法知道这个数组究竟是几行几列。所以，C/C++规定，在声明和初始化一个二维数组时，只有第一维(行数)可以省略。

例如：

```
int a[2][4] = {1, 2, 3, 4, 5, 6, 7, 8};
```

可以写为

```
int a[ ][4] = {1, 2, 3, 4, 5, 6, 7, 8};
```

系统会根据固定的列数，将后边的数值进行划分，自动将行数定为 2。

2. 对部分元素赋值

1)　按行赋值

例如：

```
int x[3][3]={{1},{0,2},{0,0,3}};
```

数组各元素为：

```
1  0  0
0  2  0
0  0  3
```

按行赋初值时也可以只对部分元素赋初值而省略第一维的长度，例如：

```
int a[][4] = {{0,0,3}, {}, {0,10}};
```

这样的写法，能通知编译系统：数组共有 3 行。数组各元素为：

```
0  0  3  0
0  0  0  0
0  10 0  0
```

2)　按一维数组的方法

例如：

```
int x[2][3] = {1,2,3,4};
```

在上述代码中，只为数组 x、y 中的部分元素进行了赋值，对于没有赋值的元素，系统会自动赋值为 0。数组各元素为：

```
1  2  3
4  0  0
```

4.2.5　二维数组的处理

同一维数组一样，二维数组通常用循环方式：简单处理一般用二重循环，即分别用循环变量改变下标的值来访问数组元素。

(1)　行式处理：通常用行下标作外循环、列下标作内循环。

二维数组的数据处理

例如：

```
main(){
      int i, j, x[3][3], m = 1;
      for (i = 0;i<3;i++)
          for (j = 0;j<3;j++) x[i][j] = m++;
      for (i = 0;i<3;i++) {
          for (j = 0;j<3;j++) cout<<x[i][j]<<"  ";
          cout<<endl;
      }
}
```

(2)　列式处理：通常用列下标作外循环，行下标作内循环。如上例改为：

```
void main(){
      int i, j, x[3][3], m = 1;
      for (j = 0;j<3;j++)
            for (i = 0;i<3;i++)
                  x[i][j] = m++;
      for (i = 0;i<3;i++) {
            for (j = 0;j<3;j++)
                   cout<<x[i][j]<<"  ";
            cout<<endl;
      }
}
```

1. 二维数组的输入

1) 行式输入——行下标作外循环，列下标作内循环
例如：

```
void array_in(int n, int m, float x[ ][M])
{ int i, j;
  for (i = 0;i<n ;i++)
       for(j = 0;j<m; j++)
           cin>>x[i][j];
}
```

其中，数组的列下标界应确定。
或者：

```
void array_in(int n, int m, float x[ ][M]){
    int i, j;
    for (i = 0; i<n; i++)
         for(j = 0; j<m; j++){
              cout<<"x["<<i<<", "<<j<<"]=";
              cin>>x[i][j];
         }
}
```

2) 列式输入——列下标作外循环，行下标作内循环
例如：

```
void array_in(int n, int m, float x[ ][M]){
    int i, j;
    for (j = 0;j<m ;j++)
         for(i = 0;j<n; i++)
              cin>>x[i][j];
}
void array_in(int n, int m, float x[ ][M]){
    int i, j;
    for (j = 0;j<m ;j++)
         for(i = 0;i<m; i++){
                cout<<"x["<<i<<", "<<j<<"]=";
                cin>>x[i][j];
         }
}
```

2. 二维数组的输出

二维数组的输出通常为行式处理。例如：

```
void array_out(int n, int m, float x[ ][M]){
```

```
    int i, j;
    for (i = 0;i<n;i++) {
        for(j = 0;i<m;j++)
            cout<<x[i][j]<<"  ";
        cout<<endl;
    }
}
```

3. 二维数组名作为函数参数

对二维数组进行处理的程序一般比较复杂，所以通常会将有关操作分解成模块完成，如将输入、输出和处理操作分别设计为独立的模块。与一维数组一样用二维数组名作为函数参数，在模块间传递的是地址，实现了数组空间的共享。

二维数组名作为函数的实参和形参，在被调用函数中对形参数组定义时可以指定每一维大小，也可以省略第一维的大小说明。例如：

```
int array[3][10];
```

或者：

```
int array[ ][10];
```

二者都合法而且等价。但是，不能把第 2 维的大小说明省略。如下面的定义是不合法的：

```
int array[ ][ ];
```

这是因为二维数组是由若干个一维数组组成的，在内存中，数组是按行存放的，因此，在定义二维数组时，必须指定列数(即一行中包含几个元素)，由于形参数组与实参数组类型相同，所以它们是由具有相同长度的一维数组所组成的。不能只指定第 1 维(行数)而省略第 2 维(列数)。

【例 4-12】有一个 3×4 的矩阵，求所有元素中的最大值。

解题思路：先使变量 max 的初值等于矩阵中第 1 个元素的值，然后将矩阵中各个元素的值与 max 相比较，每次比较后都把“大者”存放在 max 中，全部元素比较完成后，max 的值就是所有元素的最大值。

程序代码如下：

```
#include <iostream>
using namespace std;
int main(void)
{   int max_value(int array[][4]);      //函数声明
    int a[3][4] = {{1,3,5,7}, {2,4,6,8}, {15,17,34,12}};//对数组元素赋初值
    cout<<"Max value is %d\n"<<max_value(a); //max_value(a)为函数调用
    return 0;
}
```

```
int max_value(int array[][4])   //函数定义
{   int i, j, max;
    max = array[0][0];
    for(i = 0;i<3;i++)
        for(j = 0;j<4;j++)
            if(array[i][j]>max) max = array[i][j]; //把大者放在 max 中
    return(max);
}
```

程序运行结果如下：

```
Max value is 34
```

程序分析：形参数组 array 第 1 维的大小省略，第 2 维大小不能省略，而且要和实参数组 a 的第 2 维的大小相同。在主函数调用 max_value 函数时，把实参二维数组 a 的第 1 行的起始地址传递给形参数组 array，因此 array 数组第 1 行的起始地址与 a 数组的第 1 行的起始地址相同。由于两个数组的列数相同，因此 array 数组第 2 行的起始地址与 a 数组的第 2 行的起始地址相同。a[i][j]与 array[i][j]同占一个存储单元，它们具有同一个值。实际上，array[i][j]就是 a[i][j]，在函数中对 array[i][j]的操作就是对 a[i][j]的操作。

4.2.6 二维数组应用举例

【例 4-13】将一个二维数组行和列元素互换，存到另一个二维数组中。例如：

$$a=\begin{bmatrix}1 & 2 & 3\\ 4 & 5 & 6\end{bmatrix} \quad b=\begin{bmatrix}1 & 4\\ 2 & 5\\ 3 & 5\end{bmatrix}$$

解题思路：可以定义两个数组：数组 a 为 2 行 3 列，存放指定的 6 个数。数组 b 为 3 行 2 列，开始时未赋值。用嵌套的 for 循环将 a 数组中的元素 a[i][j]存放到 b 数组中的 b[j][i]元素中，即可完成此任务。

程序代码如下：

```
#include <iostream>
using namespace std;
int main( )
{
  int a[2][3] = {{1,2,3}, {4,5,6}};
  int b[3][2], i, j;
  cout<<"array a: "<<endl;
  for (i = 0;i<=1;i++)             //处理 a 数组中某一行中的各元素
  {
    for (j = 0;j<=2;j++)           //处理 a 数组中某一列中的各元素
    {
      cout<<a[i][j]<<" ";          //输出 a 数组的一个元素
      b[j][i] = a[i][j];           //将 a 数组元素的值赋给 b 数组相应元素
```

```
        }
        cout<<endl;
    }
    cout<<"array b: "<<endl;          //输出 b 数组各元素
    for (i = 0;i<=2;i++)              //处理 b 数组中某一行中的各元素
    {
        for(j = 0;j<=1;j++)           //处理 b 数组中某一列中的各元素
            cout<<b[i][j]<<" ";       //输出 b 数组的一个元素
        cout<<endl;
    }
    return 0;
}
```

程序运行结果如下。

```
array a:
1 2 3
4 5 6
array b:
1 4
2 5
3 6
```

【例 4-14】有一个 3×4 的矩阵，要求编程求出其中值最大的那个元素的值，以及其所在的行号和列号。

解题思路：开始时把 a[0][0]的值赋给变量 max，然后让下一个元素与它比较，将二者中值的大者保存在 max 中，然后再让下一个元素与新的 max 比较，直到最后一个元素比较完为止。max 最后的值就是数组所有元素中的最大值。

程序代码如下：

```
#include <iostream>
using namespace std;
int main( )
{
    int i, j, row = 0, colum = 0, max;
    int a[3][4] = {{5,12,23,56}, {19,28,37,46}, {-12,-34,6,8}};
    max = a[0][0];//使 max 开始时取 a[0][0]的值
    for (i = 0;i<=2;i++)//从第 0 行～第 2 行
        for (j = 0;j<=3;j++) //从第 0 列～第 3 列
            if (a[i][j]>max) //如果某元素大于 max
            {
                max = a[i][j];  //max 将取该元素的值
                row = i;  //记下该元素的行号 i
                colum = j;//记下该元素的列号 j
            }
```

```
    cout<<"max = "<<max<<", row = "<<row<<", colum = "<<colum<<endl;
    return 0;
}
```

程序运行结果如下：

```
max = 56, row = 0, colum = 3
```

【例 4-15】输入 10 个学生 5 门课的成绩，分别用函数实现下列功能。

(1) 计算每个学生的平均分。

(2) 计算每门课的平均分。

(3) 计算平均分方差。

$$\sigma = \frac{1}{n}\sum x_i^2 - \left[\frac{\sum x_i}{n}\right]^2$$

其中，x_i 为某一学生的平均分。

解题思路：定义一个 10 行 5 列的二维数组 score[10][5]，存放每位同学各门课成绩；再定义两个一维数组 a_stu[10]、a_cour[5]分别存放计算得到的每个学生平均分和每门课的平均分。

定义 aver_stu(void)函数，计算 10 个学生的平均分：先用嵌套的 for 循环累加求和，计算出每个学生 5 门课成绩总和，再除以 5，得到每个学生的平均分，将结果赋给全程变量数组 a_stu 中的各元素。

定义 aver_cour(void)函数，计算 5 门课程的平均分：先用嵌套的 for 循环累加求和，计算出 10 个学生每门课成绩总和，再除以 10，得到每门课的平均分，将结果赋给全程变量数组 a_cour 中的各元素。

定义 s_var(void)函数，返回值是平均分的方差。

程序代码如下：

```
#include<iostream>
#include<iomanip>
using namespace std;
#define N 10
#define M 5
float score[N][M];
float a_stu[N], a_cour[M];
int r, c;
int main()
{
    int i, j;
    float h;
    float s_var(void);        //函数声明
    void input_stu(void);     //函数声明
    void aver_stu(void);      //函数声明
    void aver_cour(void);     //函数声明
```

```
    input_stu();      //函数调用，输入 10 个学生成绩
    aver_stu();       //函数调用，计算 10 个学生的平均成绩
    aver_cour();      //函数调用，计算 5 门课程平均成绩
    cout<<endl<<"No.  cour1  cour2  cour3  cour4  cour5  aver " <<endl;
    for(i = 0;i<N;i++)
    {
        cout<<"NO"<<setw(2)<<i+1;
        for(j = 0;j<M;j++)
          cout<<setiosflags(ios::fixed)<<setprecision(2)<<setw(8)<<score[i][j];
          cout<<setiosflags(ios::fixed)<<setprecision(2)<<setw(8)<<a_stu[i]<<endl;
    }
       cout<<endl;
       cout<<"average:";
       for(j = 0;j<M;j++)
       cout<<setiosflags(ios::fixed)<<setprecision(2)<<setw(8)<<a_cour[j];
       cout<<endl;
       cout<<"variance"<<setiosflags(ios::fixed)<<setprecision(2)<<setw(8)<<s_var();
    return 0;
}
void input_stu(void) //输入 10 个学生成绩的函数
{
    int i, j;
    for(i = 0;i<N;i++)
    {
        cout<<"input score of student"<<setw(2)<<i+1<<endl;  //学号从 1 开始
        for(j = 0;j<M;j++)
            cin>>score[i][j];
    }
}

void aver_stu(void) //计算 10 个学生平均成绩的函数
{
    int i, j;
    float s;
    for(i = 0;i<N;i++)
    {
        for(j = 0, s = 0;j<M;j++)
          s+=score[i][j];
        a_stu[i] = s/5.0;
    }
}

void aver_cour(void)  //计算 5 门课平均成绩的函数
```

```
{
    int i, j;
    float s;
    for(j = 0;j<M;j++)
    {
        s = 0;
        for(i = 0;i<N;i++)
        s+=score[i][j];
        a_cour[j] = s/(float)N;
    }
}

float s_var(void) //求方差函数
{
    int i;
    float sumx, sumxn;
    sumx = sumxn = 0.0;
    for(i = 0;i<N;i++)
    {
        sumx+ = a_stu[i]*a_stu[i];
        sumxn+ = a_stu[i];
    }
    return(sumx/N-(sumxn/N)*(sumxn/N));
}
```

程序运行结果如下:

```
input score of student 1
88 90 87 79 92
input score of student 2
70 75 80 81 79
input score of student 3
79 89 92 88 90
input score of student 4
89 78 65 70 71
input score of student 5
90 93 89 85 80
input score of student 6
75 77 80 72 69
input score of student 7
45 78 65 60 77
input score of student 8
70 72 78 85 79
input score of student 9
```

```
84 89 91 85 83
input score of student10
78 65 80 81 70

No.    cour1    cour2    cour3    cour4    cour5    aver
NO 1   88.00    90.00    87.00    79.00    92.00    87.20
NO 2   70.00    75.00    80.00    81.00    79.00    77.00
NO 3   79.00    89.00    92.00    88.00    90.00    87.60
NO 4   89.00    78.00    65.00    70.00    71.00    74.60
NO 5   90.00    93.00    89.00    85.00    80.00    87.40
NO 6   75.00    77.00    80.00    72.00    69.00    74.60
NO 7   45.00    78.00    65.00    60.00    77.00    65.00
NO 8   70.00    72.00    78.00    85.00    79.00    76.80
NO 9   84.00    89.00    91.00    85.00    83.00    86.40
NO10   78.00    65.00    80.00    81.00    70.00    74.80

average:   76.80    80.60    80.70    78.60    79.00
variance   52.75
```

【例 4-16】输出以下的杨辉三角形(要求输出 10 行)。

```
1
1  1
1  2  1
1  3  3  1
1  4  6  4  1
1  5  10  10  5  1
⋮
```

分析：

杨辉三角形是$(a+b)^n$展开后各项的系数。例如：

$(a+b)^0$展开后为 1，系数为 1。

$(a+b)^1$展开后为 a+b，系数为 1, 1。

$(a+b)^2$展开后为$a^2+2ab+b^2$，系数为 1, 2, 1。

$(a+b)^3$展开后为$a^3+3a^2b+3ab^2+b^3$，系数为 1, 3, 3, 1。

$(a+b)^4$展开后为$a^4+4a^3b+6a^2b^2+4ab^3+b^4$，系数为 1, 4, 6, 4, 1。

以上是杨辉三角形的前 5 行。杨辉三角形各行的系数有以下的规律。

(1) 各行第 1 个数都是 1。

(2) 各行最后一个数都是 1。

(3) 从第 3 行起，除上面指出的第 1 个数和最后一个数外，其余各数是上一行同列和前一列两个数之和。例如，第 4 行第 2 个数(3)是第 3 行第 2 个数(2)和第 3 行第 1 个数(1)之和。可以这样表示：

```
a[i][j] = a[i-1][j]+ a[i-1][j-1]
```

其中，i 为行数，j 为列数。程序代码如下：

```
#include <iostream>
#include <iomanip>
#define N 10
using namespace std;
int main()
{
    int i, j, a[N][N];          //数组为 10 行 10 列
    for(i = 0;i<N;i++)
    {
        a[i][i] = 1;            //使对角线元素的值为 1
        a[i][0] = 1;            //使第 1 列元素的值为 1
    }
    for(i = 2;i<N;i++)          //从第 3 行开始处理
    for(j = 1;j<=i-1;j++)
        a[i][j] = a[i-1][j-1]+a[i-1][j];
    for(i = 0;i<N;i++)
    {
        for(j = 0;j<=i;j++)
            cout<<setw(6)<<a[i][j]; //输出数组各元素的值
        cout<<endl;
    }
    cout<<endl;
    return 0;
}
```

程序运行结果如下：

```
    1
    1     1
    1     2     1
    1     3     3     1
    1     4     6     4     1
    1     5    10    10     5     1
    1     6    15    20    15     6     1
    1     7    21    35    35    21     7     1
    1     8    28    56    70    56    28     8     1
    1     9    36    84   126   126    84    36     9     1
```


程序说明：数组元素的序号是从 0 开始算的，因此数组中 0 行 0 列的元素实际上就是杨辉三角形中第 1 行第 1 列的数据，其余类推。

【例 4-17】打印由 1 到 n^2 的奇数构成的 n 阶魔方阵。魔方阵是我国古代发明的一种数字游戏：n 阶魔方是指这样一种方阵，将 1～n^2 的数据填入方阵中，它的每一行、每一

列以及对角线上的各数之和为一个常数，这个常数是 $\frac{1}{2\times n\times(n^2+1)}$，此常数被称为魔方阵常数。由于偶次阶魔方阵(n=偶数)求解起来比较困难，这里只考虑 n 为奇数的情况。

例如，n=3 的魔方阵为：

8 1 6

3 5 7

4 9 2

分析：

魔方阵中各数的排列规律如下。

(1) 将“1”放在第一行中间一列，即 $\left(1,\frac{n+1}{2}\right)$ 的位置。

(2) 从“2”开始直到 n^2 止各数依次按下列规则存放：每一个数存放的行比前一个数的行数减 1，列数加 1(例如上面的三阶魔方阵，5 在 4 的上一行后一列)。

(3) 如果上一个数的行数为 1，则下一个数的行数为 n(指最下一行)。例如，1 在第 1 行，则 2 应放在最下一行，列数同样加 1。

(4) 当上一个数的列数为 n 时，下一个数的列数为 1，行数减 1。例如，2 在第 3 行最后一列，则 3 应放在第 2 行第 1 列。

(5) 如果按上面规则确定的位置上已有数，或上一个数是第 1 行第 n 列时，则把下一个数放在上一个数的下面。例如，按上面的规定，4 应该放在第 1 行第 2 列，但该位置已被 1 占据，所以 4 就放在 3 的下面。由于 6 是第 1 行第 3 列(即最后一列)，故 7 放在 6 的下面。

程序代码如下：

```
#include <iostream>
#include <iomanip>
using namespace std;
int main()
{
    int n, i, j, k;
    int arr[15][15] = {0};
    cout<<"请输入魔方的阶数(1--15): ";  //要求阶数为1~15的奇数
    cin>>n;
    if(n%2==0)
    {
        cout<<"Input error!";
        return 0;
    }
    //建立魔方阵
    j = n/2+1;
    arr[1][j] = 1;
    for(k = 2;k<=n*n;k++)
    {
```

```
            i = i-1;
            j = j+1;
            if((i<1)&&(j>n))
            {
                i = i+2;
                j = j-1;
            }
            else
            {
                if(i<1) i = n;
                if(j>n) j = 1;
            }
            if(arr[i][j]==0)
               arr[i][j] = k;
            else
            {
               i = i+2;
               j = j-1;
               arr[i][j] = k;
            }
        }
        //输出魔方阵
        for(i = 1;i<=n;i++)
        {
            cout<<endl;
            for(j = 1;j<=n;j++)
            cout<<setw(4)<<arr[i][j];
        }
        return 0;
    }
```

程序运行结果如下：

```
请输入魔方的阶数(1--15): 7

  30  39  48   1  10  19  28
  38  47   7   9  18  27  29
  46   6   8  17  26  35  37
   5  14  16  25  34  36  45
  13  15  24  33  42  44   4
  21  23  32  41  43   3  12
  22  31  40  49   2  11  20
```

【例 4-18】老鼠走迷宫问题。

心理学家把一只小老鼠从一个无顶盖的大盒子的入口处放入，在盒内设置若干墙，对

老鼠的行走方向进行阻拦。盒子中只有一个出口，在出口处放置一块奶酪，吸引老鼠在迷宫寻找道路以到达出口。在迷宫中，老鼠的走法有上、左、下、右四个方向，如图 4.7 所示。给定一个二维数组，数组中 2 表示墙壁，0 表示通路，由此数组可展示为一个迷宫图。给定入口位置和出口位置，判断之间是否存在通路并显示出走出迷宫的道路。

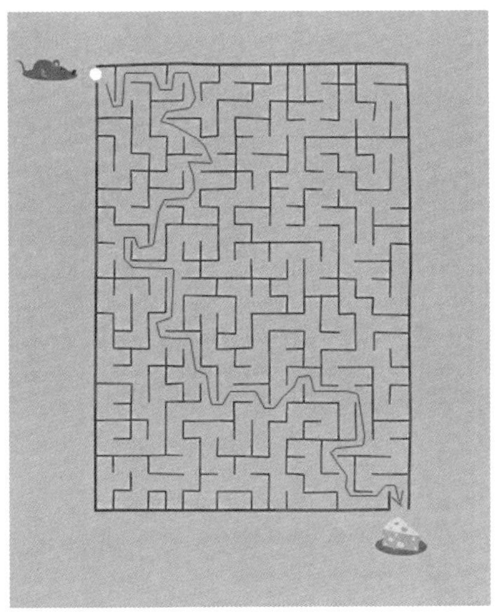

图 4.7　迷宫

分析：该问题可以采用经典的回溯算法，回溯算法的基本思想是：首先为问题定义一个解空间，这个空间至少包含问题的一个解(可能就是最优的)。然后，先选择某一种可能的情况向前探索，在搜索的过程中，一旦发现原来的选择不优或者不能达到目标，就退回上一步重新选择，并继续向前搜索。如此反复进行，直至得到解或者证明无解存在。

老鼠的走法有上、左、下、右四个方向，在每前进一格之后，就选一个方向前进，无法前进时，退回选择下一个可前进方向，如此在阵列中依次测试四个方向，直到走到出口为止。

程序代码如下：

```
#include <iostream>
#include <stdlib.h>
using namespace std;
int visit (int, int);
int maze[7][7] = {{2,2,2,2,2,2,2},
    {2,0,0,0,0,0,2},
    {2,0,2,0,2,0,2},
    {2,0,0,2,0,2,2},
    {2,2,0,2,0,2,2},
    {2,0,0,0,0,0,2},
    {2,2,2,2,2,2,2}
};
```

```
int startI = 1, startJ = 1;      //入口
int endI = 5, endJ = 5;          //出口
int success = 0;

int main (void)
{
    int i, j;
    cout<< "显示迷宫: "<<endl;
    for (i=0; i<7; i++)
    {
        for(j=0; j<7; j++)
            if (maze[i][j]==2)
                printf ("█");
            else
                printf ("  ");
         cout<<endl;
     }
    if (visit (startI, startJ) == 0)
         cout<<endl<<"没有找到出口! " <<endl;
    else
    {
        cout<< "\n 显示路径: "  <<endl;
        for (i=0; i<7; i++)
        {
            for (j=0; j<7; j++)
            {
                if (maze[i][j]==2)
                    cout<<"█";
                else if (maze[i][j]==1)
                    cout<<"◇";
                else
                    cout<<"  ";
            }
            cout<<endl;
        }
    }
    return 0;
}

int visit (int i, int j)
{
    maze[i][j]=1;
```

高等院校计算机教育系列教材

```
    if (i==endI && j==endJ)
        success = 1;
    if (success!=1 && maze[i][j+1]==0) visit(i, j+1); //右
    if (success!=1 && maze[i+1][j]==0) visit(i+1, j);//下
    if (success!=1 && maze[i][j-1]==0) visit(i, j-1);//上
    if (success!=1 && maze[i-1][j]==0) visit(i-1, j);//左
    if (success != 1)
        maze[i][j] = 0;
    return success;
}
```

程序分析：

visit()函数中第一句代码 maze[i][j]=1 表示我们以此为轴开始朝四周移动，每到下一个点，便再以之为轴不断进行判断，直至我们找到通路，即 success=1。一旦我们沿某条路找不到通路时，最后一句代码便又将其还原为 0，在对迷宫的所有道路探索后，我们可能会找到通路，那条路上的每一个元素便会被赋予 1，如果都没有，那就不会。

程序运行结果如下：

显示迷宫：

显示路径：

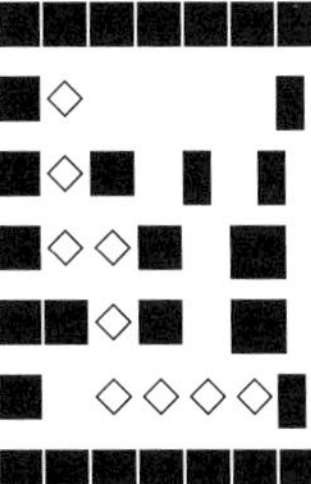

4.3　字 符 数 组

4.3.1　字符串排序

在纽约联合国总部会议厅内，每个会员国，不论国家大小都有六个固定席位，尽管有的小国只派一至两个代表出席会议。代表们的座次按国名的英文字母顺序排列，每年依次轮换。假如现在我们需要将 N 个会员国的名称按英文字母顺序排列并输出。

分析：

(1) N 个国家的名称要排序需要用数组存放。

(2) 每个国家的名称由多个字母构成，如何存放？

C 语言中没有为字符串定义类型，也没有字符串变量，字符串是存放在字符型数组中的(该例具体实现可参考例 4-25)。

4.3.2 字符数组的定义

(1) 一维字符数组定义格式：

```
char  数组名[常量表达式];
```

例如：

```
char c[10];
c[0]='I';c[1]='';c[2]='a';c[3]='m';c[4]='';c[5]='h';c[6]='a';c[7]='p';
c[8]='p';c[9]='y';
```

以上定义了 c 为含有 10 个元素的字符数组，赋值后的数组 c 在内存中的存放情况如图 4.8 所示。

c[0]	c[1]	c[2]	c[3]	c[4]	c[5]	c[6]	c[7]	c[8]	c[9]
I	␣	a	m	␣	h	a	p	p	y

图 4.8　数组 c 在内存中的存放情况

(2) 二维字符数组定义格式：

```
char  数组名[常量表达式 1] [常量表达式 2]
```

例如：

```
char d[5][10];
```

定义 d 为 5×10(5 行 10 列)的二维字符数组。

4.3.3 字符串与字符数组

字符串及字符串数组

在 C 语言中，字符串用字符数组存放、处理。通常，定义一个一维字符数组存储字符串，定义一个二维字符数组存放多个字符串。

字符串是用双引号括起来的一个或多个字符并在末尾加'\0'构成，在定义字符数组存放字符串时，至少应多定义一个存储单元，系统会自动在每个字符串的末尾加上'\0'作为结束标志。如“I am a student.” 共 15 个字符，定义数组时，至少应为 16 个字符。存储情况如图 4.9 所示。

I		a	m		a		s	t	u	d	e	n	t	.	\0

图 4.9　“I am a student.”的存储

C 语言规定字符'\0'为字符串结束标志。'\0'代表 ASCII 码为 0 的字符，是一个“空操作符”，即它什么也不做，用它作为字符串结束标志不会产出附加的操作或增加有效字符，只是一个供辨别的标志。

4.3.4　字符数组的初始化

字符数组用“初始化列表”来初始化，将列表中的各个字符依次赋给数组中各元素。

1. 一维字符数组的初始化

(1) 在定义时用字符常量初始化。例如：

```
char str1[8]={'s','t','u','d','e','n','t','.'};
```

str1 为一个字符数组，但不是一个字符串，它没有结束标志'\0'。

```
char str2[9]={'s','t','u','d','e','n','t','.','\0'};
```

str2 为一个字符串。

(2) 在定义时直接用字符串初始化。例如：

```
char str1[9]={"student."}
char str1[9]="student."
char str1[]="student."
```

前面说明过，存放字符串时，系统将自动在末尾加上'\0'。

注意：不能将一个字符串直接赋值字符数组名(因数组名是数组的首地址，是一个地址常量)。例如:

```
char str[9]; str ="student.";  //这是错误的赋值方式
```

2. 二维字符数组的初始化

通常在定义时直接用多个字符串初始化。例如：

```
char str2[3][6]={{"One"}, {"Two"}, {"Three"}}
char str2[3][6]={"One", "Two", "Three"}
char str2[][6]={"One", "Two", "Three"}
```

如果在定义字符数组时不进行初始化，则数组中各元素的值是不可预料的。如果花括号中提供的初值个数(即字符个数)大于数组长度，则出现语法错误。如果初值个数小于数组长度，则只将这些字符赋给数组中前面那些元素，其余的元素自动赋值为'\0'。

数组 str2 在内存中的存储情况如图 4.10 所示。

O	n	E	\0	\0	\0
T	w	O	\0	\0	\0
T	h	R	e	e	\0

图 4.10　数组 str2 内存中的存储情况

4.3.5　字符数组元素的引用

字符数组的引用与一维、二维数组的引用类似。可以引用字符数组中的一个元素，得到一个字符。下面是一个字符数组引用的例子。

【例 4-19】字符数组的引用。程序代码如下：

```
#include <iostream>
using namespace std;
int main()
{
    char c[10];
    int i;
    cout<<"给字符数组赋值：";
    for(i=0;i<10;i++)
        cin>>c[i];
    cout<<"字符数组为：";
    for(i=0;i<10;i++)
        cout<<c[i];
    cout<<endl;
    return 0;
}
```

程序运行结果如下：

```
给字符数组赋值：beautiful!
字符数组为：beautiful!
```

4.3.6 字符数组的输入输出

1. 用 C 语言提供的输入/输出函数

1) 字符数组的输入

通常可用以下三种方式。

(1) 以%c 格式说明符用循环方式单个字符逐个输入。例如：

```
char c[20];
for (i=0;i<16;i++) scanf("%c", &c[i]);
c[i]= '\0';
```

当运行时，输入：I am a student.↙(输入时，将 Enter 键“↙”即“\n”当成一个字符输入)。

(2) 用%s 格式说明符对字符串整体输入。例如：

```
char c[20]
scanf("%s", str);
```

注意： str 前不能有取地址运算符。

当输入 student.时，自动在字符串的末尾加上'\0'，但如果输入 I am a student.时，字符串中只存放了'I'及'\0' (以空格作为输入的结束符)。

(3) 用字符串输入函数 gets()。例如：

```
char str[20];
gets(str);
```

运行时，可输入：

```
student.(存储字符串"student.")
```

或：

```
I am a student.(存储"I am a student.")
```

字符数组的输入通常用 gets()函数输入——必须加头文件 stdio.h。

2)　字符数组的输出

(1)　以%c 格式说明符用循环方式，每循环一次输出一个字符。例如：

```
char str[]="I am a student.";
for (i=0;i<15;i++)
   printf("%c", str[i]);
printf("\n");
```

(2)　以格式输出符“%s”对字符串整体输出。例如：

```
char str[]="I am a student.";
printf("%s\n", str);
```

(3)　用字符串输入函数 puts()。例如：

```
char str[]=" I am a student.";
puts(str);
```

2. 使用 C++语言提供的输入操作符 cin、输出操作符 cout

【例 4-20】字符数组的输入输出。程序代码如下：

```
#include <iostream>
using namespace std;
const int N=20;
void main(){
    char str1[N], str2[N];
    int i;
    cout<<"str1=";
    for(i=0;i<5;i++)
       cin>>str1[i];
    str1[i]='\0';
    cout<<"str2=";
    cin>>str2;
    cout<<str1<<endl;
    for(i=0;str2[i]!='\0';i++)
       cout<<str2[i];
    cout<<endl;
}
```

运行此程序时，若输入：

```
a↙b↙c↙d↙e↙
China↙
```

程序开始运行，程序运行结果如下：

```
str1=a
b
c
d
e
str2=China
abcde
China
```

4.3.7　与字符串相关的其他函数

在编写程序时，往往需要对字符串做一些处理，例如将两个字符串连接、比较字符串大小、进行字符串字母的大小写转换等。C 语言提供了丰富的字符串处理函数，用户在编程时，可直接调用这些函数。这些函数包含在 string.h 头文件中。

表 4.3 列出了几个常用的字符串处理函数。

表 4.3　常用的字符串处理函数

函数原型	函数功能
gets(字符数组)	从键盘输入一个字符串到字符数组中，输入的字符串中允许包含空格，输入字符串时以 Enter 键结束，系统自动在字符串的末尾加上'\0'结束符
puts(字符数组)	从字符数组的首地址开始，输入字符数组，同时将'\0'结束符转换成换行符
strcpy(字符数组 1，字符串 2)	将字符串 2 复制到字符数组 1 中
strcat(字符数组 1，字符数组 2)	将字符数组 1 中的字符串与字符数组 2 中的字符串连接成一个长串，放到字符数组 1 中
strcmp(字符串 1，字符串 2)	按照 ASCII 码的顺序比较两个字符串的大小，比较的结果为整数，通过整数值的正、负或 0 来判断两个字符串大小
strlen(字符数组)	求字符串的实际长度，不包括'\0'在内
strlwr(字符串)	将字符串中的所有大写字母转换成小写字母
strupr(字符串)	将字符串中的小写字母转大写字母函数

1. 字符串复制函数 strcpy()

格式：strcpy(字符数组，字符串)

功能：将字符串(可以是字符串常量，也可以是字符串数组——下同)复制到字符数组中，字符串中的字符串结束标志'\0'也一同复制到字符数组中。例如：

```
char str1[10], str2[10];
strcpy(str1, "student.");
strcpy(str2, str1);
```

说明：

不能用赋值语句给字符数组赋值(字符数组名将是一个地址常量)。例如：

```
str1="student.";     //错误的赋值方式
str2=str1;           //错误的赋值方式
```

使用 strcpy()时，字符数组的长度不能小于所复制的字符串的字符数加 1。

下面看一个使用字符串复制函数 strcpy()的例子。

【例 4-21】字符串复制函数 strcpy()使用示例。程序代码如下：

```
#include<stdio.h>
#include<string.h>
int main()
{
    char str1[20], str2[20], str3[20]="How are you?";
    strcpy(str1, str3);  //不能写成 str1=str3;
    strcpy(str2, "Fine, thank you!"); //不能写成 str2="Fine, thank you!";
    puts(str1);
    puts(str2);
    return 0;
}
```

程序运行结果如下：

```
How are you?
Fine, thank you!
```

2. 字符串连接函数 strcat()

格式：strcat(字符数组，字符串)

功能：将字符串连接到字符串字符数组的末尾——连接时，自动去掉字符串数组末尾的结束符'\0'。例如：

```
char str1[20], str2[10];
strcpy(str1, "I am a ");
strcpy(str2, "student.");
strcat(str1, str2);
```

将 str2 所存放的字符串连接到 str1 后(但 str2 中的字符串保持不变)，即 str1 变为：

```
I am a student.
```

说明：进行连接时，字符数组中的数组元素个数，要足以容纳两个字符串。

下面看一个使用字符串连接函数 strcat()的例子。

【例 4-22】字符串连接函数 strcat()使用示例。程序代码如下：

```
#include<string.h>
#include<iostream>
using namespace std;
int main()
{
    char str1[20]="Hello ";
    char str2[]="Chongqing!";
    cout<<strcat(str1, str2)<<endl;
    return 0;
}
```

程序运行结果如下：

```
Hello Chongqing!
```

3. 字符串比较函数 strcmp()

格式：strcmp(字符串 1，字符串 2)
功能：将字符串 1 与字符串 2 进行比较。根据比较结果判断二者大小。
值为 0：表示字符串 1 与字符串 2 相等(字符个数及字符完全一样)。
值小于 0：表示字符串 1 小于字符串 2。
值大于 0：表示字符串 1 大于字符串 2。
说明：
在进行字符串大小比较时，从左至右，用两个字符串中的第一个不相同的字符的 ASCII 码进行比较。例如：

```
strcmp("abc", "abC");   //函数值大于 0
char str[]="abc";
strcmp(str, "abc");     //函数值为 0
```

下面看一个使用字符串比较大小函数 strcmp()的例子。
【例 4-23】字符串比较大小函数 strcmp()的使用示例。程序代码如下：

```
#include<string.h>
#include<iostream>
using namespace std;
int main()
{
    char str1[10]="China";
    char str2[10]="America";
    if(strcmp(str1, str2)>0) cout<<"Yes!"<<endl;
    else cout<<"No!"<<endl;
    return 0;
}
```

程序运行结果如下：

```
Yes!
```

4. 求字符串长度函数 strlen()

格式：strlen(字符串)
功能：求出字符串的长度——字符串中的字符个数(不包括字符串结束符'\0')。例如：

```
strlen("student");      //函数值为 7
```

下面看一个使用字符串长度函数 strlen()的例子。
【例 4-24】字符串长度函数 strlen()使用示例。程序代码如下：

```
#include<string.h>
#include<iostream>
using namespace std;
int main()
{
    char str1[20]="language";
    cout<<strlen(str1)<<endl;
    cout<<strlen("computer")<<endl;
    return 0;
}
```

程序运行结果如下：

```
8
8
```

5. 将字符串中大写字母转小写字母函数 strlwr()

格式：strlwr(字符串)
功能：字符串中的所有大写字母转换成小写字母。
例如，strlwr(“ABcDe”)的结果是“abcde”。

6. 将字符串中小写字母转大写字母函数 strupr()

格式：strupr(字符串)
功能：字符串中的所有小写字母转换成大写字母。
例如，strupr(“ABcDe”)的结果是“ABCDE”。
请注意库函数并非 C 语言本身的组成部分，而是 C 语言编译系统为了方便用户使用而提供的公共函数。不同的编译系统提供的函数数量和函数名、函数功能都不尽相同，必要时查一下库函数手册。

4.3.8　字符数组应用举例

【例 4-25】输入六个国家的名称，按照字母升序排列输出。

分析：六个国家名可以由一个二维字符数组来处理。二维数组可以当成多个一维数组处理，因此本题可以按照六个一维数组来处理，每个一维数组就是一个国家名。用字符串比较函数、每个一维数组的大小，并排序。

程序代码如下：

```
#include<string.h>
#include<iostream>
using namespace std;
int main()
{
    char st[20], cs[6][20];
    int i, j, p;
    cout<<"please input country's name:"<<endl;
    for(i=0;i<6;i++)
        gets(cs[i]);
    cout<<endl;
    for(i=0;i<6;i++)
    {    p=i;
         strcpy(st, cs[i]);
         for(j=i+1;j<6;j++)
           if(strcmp(cs[j], st)<0)
           {
                 p=j;
                 strcpy(st, cs[j]);
           }
        if(p!=i)
        {
            strcpy(st, cs[i]);
            strcpy(cs[i], cs[p]);
            strcpy(cs[p], st);
        }
   }
   for(i=0; i<6; i++)
   {
       puts(cs[i]);
       count<<endl;
   }
   return 0;
}
```

程序运行结果如下：

```
please input country's name:
China
```

```
America
Germany
France
Japan
UK

America
China
France
Germany
Japan
UK
```

【例 4-26】输入一行字符，统计其中大写字母、小写字母、空格、数字以及其他字符的个数。

分析：使用 gets()函数或者 cin 操作符输入一行字符，采用循环方式逐个判断大写字母、小写字母、数字以及其他字符。

程序代码如下：

```
#include<string.h>
#include<iostream>
using namespace std;
int main()
{
    char str[50];
    int i, n1, n2, n3, n4, n5;
    n1=n2=n3=n4=n5=0;
    gets(str);
    for(i=0;str[i]!='\0';i++)
    {
        if(str[i]>='A'&&str[i]<='Z') n1++;
        else if (str[i]>='a'&&str[i]<='z') n2++;
        else if(str[i]==' ') n3++;
        else if(str[i]>='0'&&str[i]<='9') n4++;
        else n5++;
    }
    cout<<"字符串中大写字母"<<n1<<"个"<<endl;
    cout<<"        小写字母"<<n2<<"个"<<endl;
    cout<<"        空格"<<n3<<"个"<<endl;
    cout<<"        数字"<<n4<<"个"<<endl;
    cout<<"        其他字符"<<n5 <<"个"<<endl;
     return 0;
}
```

程序运行结果如下：

```
abdCEE  *12$89-r
字符串中大写字母 3 个
        小写字母 5 个
        空格 2 个
        数字 3 个
        其他字符 3 个
```

【例 4-27】输入一个字符串，编写程序统计其中的单词个数。

分析：

题目中没有单词的识别方法，读者可能会想到字符串中有一个空格就有一个单词，其实情况要更复杂一些。

字符串中可能的状况如下。

(1) 字符串开头可能有也可能没有空格。

(2) 单词间的空格可以是一个也可能是多个。

(3) ""、"或()前后都有可能没有空格。

(4) 如 don't、top-notch 等均应该算作两个单词。

(5) 字符串最后肯定有标点符号。

数学模型：当“前一个字符是字母，而后一个字符为非字母”时，就可以确认有一个单词。

实现技巧：程序中可以通过标志量 flag1 标记前一个字符的情况，flag2 标记当前字母的情况。1 代表字母，0 代表非字母。

程序代码如下：

```
#include<stdio.h>
#include<iostream>
using namespace std;
int main()
{
    char st[180], c, flag1, flag2;
    int i, num=0;
    cout<<"Input a sentence:"<<endl;
    gets(st);
    i=0;
    flag1=0;
    while((c=st[i])!='\0')
    {
        if(c>='A'&&c<='Z'||c>='a'&&c<='z')
            flag2=1;
        else
            flag2=0;
        if(flag1==1&&flag2==0)
```

```
            num++;
        flag1=flag2;
        i++;
    }
    puts(st);
    cout<<endl;
    cout<<"There are "<<num<<" words in the sentence"<<endl;
    return 0;
}
```

程序运行结果如下：

```
Input a sentence:
I'm Chinese, I love China!
I'm Chinese, I love China!

There are 6 words in the sentence
```

若需要认定类似 top-notch 所表示的一个单词，只需将 while 后的第一个 if 语句改成：

```
if(c>='A'&&c<='Z'||c>='a'&&c<='z'||c=='-')
```

即把'-'与字母等同看待。

【例 4-28】采用 BF(brute force)模式匹配算法，在目标串 S 中查找模式串 P，并返回其在目标串中的下标位置。例如：

```
S: ababcabcacbab
P: abcac
```

分析：对于字符串对象，最重要的操作之一是字符串匹配(查找)，BF 算法的思想是将目标串 S 的第一个字符与模式串 P 的第一个字符进行匹配，若相等，则继续比较 S 的第二个字符和 P 的第二个字符；若不相等，则比较 S 的第二个字符和 P 的第一个字符，依次比较下去，直到得出最后的匹配结果。BF 算法是一种蛮力算法。过程可以表述如下。

第 1 轮：将目标串和模式串对齐，从下标 0 开始逐个向后比较每个字符。结果发现双方的第 1 个字符都是“a”、第 2 个字符都是“b”，但到了第 3 个字符时发现不一致：目标串为“a”、模式串为“c”，因此这一轮匹配不成功。

BF 算法(第 1 轮比较)

目标串	a	b	a	b	c	a	b	c	a	c	b	a	b
模式串	a	b	c	a	c								
下标	0	1	2	3	4	5	6	7	8	9	10	11	12

第 2 轮：将模式串整体向后移动 1 个字符的位置(即将模式串的第 1 个字符与目标串的第 2 个字符对齐)，并开始逐个向后比较每个字符，结果发现两个字符串的第 1 个字符就不一致，因此这一轮匹配也不成功。

BF 算法(第 2 轮比较)

目标串	a	b	a	b	c	a	b	c	a	c	b	a	b
模式串		a	b	c	a	c							
下标	0	1	2	3	4	5	6	7	8	9	10	11	12

第 3 轮：类似地，将模式串整体向后移动 1 个字符的位置(即将模式串的第 1 个字符与目标串的第 3 个字符对齐)，并开始逐个向后比较，到了第 5 个字符发现不一致，因此这一轮匹配也不成功。

BF 算法(第 3 轮比较)

目标串	a	b	a	b	c	a	b	c	a	c	b	a	b
模式串			a	b	c	a	c						
下标	0	1	2	3	4	5	6	7	8	9	10	11	12

第 4、5 轮：两个字符串的第 1 个字符都不一致，因此这两轮匹配也不成功。

BF 算法(第 4 轮比较)

目标串	a	b	a	b	c	a	b	c	a	c	b	a	b
模式串				a	b	c	a	c					
下标	0	1	2	3	4	5	6	7	8	9	10	11	12

BF 算法(第 5 轮比较)

目标串	a	b	a	b	c	a	b	c	a	c	b	a	b
模式串					a	b	c	a	c				
下标	0	1	2	3	4	5	6	7	8	9	10	11	12

第 6 轮：这一轮终于发现，模式串的每个字符都能和目标串对应起来，匹配成功！因此算法结束，并根据需要返回相应的信息(如返回这一轮目标串遍历起始点的位置下标 5)。

BF 算法(第 6 轮比较)

目标串	a	b	a	b	c	a	b	c	a	c	b	a	b
模式串						a	b	c	a	c			
下标	0	1	2	3	4	5	6	7	8	9	10	11	12

程序代码如下：

```
#include<iostream>
#include <string.h>
using namespace std;
int BFMatch(char s[], char p[])
{
    int i, j;
    i =0;
    while(i < strlen(s))
    {
```

```
        j = 0;
        while(s[i] == p[j] &&j<strlen(p))
        {
            i++;
            j++;
        }
        if(strlen(p) == j)
        {
            return i - strlen(p);
        }
        i = i-j + 1;        // 指针 i 回溯
    }
    return -1;
}
int main()
{
    char szSource[20] = "ababcabcacbab";
    char szSub[10] = "abcac";
    int index =BFMatch(szSource, szSub);
    cout<<"目标串包含模式串的起始位置: "<<index<<endl;
    return 0;

}
```

程序运行结果如下：

```
目标串包含模式串的起始位置：5
```

习　　题

具体内容请扫描二维码获取。

第 4 章　习题

第 4 章　习题参考答案

第 5 章 指　　针

第 5 章 源程序

5.1 指针的引入

在第 4 章我们学习数组时，经常用到一维数组或二维数组对学生的姓名或学生的成绩进行处理。如当需要处理高级语言程序设计这门课程的成绩时，通常我们按教学班来进行处理，教学班的人数从 35 人到 100 余人，在前面的处理方法中，我们总是首先定义一个能够储存最大量的数组，然后根据需要对教学班的学生成绩数据进行处理。

这种做法有一个明显的缺陷，总是根据最大的数据量来定义数组大小，这会造成小数据量使用时存储空间的浪费，能否有一种办法进行按需存储空间分配呢？在 C/C++中提供了一种机制，可以按需动态分配存储空间，但这种按需动态分配的连续存储空间无法像数组一样给一个数组名，我们只能得到动态分配的连续存储空间在计算机内存中的首地址，也只能通过这个首地址来访问这块连续的存储区域。

显然对这种连续存储空间的首地址，我们需要保存到一个存储单元中，以便于利用它访问存储区域，这个存储单元就是指针变量，专门用来存放内存地址。指针，是 C 语言中的一个重要概念，也是 C 语言的一个重要特征，是掌握 C 语言时比较困难的部分，本章我们就学习指针的基本概念及其使用。

5.2 指针的定义

指针和地址

5.2.1 内存与地址

计算机的内存由数以亿万计的位(bit)组成，每个位可容纳值 0 或 1。由于一个位所能表示的数的范围实在有限，所以单独的位用处不大，通常由许多位(如 8 位)合成一组作为一个单位(如字节 byte，一个字节可以存储一个字符所需要的位数)，这样就可以存储较大范围的值。为了存储更大的值，我们把两个或更多个字节组合在一起作为更大的内存单位，如许多计算机以字(机器字)为单位来存储整数，每个字由 2 个或 4 个字节构成，如图 5.1 所示。

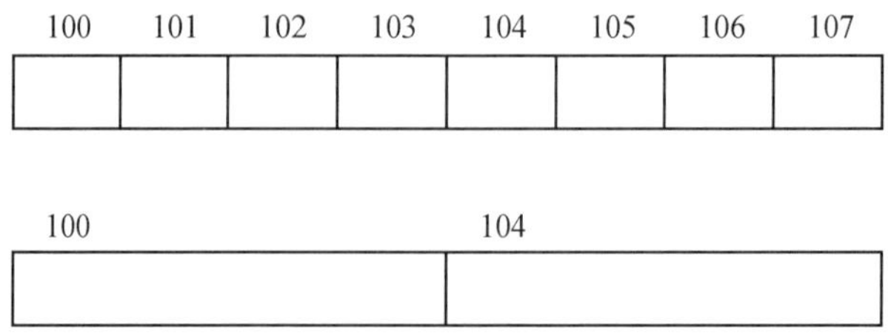

图 5.1　内存存储单元示意

图 5.1 表示了计算机内存由字节构成，是一个线性的结构。图中所示由 4 个字节构成一个机器字，可以用来存放一个整数。由于位数比一个字节更多，因此其表数的范围也就更大。

要注意的是，尽管一个机器字包含了 4 个字节，它却只有一个地址。至于它的地址是最左边的那个字节对应的地址还是最右边那个字节对应的地址，不同的机器有不同的规定，为讲解方便，本书以最左边(即低地址)那个字节对应的地址为准。

另外还需要注意的是，很多机器在进行内存分配时需要边界对齐(boundary alignment)，即整型数据存储的起始位置只能是某特定的字节，如 2 或 4 的倍数(一个机器字包括 4 个字节，要求是 4 的倍数)。当然对 C 程序员来讲，边界对齐对程序设计没有影响，我们只关心两件事情，即：①存储单元位置，即地址；②该存储单位所存放的内容，即值。

计算机要处理的所有数据都必须放在内存中，不同类型的数据占用的字节数不一样，例如 int 占用 4 个字节，double 占 8 个字节，char 占用 1 个字节。我们将能够存放某种类型数据的多个字节称为一个存储单元。

为了正确地访问这些存储单元中的数据，存储单元须有一个编号，这个编号按如下方法来确定。

首先计算机的整个内存空间的每个字节都编上号码，就像门牌号、身份证号一样，每个字节的编号是唯一的，根据编号可以准确地找到某个字节。

图 5.2 所示为 4GB 内存中每个字节的编号(以十六进制表示)。

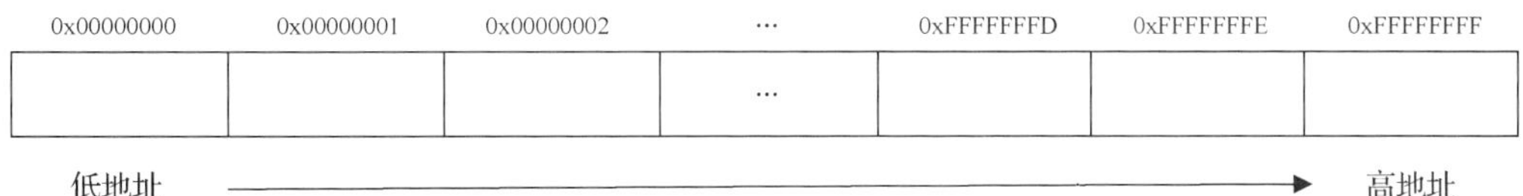

图 5.2　内存按字节的位置编号

我们将内存中字节的编号称为地址(Address)或指针(Pointer)。地址从 0 开始依次增加，对于 32 位环境，程序能够使用的内存为 4GB，最小的地址为 0，最大的地址为 0XFFFFFFFF。

存储单元的地址是连续分配多个字节中最小的字节编号。存储单元的地址是唯一的。

5.2.2　数据与代码在内存的存放

C 语言用变量来存储数据，用函数来定义一段可以重复使用的代码，它们最终都要放到内存中才能供 CPU 使用。

数据和代码都以二进制的形式存储在内存中，计算机无法从格式上区分某块内存到底存储的是数据还是代码。当程序被加载到内存后，操作系统会给不同的内存块指定不同的权限，拥有读取和执行权限的内存块就是代码，而拥有读取和写入权限(也可能只有读取权限)的内存块就是数据。

CPU 只能通过地址来取得内存中的代码和数据，程序在执行过程中会告知 CPU 要执行的代码以及要读写的数据的地址。如果程序不小心出错，或者开发者有意为之，在 CPU 要写入数据时给它一个代码区域的地址，就会发生内存访问错误。这种内存访问错误会被硬件和操作系统拦截，强制程序崩溃，程序员没有挽救的机会。

CPU 访问内存时需要的是地址，而不是变量名和函数名，变量名和函数名只是地址的一种助记符，当源文件被编译和链接成可执行程序后，它们都会被替换成地址。编译和链接过程的一项重要任务就是找到这些名称所对应的地址。

假设变量 a、b、c 在内存中的地址分别是 0X1000、0X2000、0X3000，那么加法运算 c = a + b;将会被转换成类似下面的形式：

```
0X3000 = (0X1000) + (0X2000);
```

这里，我们用“( )”表示取值操作，整个表达式的意思是，取出地址 0X1000 和 0X2000 上的值，将它们相加，把相加的结果赋值给地址为 0X3000 的内存。

变量名和函数名为我们提供了方便，让我们在编写代码的过程中可以使用易于阅读和理解的英文字符串，不用直接面对二进制地址。

需要注意的是，虽然变量名、函数名、字符串名和数组名在本质上是一样的，它们都是地址的助记符，但在编写代码的过程中，我们认为变量名表示的是数据本身，而函数名、字符串名和数组名表示的是代码块或数据块的首地址。

5.2.3 值和类型

一个存储单元根据所存放数据的类型，决定其所占字节的多少，数据类型不同，存放数据的格式也有不同。但无一例外，这些数据在内存中都是 0 和 1 组成的序列。如下面这些变量的声明：

```
int a = 1078523331;
float b = 3.14;
```

由于 int 类型和 float 类型都占 4 个字节，所以它们在内存中的数据(二进制)如图 5.3 所示。

a	01000000010010001111010111000011
b	01000000010010001111010111000011

图 5.3 不同数据在内存中的表示

从上面的定义可以看出，变量 a 和 b 是两个存储不同数据类型数据的存储单元，且在定义它们时用不同数据进行了初始化。但从图 5.3 中可以看出，a、b 两个存储单元的值完全一致，如果只看存储单元里的内容，我们并没有办法区分它们存放的具体的值是什么，类型是什么，它们可以被解释为整数(int)，也可以被解释为浮点数(float)，关键在于在程序中使用它们的方式。C 语言是一种强类型语言，当我们将存储单元 a 定义为存放整型数据时，编译器也就将该存储单元解释为整型，其中存放的整型数据为 1078523331，当我们将存储单元 b 定义为存放浮点型数据时，编译器就将该存储单元里的值解释为浮点型，其中存放的数据为 3.14。

5.2.4 指针的定义

一个变量有地址、值以及变量名，其中在 C 语言中变量名表示的是数据本身。我们既可以通过变量名来访问这个数据，也可以通过地址来访问这个数据。而通过地址来访问这个数据时，必须要清楚地告知计算机，这个地址所代表的存储单元用来存放什么类型的数据。

一般来讲，数据在内存中的存储单元地址称为指针，在 C 语言中，如果一个变量存储了一个存储单元的指针，我们就称它为指针变量。指针变量的值就是某个数据的首地址，这样的数据可以是数组、字符串、函数，也可以是另外的一个普通变量或指针变量。

定义指针变量与定义普通变量非常类似，不过要在变量名前面加星号*，格式为：

```
datatype *name;
```

或者：

```
datatype *name = value;
```

*表示这是一个指针变量，datatype 清楚地表明该指针变量所指向的存储单元所存放的数据的类型。

【例 5-1】定义一个字符型变量 c 并存入字符 'A'(ASCII 码为十进制数 65)，另定义一个字符型指针变量 p，p 中存放变量 c 的地址：

```
char c = 'A';
char *p;
p=&c;
```

上面这段代码经过编译并调入内存执行时，假设变量 c 所分配存储单元地址为 0x110A(地址通常用十六进制表示)。指针变量 p 被赋值为变量 c 的起始地址，p 的值也就为 0x110A，这种情况下我们就称 p 指向了存储单元 c，或者说 p 是指向变量 c 的指针，如图 5.4 所示。

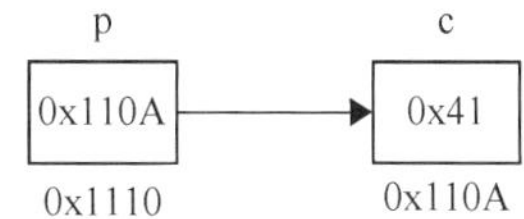

图 5.4 指针及其所指向的存储单元

其中：变量 c 中存放的 0x41，为十进制数 65，为'A'的 ASCII 码；变量 p 中存放的是变量 c 的地址，而 p 所代表的存储单元自身的地址为 0x1110。

5.2.5 指针变量的使用

要使用指针变量完成对指针变量所指向的内存单元的操作，需要有三个步骤。

(1) 定义指针变量。

(2) 给指针变量赋值，即让指针变量指向一个存储单元的首地址。

(3) 对指针所指向的存储单元进行操作。其间可以对指针变量的值进行重新赋值，即让其指向一个新的同类型的存储单元。

1. 取地址运算符

定义一个指针变量后，需要对指针变量赋一地址值，这个地址值不能采用绝对地址，只能通过取地址运算符获取某一变量的地址：

```
&变量名
```

其作用就是取变量名所代表的存储单元的首地址。例如：

```
int a = 100;
int *p = &a;
```

在定义指针变量 p 的同时对它进行了初始化(当然也可以先定义指针变量，在后面进行赋值)，并将变量 a 的地址赋给它，即 p 指向 a。值得注意的是，p 需要的地址是通过在 a 前面加取地址运算符&来实现的。

与普通变量一样，指针变量也可以被多次重新赋值：

```
//定义普通变量
float a = 99.5, b = 10.6;
char c = '@', d = '#';
//定义指针变量
float *p1 = &a;
char *p2 = &c;
//修改指针变量的值
p1 = &b;
p2 = &d;
```

是一个特殊符号，表明一个变量是指针变量，定义 p1、p2 时必须带。而给 p1、p2 赋值时，因为已经知道了它是一个指针变量，就没必要多此一举再带上*，后边可以像使用普通变量一样来使用指针变量。也就是说，定义指针变量时必须带*，给指针变量赋值时不能带*。

假设变量 a、b、c、d 的地址分别为 0x1000、0x1004、0x2000、0x2004，p1、p2 指针值变化如图 5.5 所示。

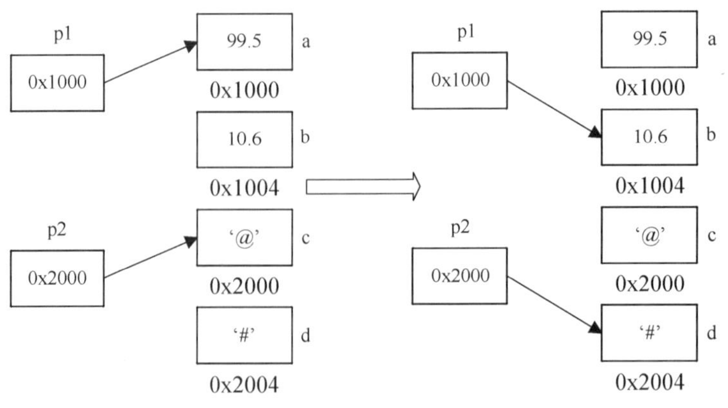

图 5.5　指针变量改变前后

需要强调的是，p1、p2 的类型分别是 float*和 char*，而不是 float 和 char，它们是完全不同的数据类型。

指针变量也可以连续定义，例如：

```
int *a, *b, *c;  //a、b、c 的类型都是 int*
```

注意每个变量前面都要带*。如果写成下面的形式，那么只有 a 是指针变量，b、c 都是类型为 int 的普通变量：

```
int *a, b, c;
```

2. 通过指针变量取得数据

指针变量存储了某个存储单元的地址，通过指针变量能够获得该存储单元的数据，格式为：

```
*pointer;
```

这里的*称为指针运算符，用来取得某个地址所代表存储单元的数据。

【例 5-2】读下面的程序，写出运行结果：

```
#include <iostream>
using namespace
int main(){
    int a = 15;
    int *p = &a;
    cout<<a<<", "<<*p<<endl;//两种方式都可以输出 a 的值
    return 0;
}
```

程序运行结果如下：

```
15, 15
```

假设 a 的地址是 0x1000，p 指向 a 后，p 本身的值也会变为 0x1000，*p 表示获取地址 0x1000 所代表存储单元中的数据，即变量 a 的值。从运行结果看，*p 和 a 是等价的。

前面我们曾介绍过，CPU 读写某个存储单元的值必须要知道该存储单元在内存中的地址，普通变量和指针变量都是地址的助记符，虽然通过 *p 和 a 获取到的数据一样，但它们的运行过程稍有不同：a 只需要一次运算就能够取得数据，而 *p 要经过两次运算，是一种间接访问。

假设变量 a、p 的地址分别为 0x1000、0xF0A0，它们的指向关系如图 5.6 所示。

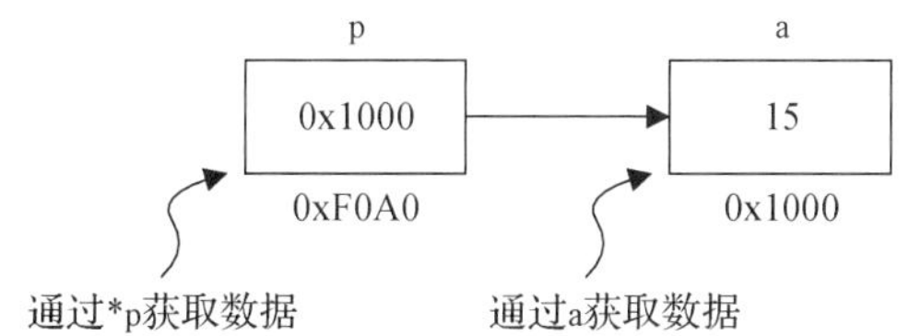

图 5.6　直接访问和间接访问

程序被编译和链接后，a、p 被替换成相应的地址。使用 *p 的话，要先通过地址 0xF0A0 取得变量 p 本身的值，这个值是变量 a 的地址，然后再通过这个值取变量 a 中的数据，前后共有两次运算；而使用 a 的话，可以通过地址 0x1000 直接取得它的数据，只需要一步运算。

也就是说，使用指针是间接获取数据，使用变量名是直接获取数据，前者比后者的代价要高。

指针除了可以获取内存单元的数据，也可以修改内存单元中的数据。

【例 5-3】读下面的程序，写出运行结果：

```
#include <iostream>
using namespace std;
int main(){
    int a = 15, b = 99, c = 222;
    int *p = &a;      //定义指针变量
    *p = b;           //通过指针变量修改内存上的数据
    c = *p;           //通过指针变量获取内存上的数据
    cout<<a<<", "<<b<<", "<<c<<", "<<*p<<endl;
    return 0;
}
```

程序运行结果如下：

```
99, 99, 99, 99
```

*p 代表的是 a 中的数据，它等价于 a，可以将另外的一份数据赋值给它，也可以将它赋值给另外的一个变量。

*在不同的场景下有不同的作用：*可以用在指针变量的定义中，表明这是一个指针变量，以和普通变量区分开；使用指针变量时在前面加*表示获取指针指向的数据，或者说表示的是指针指向的数据本身。

也就是说，定义指针变量时的*和使用指针变量时的*意义完全不同。

以下面的语句为例：

```
int *p = &a;
*p = 100;
```

第 1 行代码中*用来指明 p 是一个指针变量，第 2 行代码中*用来获取指针指向的数据。需要注意的是，给指针变量本身赋值时不能加*。修改上面的语句：

```
int *p;
p = &a;
*p = 100;
```

第 2 行代码中的 p 前面就不能加*。

指针变量也可以出现在普通变量能出现的任何表达式中，例如：

```
int x, y, *px=&x, *py=&y;
```

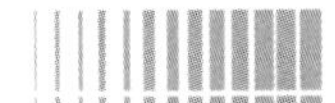


```
y = *px + 5;      //表示把 x 的内容加 5 并赋给 y，*px+5 相当于(*px)+5
y = ++*px;        //px 的内容加上 1 之后赋给 y，++*px 相当于++(*px)
y = *px++;        //相当于 y=*(px++)
py = px;          //把一个指针的值赋给另一个指针
```

【例 5-4】通过指针交换两个变量的值。程序代码如下：

```
#include <iostream>
using namespace std;
int main(){
    int a=100, b=999, temp;
    int *pa=&a, *pb=&b;
    cout<<"a="<<a<<", b="<<b<<endl;
    /*****开始交换*****/
    temp = *pa;       //将 a 的值先保存起来
    *pa = *pb;        //将 b 的值交给 a
    *pb = temp;       //再将保存起来的 a 的值交给 b
    /*****结束交换*****/
    cout<<"a="<<a<<", b="<<b<<endl;
    return 0;
}
```

程序运行结果如下：

```
a=100, b=999
a=999, b=100
```

从运行结果可以看出，a、b 的值已经发生了交换。需要注意的是临时变量 temp，它的作用特别重要，因为执行*pa=*pb;语句后 a 的值会被 b 的值覆盖，如果不先将 a 的值保存起来，以后就找不到了。

3. 关于*和&

假设有一个 int 类型的变量 a，pa 是指向它的指针，那么*&a 和&*pa 分别是什么意思呢？

&a 可以理解为(&a)，&a 表示取变量 a 的地址(等价于 pa)，*(&a)表示取这个地址上的数据(等价于*pa)，绕来绕去，又回到了原点，*&a 仍然等价于 a。

&*pa 可以理解为&(*pa)，*pa 表示取得 pa 指向的数据(等价于 a)，&(*pa)表示数据的地址(等价于 &a)，所以&*pa 等价于 pa。

但是，&(*a)没有任何语义，是非法操作。

5.3　指针的运算

指针是一个内存地址，指针变量是存放地址的存储单元。指针可以参与某些运算，但并非所有的运算都合法。

5.3.1 指针的算术运算

指针的算术运算只限于两种形式。

第一种形式是：

指针 ± 整数

指针加上或减去一个整数的结果是另一个指针。问题是，它指向哪里？如果将一个字符指针加 1，运算结果所产生的指针指向内存中的下一个字符。而 float 占据的内存是 4 个字节，如果将指向 float 的指针加 1，它会指向什么呢？会不会指向该 float 值内部的某个存储单元？在 C 语言中规定，当一个指针和一个整数值执行算术运算时，整数在执行加法(或减法)运算前，会根据合适的大小进行调整。这个“合适”的大小就是指针所指向的数据类型存储单元的大小，调整就是把整数值与“合适的大小”相乘。试想某台机器上，float 占 4 个字节，在计算 float 型指针值加 3 的操作时，这个 3 将根据 float 类型的大小(4)进行调整(相乘)。这样实际加到指针上的整值是 12。这些调整是由机器自动完成的。

指针运算的第一种形式主要用来对数组进行操作，这类表达式的结果类型也是指针。如图 5.7 所示。

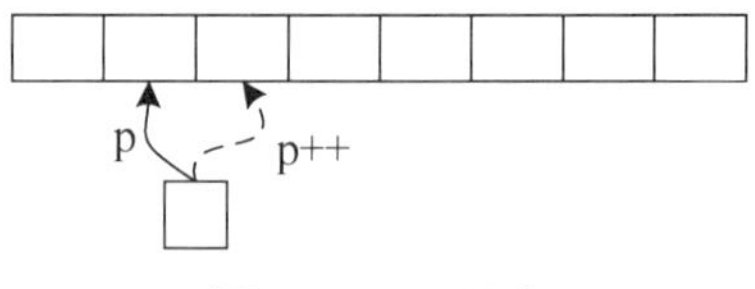

图 5.7 p++示意

数组中的元素存储于连续的存储空间中，后面元素的地址大于前面元素的地址。因此，对一个指针加 1 使它指向数据中的下一个元素。同样，如果加 5，将使它向右移动 5 个元素的位置，依次类推。把一个指针减去 1 则使它向左移动一个元素的位置，减去 3 则使它向左移动 3 个元素的位置。当然需要注意的是，对指针执行加或减的运算之后，如果结果指针所指的位置在数组的第 0 号元素之前或在数据最后一个元素之后，那么其效果将是不可预知的。让指针指向最后一个元素后面的那个位置是合法的，但对这个指针执行间接访问操作将可能是失败的。

【例 5-5】用指针对数组元素进行赋值，如对整型数组的所有元素赋值为 0：

```
#define N 5
float data[N];
float *vp;
for (vp=&data[0]; vp<=&data[N-1]; vp++){
    *vp=0;
}
```

for 语句的初始化部分将 vp 指向数据的第 0 号元素，如图 5.8 所示。

这个例子中的指针运算是通过++操作符完成的。增加值 1 与 float 的长度相乘，其结果加到指针 vp 上。经过第 1 次循环之后，指针在内存中的位置如图 5.9 所示：

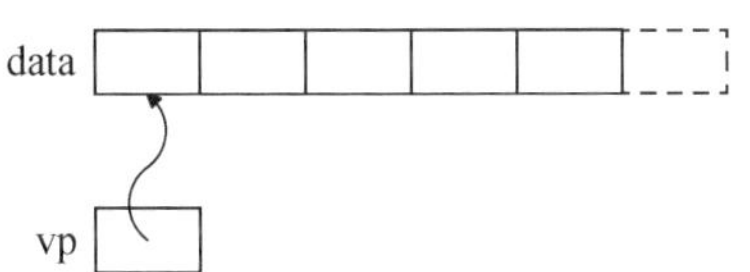

图 5.8 vp=&data[0]示意

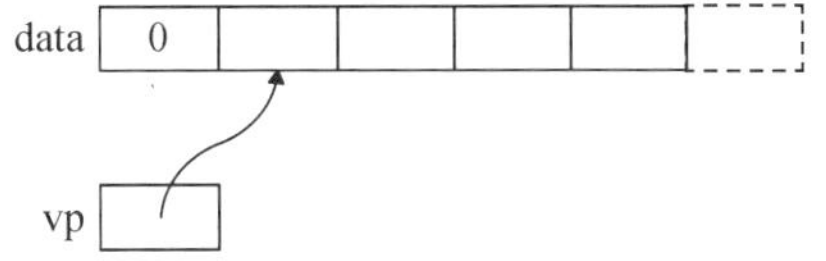

图 5.9 第 1 次循环结束执行 vp++后的 vp 指向

经过 5 次循环，vp 就指向数组最后一个元素后面的内存位置。如图 5.10 所示。

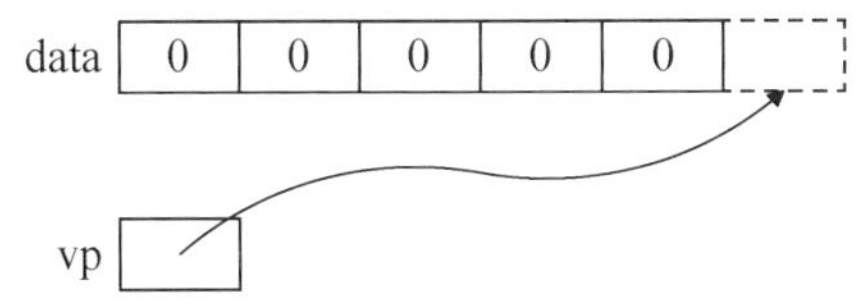

图 5.10 第 5 次循环结束执行 vp++后的 vp 指向

此时，循环终止。由于下标值是从 0 开始，所以具有 5 个元素的数据最后一个元素的下标值为 4。这样，&data[N]就表示数据最后一个元素后面的那个内存空间的地址。当 vp 到达这个值时，就知道指针到达了数据的末尾，循环终止。

本例中，当退出循环时，指针指向了数组最后一个元素后面那个内存位置。指针可合法地指向这个地方，但对它执行间接访问操作时将可能意外地访问原先存储于这个位置的变量。程序员一般无法知道那个位置原先存储的是什么变量。因此，在这种情况下，一般不允许对指向这个位置的指针执行间接访问操作，即不允许取指针所指向存储单元的值。

第二种形式是：

```
指针 - 指针
```

限制条件：只有当两个指针指向同一个数组中的元素时，才允许从一个指针减去另一个指针，如图 5.11 所示。

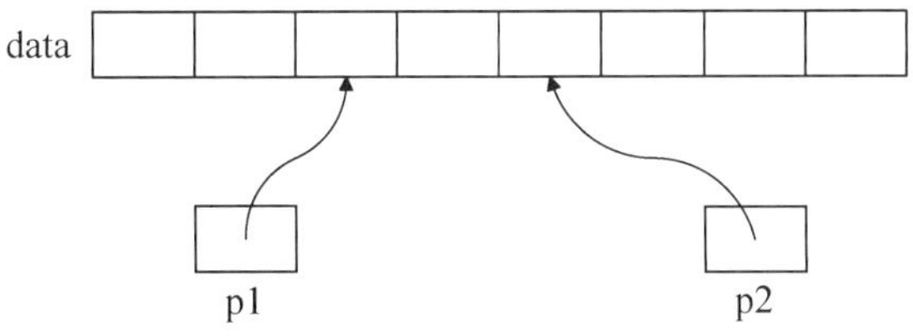

图 5.11 两个指针指向同一数组的不同元素

两个指针相减的结果类型是有符号的整数类型。减法运算的值是两个指针在内存中的距离(是以数组元素的长度为单位，而不以字节为单位)，减法运算的结果将是两个指针(地址)相减后除以数组元素数据类型的长度。例如，如果 p1 指向 data[i]，而 p2 指向 data[j]，那么 p2−p1 的值就是 j−i 的值。这个结果是怎么算出来的呢？假定图 5.11 中的数据元素类型为 float 类型，每个元素占 4 个字节的内存空间。如果数据的起始位置为 1000，p1 的值为 1008，p2 的值为 1016，但表达式 p2−p1 的值将是 2，因为两个指针值相减的结果(8)还需要除以每个元素的长度(4)。

当然前述例子中，如果是 p1−p2，也是合法的，只不过其结果为−2。

但需要注意的是，如果两个指针所指向的不是同一个数组中的元素，那么它们之间相

减的结果就没有任何意义。就像如果你把两个位于不同街道的房子门牌号相减不可能获得这两所房子之间的房子数一样。程序员无从知道两个数组在内存中的相对位置，这样分别指向不同数组的指针相减就毫无意义。

【例 5-6】自编程序求字符串的长度。

分析：字符串长度是一个字符数组中所存放的实际字符的个数，不包括字符串结束标志。根据上述关于两个指针相减可以得出两个指针之间的存储单元数(不含第一个指针 p1 所指向的单元，含第二个指针 p2 所指向的存储单元)。因此，只需要用 p1 指向该字符串的首字符单元，而用 p2 指向字符串最后一个字符的下一个存储单元(即字符串结束标志单元)，然后两个指针相减 p2-p1，就可以得出字符串的长度，如图 5.12 所示。

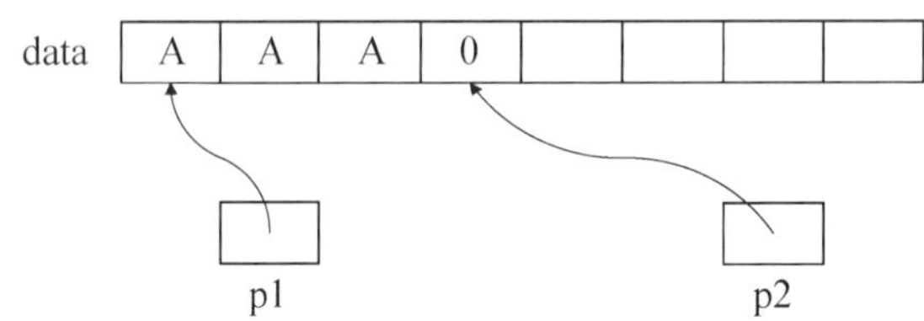

图 5.12 求字符串长度的指针指向示意

实现代码如下：

```
#include <iostream>
using namespace std;
int main(){
    char data[8]={"AAA"};
    char *p1, *p2;
    p1=data;  //将字符串首字符地址赋给 p1;
   //以下为将字符串的结束标志位置赋给 p2.
    p2=data;
    while (*p2){
        p2++;
    }
    cout<<"Length="<<p2-p1<<endl;
   return 0;
}
```

5.3.2 指针的关系运算

对指针执行关系运算也有一定的限制。可以在任意的两个指针之间执行相等或不相等的测试，但对以下关系运算符进行操作具有一定的限制。这些运算符包括：

```
<        <=        >        >=
```

其限制条件是，需要比较的两个指针均需指向同一个数组中的元素。根据你所使用的运算符，关系表达式将告诉你哪个指针指向数据中更前或更后的元素。在 C 语言标准中并未定义如果任意两个指针进行比较会产生什么样的后果。

在 C 语言标准中规定，允许指向数组元素的指针与指向数组最后一个元素后面的那个内存位置的指针进行比较，但不允许与指向数据第 0 号元素之前的那个内存位置的指针进行比较。

【例 5-7】比较以下两种对数组中所有元素置 0 的算法。

算法 1：

```
#define N 5
int main(){
    float data[N];
    float *vp;
    for (vp=&data[0]; vp<&value[N]; vp++){
        *vp=0;
    }
   return 0;
}
```

算法 2：

```
#define N 5
int main(){
    float data[N];
    float *vp;
    for (vp=&data[N]; vp>&value[0]; ){
        *(--vp)=0;
    }
}
```

算法 1 中，for 语句使用了一个关系测试来决定是否结束循环，根据 C 语言标准，这个测试是合法的，因为 vp 和指针常量都指向同一数据中的元素(事实上，这个指针所指向的是数组最后一个元素后面的那个内存位置，虽然在最后一次比较时，vp 也指向了这个位置，但由于并未对 vp 执行间接访问操作，所以这种比较是安全的)。此时，使用!=操作符代替<操作符也是可行的。

算法 2 与算法 1 执行的任务相同，但数组元素将以相反的次序置 0。让 vp 指向数组最后一个元素后面的内存位置，在对它进行间接访问操作之前先进行了自减操作。当 vp 指向第 0 号元素时，循环便终止，不过这发生在第 0 号元素被置 0 之后。

有部分人可能会反对像(*--vp)这样的表达方式，觉得它可读性较差，便改变为以下的形式：

```
#define N 5
int main(){
    float data[N];
    float *vp;
    for (vp=&data[N-1];vp>=&value[0];--vp){
```

```
        *vp=0;
    }
}
```

但这种形式存在潜在的风险。在第 0 号元素被置 0 之后，vp 的值还将减 1，然后在接下去的才是用于结束循环的比较运算，而此时 vp 已经指向整个数组的第 0 号元素的前一个内存空间，C 语言标准中不允许做这种比较，不保证它可行。

实际上，在绝大多数 C 编译器中，这个循环能够顺利完成任务。但由于标准并不保证它可行，我们还是应该避免使用它。如果这样用，我们迟早会遇到一台这个循环不能执行的机器，这对于负责可移植代码的程序员而言是灾难性的。

5.4　指针的应用

根据前面所讲述的关于指针的概念以及相关的运算，我们在程序设计时使用指针变量对数据进行操作分这样几个步骤：首先需要定义指针变量，该指针变量应与所指向存储单元的数据类型相同；其次需要对该指针变量赋值，即让其指向一个真正的存储单元；然后可以用“*”运算符取指针所指向的对象，既可以做取对象值的操作，也可以进行赋值操作。

【例 5-8】在不改变数组中元素顺序的情况下，对数组中的元素按从小到大输出。

分析：这是一个排序问题，由于题目要求不能改变原始数组中元素的顺序，一般我们可能会考虑两种方式来完成：一种是另建一个与原始数组相同类型的数组，在这个数组中进行排序并输出，保持原始数组中元素顺序不变；另一种是建立一个由指针(所指向存储单元的类型与原始数组中的元素数据类型一致)数组，在初始的情况下让指针数组中的所有指针依次指向原始数组中的各个元素，在排序的过程中只改变指针数组中元素的值，而不改变原始数组中元素的顺序。本题采用第二种方法来解决。初始情况如图 5.13 所示。

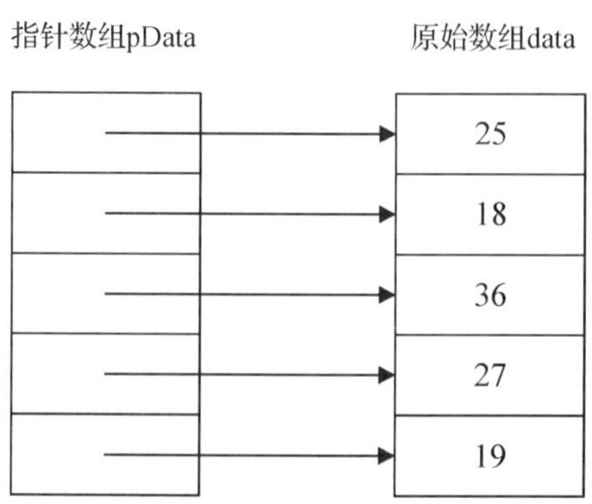

图 5.13　对指针数据赋初值后指针数组元素的指向

经过排序后，指针数组中元素按从小到大的顺序依次指向原始数据中相应的元素，如图 5.14 所示。

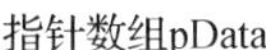

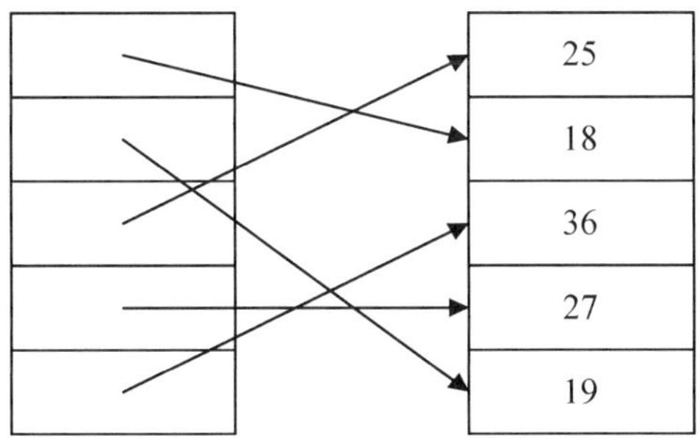

图 5.14　完成排序后的指针数组元素指向

程序代码如下：

```
#include <iostream>
using namespace std;
int main(){
    int data[5], *pData[5], i, j, *temp;
    //输入原始数据，依次存放到数组 data 中
    for (i=0;i<5;i++)
        cin>>data[i];
    //指针数组中的元素依次指向原始数据数组
    for (i=0;i<5;i++)
        pData[i]=&data[i];
    for (i=0;i<4;i++){
        for (j=i+1;j<5;j++){
            if (*pData[i]>*pData[j]){
                temp=pData[i];
                pData[i]=pData[j];
                pData[j]=temp;
            }
        }
    }
    //以下为原始数组中数据的输出
    for (i=0;i<5;i++){
        cout<<data[i]<<"  ";
    }
    cout<<endl;
    //以下为排序后按指针数组依次输出所指向的数组元素的值
    for (i=0;i<5;i++){
        cout<<*pData[i]<<"  ";
    }
```

```
    cout<<endl;
}
```

其中，int *pData[5]是一个指针数组，其中的数组元素全是指针。

在函数调用时，如果形参为指针变量，可以用变量的地址(或指针变量)作为实参，通过传送变量的地址，使形参、实参同时指向同一存储单元。由于变量在调用函数中定义，对形参所指向单元值的改变会直接影响调用函数中该变量的值，即在函数中改变的值可以在调用函数中体现出来。

【例 5-9】分析以下程序的运行结果：

```
#include "iostream"
using namespace std;
void swap1(int x, int y) {
     int t;
     t=x;x=y;y=t;
}
void swap2(int *p, int *q){
     int t;
     t=*p;*p=*q;*q=t;
}
void main(){
     int a=10, b=20;
     cout<<"a="<<a<<"  b="<<b<<endl;
     swap1(a, b);
     cout<<"a="<<a<<"  b="<<b<<endl;
     swap2(&a, &b);
     cout<<"a="<<a<<"  b="<<b<<endl;
}
```

在调用 swap1 函数时，由于形参为整型变量，对应的实参也为整型变量，按照调用规则，是将实参的值传递给对应的形参变量，形参变量值的改变并不会影响实参的值。如图 5.15 所示。

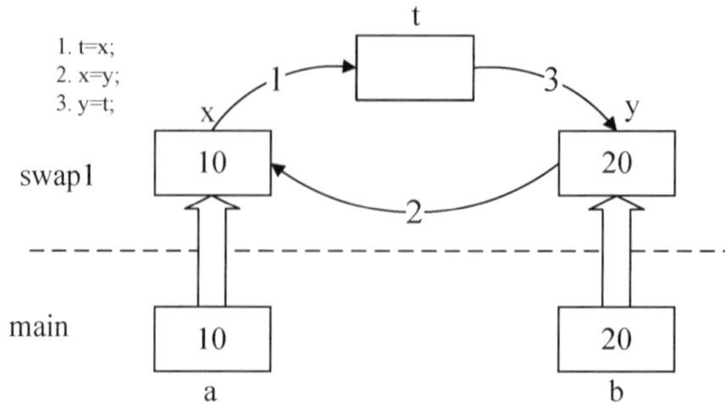

图 5.15　执行 swap1 时的值传递

而在调用 swap2 时，由于形参为指针变量，对应的实参须为指针变量或者地址。当实参为指针变量时，则将该指针变量的值传递给形参指针变量，让形参指针变量和实参指针变量指向同一个存储单元(该存储单元一般为调函数所定义)，在函数中，就利用形参指针变量对所指向的存储单元进行值的存取。当实参为一个变量的地址时，则将该地址传递给形参变量，让形参变量指向该地址所代表的存储单元。函数 swap2 的执行情况如图 5.16 所示。

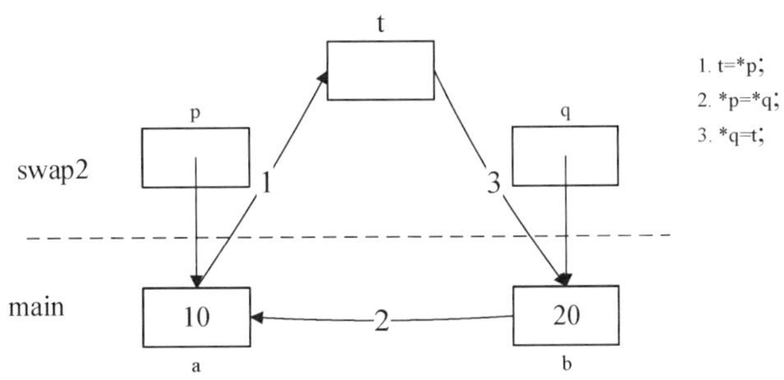

图 5.16　执行 swap2 时的地址传递

【例 5-10】用指针变量编写程序，输入任意三个数，按大小顺序输出。程序代码如下：

```
#include<iostream.h>

void swap(float *p, float *q);
void sort(float *p1, float *p2, float *p3);

void main(){
     float a, b, c;
     cout<<"a=";cin>>a;
     cout<<"b=";cin>>b;
     cout<<"c=";cin>>c;
     sort(&a, &b, &c);
     cout<<a<<"  "<<b<<"  "<<c<<endl;
}
void swap(float *p, float *q){
     float t;
     t=*p;*p=*q;*q=t;
}
void sort(float *p1, float *p2, float *p3){
     if (*p1<*p2) swap(p1,p2);
     if (*p1<*p3) swap(p1,p3);
     if (*p2<*p3) swap(p2,p3);
}
```

5.5 指针与数组

指针与一维数组

5.5.1 指针与一维数组

1. 数组名与指针

数组(Array)是一系列具有相同类型的数据的集合，每一份数据称为一个数组元素(Element)。数组中的所有元素在内存中是连续排列的，整个数组占用的是一块内存。以 int arr[] = { 99, 15, 100, 888, 252 };为例，该数组在内存中的分布如图 5.17 所示。

定义数组时，要给出数组名和数组长度，数组名可以认为是一个指针，它指向数组的第 0 个元素。在 C 语言中，我们将第 0 个元素的地址称为数组的首地址。以上面的数组为例，arr 的指向如图 5.18 所示。

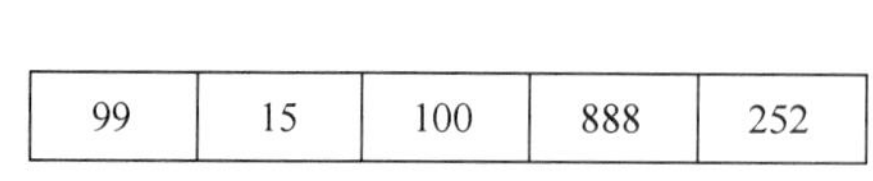

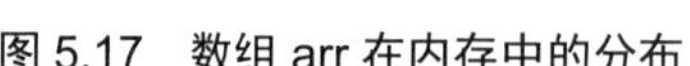
图 5.17 数组 arr 在内存中的分布

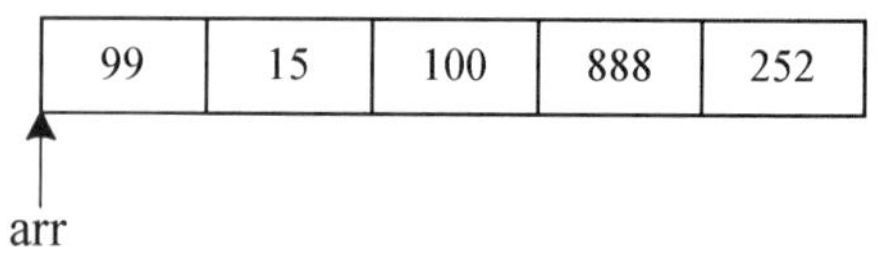

图 5.18 数组名 arr 指向第 0 号元素首地址

一般情况下，我们会认为数组名 arr 代表整个数组，但事实上并非如此。在 C 中，在几乎所有使用数组名的表达式中，数组名的值是一个指针常量，也就是第 0 号元素的地址。它的类型取决于数组元素的类型，如果它们是 int 类型，那么数组名的类型就是“指向 int 类型的常量指针”，如果他们是其他类型，那么数组名的类型就是“指向其他类型的常量指针”。

根据上面的解释，显然一维数组名与指针变量还是两个不同的概念。数组名代表的是一个指针常量，我们不能修改这个常量的值，如 arr++是不合法的。仔细想一下，这个限制是合理的：数组名这个指针常量所指向的是内存中数组的起始地址，如果修改这个指针常量，即这个地址，则要求把整个数组移动到其他位置。但是，程序一旦完成链接并装载到内存执行时，内存中数组的位置是固定的。所以，数组名的值是一个指针常量。

如果用一个指针变量指向数组中的某一个元素(如第 0 号元素)，在随后的操作中，这个指针变量的值是可以改为指向其他数组元素的。

2. 一维数组的下标引用

考虑如下这个例子：

```
int a[10];
int *p
...
p = &a[0];
```

在这个例子中，如果我们要取第 3 号元素(从第 0 号元素开始)的值，常用的方法一般是 a[3]。考虑一下如下的表达式又是什么意思呢？

```
*(a+3)
```

首先 a 是一个一维数组名，也是一维数组的首地址(即 a[0]的地址)，根据指针的算术运算规则，加法运算的结果是另一个指向整型单元的指针(同一个数组中)，它所指向的是第 0 号元素向后移动 3 个整数长度的位置，然后用间接访问操作访问这个新位置。从这里的分析可以看出，*(a+3)和 a[3]实质上是等价的。因此我们可以得出一个结论，在使用下标引用的地方，可以使用对等的指针表达式来代替。

反过来讲，上例中我们使用了指针变量 p，并为其赋初值为一维数组 a 的第 0 号元素的地址，*(p+3)和 p[3]也是等价的。但用指针变量对一维数组的操作比用数组名对一维数组的操作更灵活。

【例 5-11】针对如下定义的一段小程序：

```
int  arrar[10];
int  *ap = array+2;
```

请写出涉及 ap 的表达式 ap、*ap、ap[0]、ap+6、*ap+6、*(ap+6)、ap[6]、&ap、ap[−1]、ap[9]使用 array 的对等表达式。

ap，是一个指针，根据定义，其对等表达式为 array+2 或者是&array[2]。

ap，是取指针 ap 所指向存储单元的值，其对等表达式为 array[2]，或者是(array+2)。

ap[0]，由于 C 的下标引用“ap[0]”和间接访问表达式“*(ap+0)”是一样的，其中“*(ap+0)”去掉 0，即与上一个是一样的，其对等表达式为 array[2]，或者是*(array+2)。

ap+6，由于 ap 指向数组元素 array[2]，这个加法运算产生的指针所指向的元素为 array[2]向后移动 6 个整型单元。因此与其对等的表达式为&array[8]或者是 array+8。

*ap+6，注意，这里有两个操作符，先执行的是间接访问，即*ap，然后间接访问的结果再与 6 相加，其对等表达式为 array[2]+6。

(ap+6)，括号迫使加法运算优先执行，其对等表达式为 array[8]或者为(array+8)。

ap[6]，这是一个下标表达式，将其转换为间接访问表达式*(ap+6)，因此其对等表达式与*(ap+6)一样，为 array[8]或者为*(array+8)。

&ap，这个表达式是合法的，它取的是指针变量 ap 的地址，没有对等的涉及 array 的表达式，因为无法预测编译器会把 ap 放在相对于 array 的什么位置。

ap[−1]，负的下标？但由于 ap 是指向 array[2]，将下标表达式 ap[−1]转换为间接访问表达式*(ap+(−1))，即为*(array+2+(−1))=*(array+1)，或者 array[1]。

ap[9]，这个表达式看上去是很正常的，但实际上却存在问题。它的对等表达式为*(array+11)，或者为 array[11]，但数组 array 只有 10 个元素。这个下标表达式的结果是一个指针表达式，但它所指向的位置越过了数组的右边界。根据标准，这个表达式是非法的，但很少有编译器能检测到此类错误。

3. 数组名作为函数参数

根据前面的讲解，一维数组名实际上就是一个指向该一维数组第 0 号元素的指针。当用指针变量(或一维数组名)作为形参，数组名(或数组中某个元素的地址)作为实参时，实

际上就是将数组名(第 0 号元素的地址)或数组中某个元素的地址传递给形参，也就是从这个地址开始实参数组和形参数组共享存储单元，在函数中对形参数组值的改变直接反映到实参数组中。

【例 5-12】编写输入、输出一维数组数据的函数，并调用所编写的函数完成一维数组的输入和输出。

分析：根据前面的讲解，在编写输入和输出函数时，既可以一维数组名作为形参，也可以指针变量作为形参；在输入输出时须确定输入输出数据的个数。其函数首部可以写成如下形式：

```
void inputData(int *pData, int n);
//或者其等价形式 void inputData(int data[], int n)
void printData(int *pData, int n);
//或者其等价形式 void printData(int data[], int n)
```

由于下标表达式和指针表达式的等价性，下面几个完成输入功能的函数均是等价的：

```
//形式 1
void inputData(int *pData, int n){
    for (int i=0;i<n;i++){
        cin>>pData[i];       //下标引用访问数据
    }
}
//形式 2
void inputData(int *pData, int n){
    for (int i=0;i<n;i++){
        cin>>*(pData+i);     //指针表达式访问数据
    }
}
//形式 3
void inputData(int data[], int n){
    for (int i=0;i<n;i++){
        cin>>data[i];        //下标引用访问数据
    }
}
//形式 4
void inputData(int data[], int n){
    for (int i=0;i<n;i++){
        cin>>*(data+i);      //指针表达式访问数据
    }
}
```

以下几个输出一维数组的函数也是等价的：

```
//形式 1
void printData(int *pData, int n){
```

```
    for (int i=0;i<n;i++){
        cout<<pData[i]<<"  ";    //下标引用访问数据
    }
    cout<<endl;
}
//形式 2
void printData(int *pData, int n){
    for (int i=0;i<n;i++){
        cout<<*(pData+i)<<"  "; //指针表达式访问数据
    }
    cout<<endl;
}
//形式 3
void printData(int data[], int n){
    for (int i=0;i<n;i++){
        cout<<data[i]<<"  ";     //下标引用访问数据
    }
    cout<<endl;
}
//形式 4
void printData(int data[], int n){
    for (int i=0;i<n;i++){
        cout<<*(data+i)<<"  ";  //指针表达式访问数据
    }
    cout<<endl;
}
```

在上述所有函数形参的定义中，指针和一维数组函数名实质是等价的。在调用时所用的实参均可以是已定义好的一维数组名或其中某个元素的地址。要注意的是，如果是某个元素的地址，须保证后续的数组操作不越界，如图 5.19 所示。

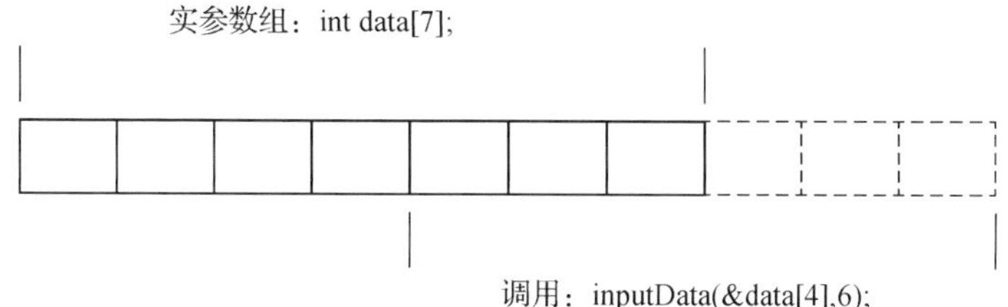

图 5.19　实参数组与形参数组的虚实结合

在调用时，传递给函数的起始地址是&data[4]，且要求输入 6 个数据，越界了，会造成不可预知的错误或不可执行。

本例主函数的代码如下：

```
#include <iostream>
using namespace std;
```

```
int main(){
    int d[5];
    inputData(d,5);//传递函数名 d，相当于一维数组第 0 号元素 d[0]的地址
    printData(d,5);//传递函数名 d，相当于一维数组第 0 号元素 d[0]的地址
    return 0;
}
```

5.5.2　指针与二维数组

1. 二维数组的存储

二维数组在概念上是二维的，有行和列，但在内存中所有的数组元素都是连续排列的，它们之间没有“缝隙”。以下面的二维数组 a 为例：

```
int a[3][4]={{0,1,2,3}, {4,5,6,7}, {8,9,10,11}};
```

指针操作二维数组

从概念上理解，a 的分布像一个矩阵：

```
0  1  2   3
4  5  6   7
8  9  10  11
```

但在内存中，数组 a 是一块连续的存储区域，其分布是一维线性的，如图 5.20 所示。

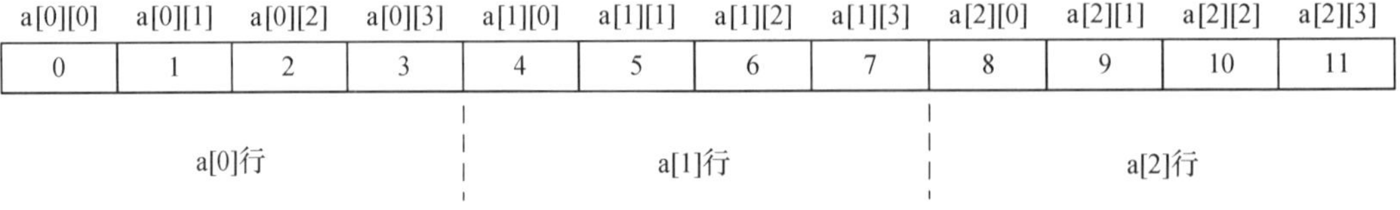

图 5.20　二维数组在内存中的存储分配

C 语言中的二维数组是行序优先按行排列的，也就是先存放 a[0]行，再存放 a[1]行，最后存放 a[2]行；每行中的 4 个元素也是依次存放。数组 a 为 int 类型，每个元素占用 4 个字节，整个数组共占用 4×(3×4)=48 个字节。

2. 二维数组的下标

如果要标识一个二维数组的某个元素，必须按照与数组声明时相同的顺序为每一维都提供一个下标，而且每个下标单独位于一对方括号内。如声明 int a[3][4]，表达式 a[1][2]就是访问如图 5.21 所示的这个元素。

套用我们所阐述的一维数组下标引用和指针表达式之间的关系，下标引用实际上只是指针表达式(间接访问表达式)的一种形式，其实质是一样的，即使在多维数组中也是如此。考虑如下表达式：

```
a;  //或者是 a+0;
```

我们把上述二维数组的每一行看成一个元素，则二维数组也可转化为一维数组，因此 a 或者是 a+0 的类型就是“指向包含 4 个整型元素的一维数组的指针”，它的值如图 5.22

所示。

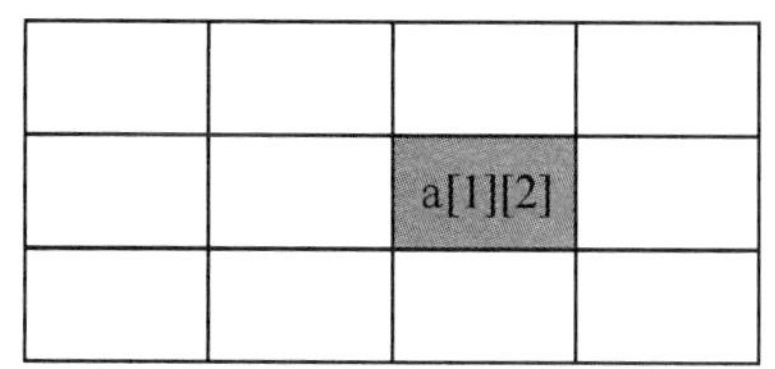

图 5.21 二维数组元素的表示与位置关系

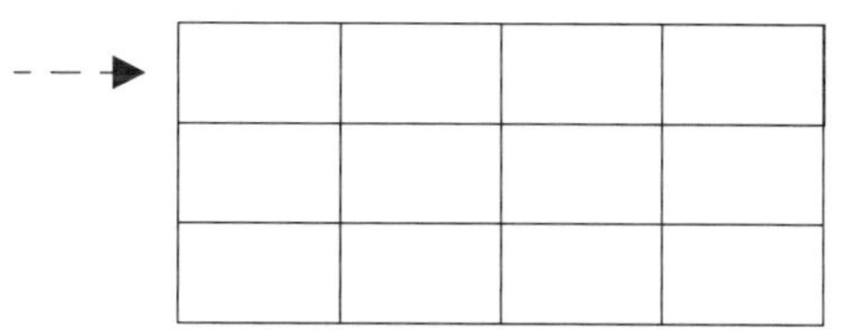

图 5.22 a 指向具有 4 个整型存储单元的存储空单元的首地址(二维数组第 0 行)

它指向了包含 4 个整型元素的第 0 号子数组。

而表达式 a+1 也是一个“指向包含 4 个整型元素的一维数组的指针”，但它指向了二维数组 a 的下一行，如图 5.23 所示。

而表达式 a[1]或*(a+1)事实上标识了一个包含 4 个整型元素的子数组，相当于一个一维数组名。数组名的值是个常量指针，它指向该数组的第 0 号元素，在本例中同样如此，a[1]或*(a+1)的类型是“指向整型数据的指针”，如图 5.24 所示。

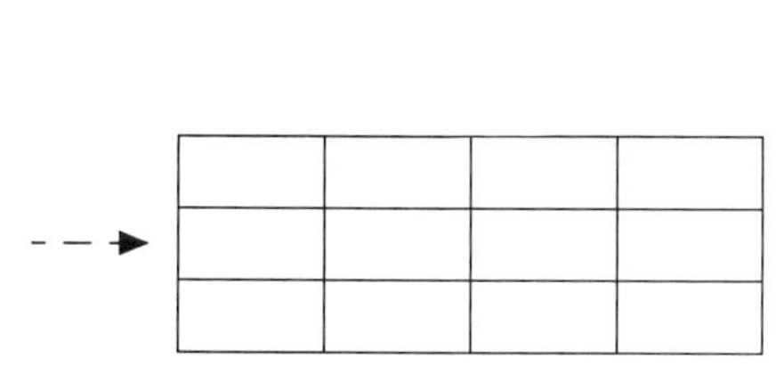

图 5.23 a+1 指向二维数组的第一行

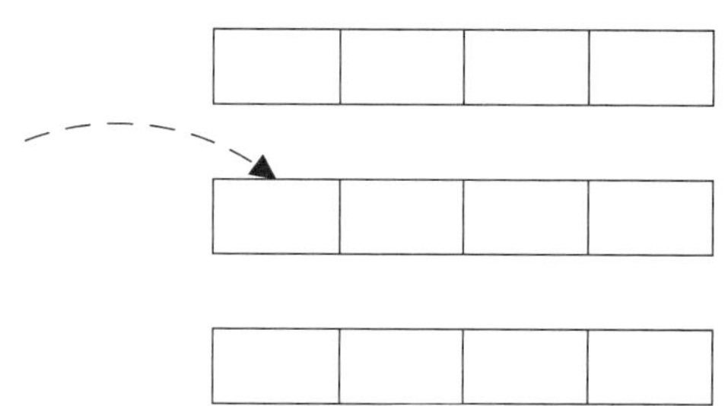

图 5.24 a[1]指向二维数组第 1 行第 0 号元素

考虑表达式*(a+1)+2，由于*(a+1)相当于 a[1]，是指向 a[1]这个子数组的第 0 号元素，是一个指向整型元素的指针，在其基础上加 2，显然是向后移动两个整型单元，因此*(a+1)+2 的结果是一个“指向整型单元的指针”，如图 5.25 所示。

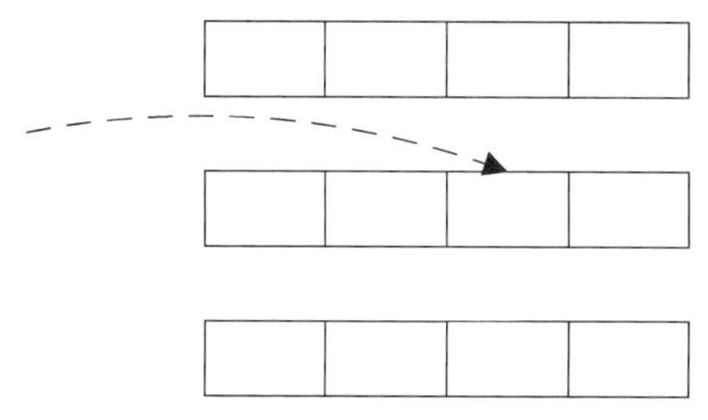

图 5.25 *(a+1)+2 指向元素 a[1][2]

对其执行间接访问操作：*(*(a+1)+2);就是访问 a[1][2]这个单元。

综上所述，对任何一个二维数组，如 int matrix[M][N](其中 M、N 是常量)，要访问第 i 行第 j 列元素，可以用 matrix[i][j]，也可以用*(*(matrix+i)+j)来访问。两者最终效果是一样的。

3. 行指针

根据前面的讲解，考查以下声明是否合法？

```
int  vector[10], *vp = vector;
int  matrix[3][10], *mp = matrix;
```

第一个声明是合法的。它为一个一维整型数组分配 10 个整型存储单元，并把 vp 声明为一个指向整型单元的指针，并把它初始化为指向整型数组的第 0 号元素。

第二个声明则存在问题，它正确创建了二维数组 matrix，并把 mp 声明为一个指向整型存储单元的指针，但对其初始是不正确的。因为 matrix 不是指向一个整型单元的指针，按上面的定义，matrix 是指向具有 10 个整型存储单元的整型数组的指针，即指向 matrix 的第 0 行(具有 10 个整型存储单元)。matrix+1 就是越过本行指向下一行的指针(下一行同样具备 10 个整型存储单元)。

我们把能够指向连续多个某种类型数据存储单元的指针称为行指针。其定义如下：

```
数据类型    (*指针变量名)[行长度]
```

其中：数据类型是指连续存储单元所存放的数据类型，可以是简单类型，也可以是自定义类型；行长度指提的是行指针所指向的这一行的存储单元个数；指针变量名是行指针变量名，为自定义标识符。

所定义的行指针变量可以进行算术运算，如加上一个整数。该指针加 1，则为越过当前行(即越过行长度所指定的存储单元个数)指向下一行。

如上面的定义可以改为：

```
int  matrix[3][10], (*mp)[10] = matrix;
```

数组名 matrix 在表达式中也会被转换为和 mp 等价的指针。

下面我们就来探索一下如何使用指针 p 来访问二维数组中的每个元素。按照上面的定义。

(1) mp 指向数组 matrix 的开头，也即第 0 行；mp+1 前进一行，指向第 1 行。

(2) *(mp+1)表示取地址上的数据，也就是整个第 1 行数据。注意是一行数据，是多个数据，不是第 1 行中的第 0 个元素。

【例 5-13】读下面的程序，写出运行结果：

```
#include <iostream>
using namespace std;
int main(){
    int a[3][4] = { {0,1,2,3}, {4,5,6,7}, {8,9,10,11}};
    int (*p)[4] = a;
    cout<< sizeof(*(p+1))<<endl;
    return 0;
}
```

运行结果为：

```
16
```

(3) *(mp+1)+1 表示第 1 行第 1 个元素的地址。*(mp+1)单独使用时表示的是第 1 行数据，放在表达式中会被转换为第 1 行数据的首地址，也就是第 1 行第 0 个元素的地址，因为使用整行数据没有实际的含义，编译器遇到这种情况都会转换为指向该行第 0 个元素的指针；就像一维数组的名字，在定义时或者和 sizeof、& 一起使用时才表示整个数组，出现在表达式中就会被转换为指向数组第 0 个元素的指针。

(4) *(*(mp+1)+1)表示第 1 行第 1 个元素的值。很明显，增加一个 * 表示取地址上的数据。

根据以上说明，二维数组在利用数组名和行指针来表述时，明显有以下等价关系：

```
a+i == p+i
a[i] == p[i] == *(a+i) == *(p+i)
a[i][j] == p[i][j] == *(a[i]+j) == *(p[i]+j) == *(*(a+i)+j) ==
*(*(p+i)+j)
```

4. 指针操作二维数组

二维数组是一块具有数据类型的连续存储单元，我们可以有两个方法用指针对二维数组进行操作。

1) 用行指针操作二维数组

我们以二维数组的输入和输出为例，来说明利用行指针对二维数组进行操作。

【例 5-14】使用行指针遍历二维数组。程序代码如下：

```
#include <iostream>
using namespace std;
int main(){
    int a[3][4]={0,1,2,3,4,5,6,7,8,9,10,11};
    int(*p)[4];
    int i, j;
    p=a;
    for(i=0; i<3; i++){
        for(j=0; j<4; j++) cout<<*(*(p+i)+j)<<"  ";
        cout<<endl;
    }
    return 0;
}
```

程序运行结果如下：

```
0  1  2  3
4  5  6  7
8  9  10  11
```

【例 5-15】对于给定的二维数组 int matrix[M][N];，其中 M、N 为常量，编写输入输出函数，并在主函数中测试这两个函数。

分析：用行指针(指向具有 N 个整型元素的一行)作为形参，需要定好整个二维数组的行列数，因此，输入输出函数的原型分别为：

```
void inputMatrix(int (*p)[N], int m, int n);
void printMatrix(int (*p)[N], int m, int n);
```

只要将二维数组名传递给 p，M、N 分别传递给 m、n，就可以进行输入或输出。

输入输出函数的代码如下：

```
void inputMatrix(int(*p)[N],int m, int n){
    for (int i=0;i<m;i++){
        for (int j=0;j<n;j++){
            cin>>*(*(p+i)+j);  //可替为 cin>>p[i][j];
                               //可替为 cin>>*(p[i]+j);
        }
    }
}
void printMatrix(int (*p)[N], int m, int n){
    for (int i=0;i<m;i++){
        for (int j=0;j<n;j++){
            cout<<setw(4)<<*(*(p+i)+j);
            //可替为 cout<<setw(4)<<p[i][j];
            //可替为 cout<<setw(4)<<*(p[i]+j);
        }
        cout<<endl;
    }
}
```

主函数的代码如下：

```
#define M 4
#define N 3
#include <iostream>
#include <iomanip>
using namespace std;
void inputMatrix(int(*p)[N], int m, int n);
void printMatrix(int (*p)[N], int m, int n);
int main(){
    int matrix[M][N];
    inputMatrix(matrix, M, N);
    printMatrix(matrix, M, N);
    return 0;
}
```

2)　用指向整型单元的指针操作二维数组

由于二维数组是行序优先存放的，同时用行指针对二维数组进行操作时(如上面的输入输出函数)必须指明其所指向的行的元素个数，这就带来了上述两个函数的非通用性问题，如上例中的 N 必须是固定的值。

考虑到二维数组各元素在内存中的存放顺序，任意一个二维数组只要知道其第 0 行第 0 列元素的地址以及总的元素个数，对其中每一个元素进行存取操作都是非常方便的，下面以二维数组元素的输入输出为例来进行说明。

【例 5-16】编写输入输出函数能对任意型的二维数组进行输入输出，并在主函数中测试这两个函数。

分析：对于任意一个二维数组，不管是对其进行输入还是输出，只需要知道其第 0 行第 0 列元素的地址，以及该二维数组的行数和列表，均可以通过首地址找到其他所有元素的地址，假设二维数组 matrix 首地址为 p=&matrix[0][0]，行数为 m，列数为 n，则元素 matrix[i][j]的地址为 p+i*n+j。输入输出函数的代码如下：

```
void inputMatrix(int *p, int m, int n){
    for (int i=0;i<m;i++){
        for (int j=0;j<n;j++){
            cin>>*(p+i*n+j);
        }
    }
}
void printMatrix(int *p, int m, int n){
    for (int i=0;i<m;i++){
        for (int j=0;j<n;j++){
            cout<<setw(5)<<*(p+i*n+j);
        }
        cout<<endl;
    }
}
```

主函数的代码如下：

```
#include <iostream>
#include <iomanip>
using namespace std;
void inputMatrix(int *p, int m, int n);
void printMatrix(int *p, int m, int n);
int main(){
    int a[2][4];
    int b[3][3];
    //分别用输入输出函数处理不同型的二维数组
    inputMatrix(&a[0][0], 2, 4);
    printMatrix(&a[0][0], 2, 4);
    inputMatrix(&b[0][0], 3, 3);
```

```
    printMatrix(&b[0][0], 3, 3);
    return 0;
}
```

【例 5-17】任意输入一个 5×5 的矩阵(二维数组)，要求其偶数行按从小到大排列，奇数行从大到小排列，仍以矩阵(二维数组)的形式输出。

分析：输入输出函数按上例给出的输入输出函数即可。考虑到二维数组的每一行都是一个一维数组，一维数组的排序只需要知道首地址和元素个数即可排序。

本例的完整代码如下：

```
#include <iostream>
#include <iomanip>
using namespace std;
void inputMatrix(int *p, int m, int n){
    for (int i=0;i<m;i++){
        for (int j=0;j<n;j++){
            cin>>*(p+i*n+j);
        }
    }
}
void printMatrix(int *p, int m, int n){
    for (int i=0; i<m; i++){
        for (int j=0; j<n; j++){
            cout<<setw(5)<<*(p+i*n+j);
        }
        cout<<endl;
    }
}
void sortASC(int *p, int n){
    int t;
    for (int i=0; i<n-1; i++){
        for (int j=i+1; j<n; j++){
            if (p[i]>p[j]){
                t=p[i]; p[i]=p[j]; p[j]=t;
            }
        }
    }
}
void sortDEC(int *p, int n){
    int t;
    for (int i=0;i<n-1;i++){
        for (int j=i+1;j<n;j++){
            if (p[i]<p[j]){
                t=p[i];p[i]=p[j]; p[j]=t;
```

```
            }
        }
    }

}
int main(){
    int data[5][5];
    inputMatrix(&data[0][0], 5, 5);
    printMatrix(&data[0][0], 5, 5); //未排序前输出
    cout<<"================="<<endl;
    for (int i=0;i<5;i++){
        if (i%2==0){
            sortASC(data[i], 5);
        }
        else{
            sortDEC(data[i], 5);
        }
    }
    printMatrix(&data[0][0], 5, 5); //排序后输出
    return 0;
}
```

程序运行结果如下：

```
 324   45  123   54   76
 345    6   78  234   67
 123 4576   58   45   23
 345  467  345   13  456
  34   45   89   43    1
=========================
  45   54   76  123  324
 345  234   78   67    6
  23   45   58  123 4576
 467  456  345  345   13
   1   34   43   45   89
```

动态内存分配与动态数组

5.6　动态内存分配

当我们声明一个数组时，必须用一个编译时常量指定数组的长度。但数组数据的实际个数往往在运行时才知道，这是由于它所需要的内存空间取决于输出数据的类型及个数。例如，一个用于计算学生平均成绩的程序可能需要存储一个班所有学生的数据，但不同班级的学生数量往往并不相同。这种情况下，我们通常采取的方法是声明一个较大的数组，它可以容纳可能需要处理的最多的元素，这也造成存储空间的浪费。C/C++中提供了动态

内存分配方法，在需要时直接申请所需要大小的存储空间。

所谓动态内存分配(dynamic memory allocation)就是指在程序执行的过程中动态地分配或者回收存储空间的分配内存的方法。动态内存分配不像数组等静态内存分配方法那样需要预先分配存储空间，而是由系统根据程序的需要即时分配，且分配的大小就是程序要求的大小。C/C++提供了动态内存分配和回收的方法。

5.6.1 new 和 delete

C++语言中提供了 new 和 delete 运算符，用于进行动态内存分配和撤销内存。

1. new 用法

1) 开辟单变量地址空间

使用 new 运算符时必须已知数据类型，new 运算符会向系统堆区申请足够的存储空间，如果申请成功，就返回该内存块的首地址，如果申请不成功，则返回零值。

new 运算符返回的是一个指向所分配类型变量(对象)的指针。对所创建的变量或对象，都是通过该指针来间接操作的，而动态创建的对象本身没有标识符名。

一般使用格式如下。

格式 1：指针变量名=new 类型标识符;

格式 2：指针变量名=new 类型标识符(初始值);

说明：格式 1 和格式 2 都是申请分配某一数据类型所占字节数的内存空间；但是格式 2 在内存分配成功后，同时将一初值存放到该内存单元中；而格式 3 可同时分配若干个内存单元，相当于形成一个动态数组。例如：

new int; //开辟一个存放整数的存储空间，返回一个指向该存储空间的地址。int *a = new int 即为将一个 int 类型的地址赋值给整型指针 a

int *a = new int(5); //作用同上，但是同时将整数空间赋值为 5

2) 开辟数组空间

对于数组进行动态分配的格式如下。

格式 3：指针变量名=new 类型标识符 [内存单元个数];

请注意下标表达式不必是常量表达式，即它的值不必在编译时确定，可以在运行时确定。

一维：int *a = new int[100]; //开辟一个大小为 100 的整型数组空间

二维：int **a = new int[5][6];

三维及其以上：依此类推。

2. delete 用法

(1) 删除单变量地址空间。例如：

```
int *a = new int;
delete a;   //释放单个 int 的空间
```

(2) 删除数组空间。例如：

```
int *a = new int[5];
delete []a;    //释放 int 数组空间
```

语句 delete 中方括号非常重要，它与 new 语句必须配对使用，如果 delete 语句中少了方括号，因编译器认为该指针是指向数组第一个元素的指针，会产生回收不彻底的问题(只回收了第一个元素所占空间)，加了方括号后，就转化为指向数组的指针，回收整个数组。

delete []的方括号中不需要填数组元素数，系统自知。即使写了，编译器也忽略。

3. 使用注意事项

(1) new 和 delete 都是内建的操作符，语言本身所固定的，无法重新定制，想要定制 new 和 delete 的行为，是徒劳无功的。

(2) 动态分配失败，则返回一个空指针(NULL)，表示发生了异常，堆资源不足，分配失败。

(3) 指针删除与堆空间释放。删除一个指针 p(delete p;)实际意思是删除了 p 所指的目标(变量或对象等)，释放了它所占的堆空间，而不是删除 p 本身(指针 p 本身并没有撤销，它自己仍然存在，该指针所占内存空间并未释放)，释放堆空间后，p 成了空指针。

(4) 内存泄漏(memory leak)和重复释放。new 与 delete 是配对使用的，delete 只能释放堆空间。如果 new 返回的指针值丢失，则所分配的堆空间无法回收，称内存泄漏，同一空间重复释放也是危险的，因为该空间可能已另分配，所以必须妥善保存 new 返回的指针，以保证不发生内存泄漏，也必须保证不会重复释放堆内存空间。

(5) 动态分配的变量或对象的生命期。我们也称堆空间为自由空间(free store)，但必须记住释放该对象所占堆空间，并只能释放一次，在函数内建立，而在函数外释放，往往会出错。

(6) 要访问 new 所开辟的结构体空间，无法直接通过变量名进行，只能通过赋值的指针进行访问。

用 new 和 delete 可以动态开辟和撤销地址空间。在编程序时，若用完一个变量(一般是暂时存储的数据)，下次需要再用，但却又想省去重新初始化的功夫，可以在每次开始使用时开辟一个空间，在用完后撤销它。

【例 5-18】请阅读下面的代码，指出里面存在的问题：

```
#include "iostream"
using namesapce std;
void main(){
    int i, n, *p;
    cout<<"Please enter array size:";
    cin>>n;
    p = new int[n];
    for(i=0;i<n;i++)
        p[i]=i+1;
    for(i=0;i<n;i++) {
        if(i%5==0) cout<<endl;
```

```
        cout<<*p++<<"  ";
    }
    cout<<endl;
    delete []p;
}
```

本段程序代码通过 new 的方式申请 n 个整型存储单元，其首地址由指针 p 指向。通过对这些存储单元赋值，然后按每 5 个数据 1 行进行输出，最后回收动态分配的存储空间。

但在程序中对数据输出时，p 指针经过一系列的操作后，不再指向数组的首地址，故 delete []p 并不能正确回收数组空间。

改正方法：再定义一个 q 指针，用来保存数组的起始地址，最后使用 delete []q 达到正确的目标。

5.6.2 malloc 和 free

C 函数库提供了两个函数，malloc 和 free，分别用于执行动态内存分配和释放。当一个程序在执行过程中另外需要一块内存时，可以调 malloc 函数，该函数从内存中提取一块合适大小的内存，并向程序返回一个指向这块内存的指针(指向这块内存的首地址)。

1. malloc()函数

malloc()函数的原型为：

```
void *malloc(long NumBytes);
```

功能：分配 NumBytes 个字节，并返回了指向这块内存的指针。如果分配失败，则返回一个空指针(NULL)。

2. free()函数

free()函数的原型为：

```
void free(void *FirstByte);
```

功能：将先前用 malloc 分配的空间还给程序或者是操作系统，也就是释放了这块内存，让它重新得到自由。其中 FirstByte 指针所指向的首地址必须是先前 malloc 所分配的地址。

3. 函数使用的注意事项

(1) 使用 malloc/free 函数进行动态内存分配，必须包含头文件 stdlib.h。

(2) malloc 向系统申请分配指定 size 个字节的内存空间。返回类型是 void* 类型。void* 表示未确定类型的指针。C/C++规定，void* 类型可以强制转换为任何其他类型的指针。例如：

```
int* p;
p = (int *)  malloc(sizeof(int));
```

```
//返回类型为 int* 类型(整数型指针)，分配内存大小为 sizeof(int) * 100;
```

malloc 函数返回的是 void * 类型，如果你写成 p = malloc (sizeof(int));，则程序无法通过编译，报错“不能将 void* 赋值给 int * 类型变量”。所以必须通过(int*)来将强制转换。

函数的实参为 sizeof(int)，用于指明一个整型数据需要的大小。如果写成：

```
int* p = (int *) malloc (1);
```

代码也能通过编译，但事实上只分配了 1 个字节大小的内存空间，当你往里头存入一个整数时，就会有 3 个字节“无家可归”，而直接“住进邻居家”！造成的结果是后面的内存中原有数据内容全部被清空。

malloc 也可以达到 new [] 的效果，申请出一段连续的内存，这时需要指定所需要内存大小。比如想分配 100 个 int 类型的空间：

```
int* p = (int *) malloc (sizeof(int) * 100);
//分配可以放得下 100 个整数的内存空间
```

(3) free 不管你的指针指向多大的空间，均可以正确地进行释放，这一点比用 delete/delete []释放要方便。不过要注意的是，如果在分配动态空间时，用的是 new 或 new[]，在释放内存时，就不能图方便而使用 free 来释放。反过来，用 malloc 分配的内存，也不能用 delete/delete []来释放。new/delete、new []/delete []、malloc/free 三对均需配套使用，不可混用。

5.7　指针与函数

5.7.1　指针函数

指针函数，就是其返回值是一个指针的函数，其本质是一个函数，而该函数的返回值是一个指针。

声明格式为：

```
类型名* 函数名(参数表)
```

其中，后缀运算符括号“()”表示这是一个函数，其前缀运算符星号“*”表示此函数为指针型函数，其函数值为指针，即它带回来的值的类型为指针，当调用这个函数后，将得到一个指针(地址)，“类型名”表示函数返回的指针指向的类型。

“(参数表)”中的括号为函数调用运算符，在调用语句中，即使函数不带参数，其参数表的一对括号也不能省略。示例如下：

```
int *pfun(int, int);
```

需要注意的是，指针函数返回的指针所指向的存储空间不能是函数本身所定义的临时存储单元，但它可以是由函数定义的静态存储空间首地址、动态申请的存储空间首地址以及调用函数以参数形式传递进来的某个空间的地址。

【例 5-19】阅读以下程序，理解该程序要完成的功能：

```
#include <iostream>
using namespace std;
int * GetDate(int wk, int dy);
int main(){
    int wk, dy;
    do{
        cout<<"Enter week(1-5)day(1-7)"<<endl;
        cin>>wk>>dy;
    }while(wk<1||wk>5||dy<1||dy>7);
    cout<<*GetDate(wk, dy)<<endl;
}
int * GetDate(int wk, int dy){
    static int calendar[5][7]=
    {
        {1,2,3,4,5,6,7},
        {8,9,10,11,12,13,14},
        {15,16,17,18,19,20,21},
        {22,23,24,25,26,27,28},
        {29,30,31,-1}
    };
    return &calendar[wk-1][dy-1];
}
```

本例所定义的指针函数 int * GetDate(int wk, int dy)中定义了一个静态数据块，根据传入的参数找到相应的数据的地址，返回到调程序。

【例 5-20】给定一个字符串，返回这个字符串的左子串、右子串和中间子串。要求设计以下求左子串、右子串和中间子串的函数，在主函数中对这些函数进行验证。

求三个子串的函数原型如下。

(1) 左子串：

```
char* leftStr(char* s, int n);
//返回串 s 的左边 n 个字符构成的子串
//当子串长度超过原串长度时，则整个串为子串
```

(2) 右子串：

```
char* rightStr(char* s, int n);
//返回串 s 的右边 n 个字符构成的子串
//当子串长度超过原串长度时，则整个串为子串
```

(3) 中间子串：

```
char* midStr(char* s, int n1, int n2);
//返回串 s 中从 n1 字符开始，长度为 n2 的子串
```

```
//n1 超过原串长，返回空串
//从 n1 起剩下的长度不足 n2 时，则仅返回剩下部分
```

分析：求子串的操作须保持串 s 不发生变化，因此所有子串的生成由在函数中定义的静态字符数组来完成。返回子串的首地址，注意串的结束标志。

程序代码如下：

```
#include <iostream>
using namespace std;
char* leftStr(char* s, int n){
    static char* pStr = new char[n+1];  //首地址用静态指针变量存放
    char *p1, *p2;
    int i = 0;
    p1 = pStr;
    p2 = s;
    while (*p2!=0 && i<n){//依次复制
        *(p1++) = *(p2++);
        i++;
    }
    *p1 = 0;//置子串结束标志
    return pStr;
}
char* rightStr(char* s, int n){
    static char* pStr = new char[n+1];
    char *p1, *p2;
    p1 = pStr;
    p2 = s;
    int i = 0;
    while (*p2) p2++; //p2 指向串 s 的结束标志
    while (p2!=s && i<n){ //找右子串在原串中的起始位置
        p2--;
        i++;
    }
    while (*p2!=0){  //复制
        *(p1++)=*(p2++);
    }
    *p1 = 0;   //置子串结束标志
    return pStr;
}
char* midStr(char* s, int n1, int n2){
    static char* pStr = new char[n2+1];
    char *p1, *p2;
    p1 = pStr;
    p2 = s;
```

```
    int i = 0;
    while (*p2!=0 && i<n1){//找 n1 位置
        p2++;
        i++;
    }
    i = 0;
    while (*p2!=0 && i<n2){//从 n1 开始复制 n2 长度的字符
        *(p1++) = *(p2++);
        i++;
    }
    *p1 = 0; //置子串结束标志
    return pStr;
}
int main(){
    char s[1000];
    cin>>s;
    cout<<leftStr(s, 5)<<endl;
    cout<<rightStr(s, 5)<<endl;
    cout<<midStr(s, 5, 5)<<endl;
}
```

5.7.2 函数指针

如果在程序中定义了一个函数，那么在编译时，系统就会为这个函数代码分配一段存储空间，这段存储空间的首地址称为这个函数的地址。函数名表示的就是这个地址。既然是地址，就可以定义一个指针变量来存放，这个指针变量就叫作函数指针变量，简称函数指针。

函数指针的定义格式为：

```
函数返回值类型 (* 指针变量名) (函数参数列表);
```

其中：“函数返回值类型”表示该指针变量可以指向具有什么返回类型的函数；“函数参数列表”表示该指针变量可以指向具有什么参数列表的函数。这个参数列表中只需要写函数的参数类型即可。要注意的是，所定义的函数指针必须与它所指的函数在返回类型、对应位置的参数类型和参数个数方面完全一致才行。

实际上，函数指针的定义就是将函数声明中的“函数名”改成“(*指针变量名)”。但需要注意的是，“(*指针变量名)”两端的括号不能省略，括号改变了运算符的优先级。如果省略了括号，就不是定义函数指针，而是一个函数声明了，即声明了一个返回类型为指针型的函数。

如何判断一个指针变量是指向变量的指针变量还是指向函数的指针变量呢？首先看变量名前面有没有“*”，如果有“*”，说明是指针变量；其次看变量名的后面有没有带有形参类型的圆括号，如果有，就是指向函数的指针变量，即函数指针，如果没有，就是指向变量的指针变量。

最后需要注意的是，指向函数的指针变量没有 ++ 和 -- 运算。

【例 5-21】阅读下面的程序，当输入为 12　23 时，写出运行结果：

```
# include <iostream>
using namespace std;
int Max(int, int);  //函数声明
int main(){
    int(*p)(int, int);  //定义一个函数指针
    int a, b, c;
    p = Max;  //把函数 Max 赋给指针变量 p，使 p 指向 Max 函数
    cout<<"please enter a and b:";
    cin>>a>>b;
    c = (*p)(a, b);  //通过函数指针调用 Max 函数
    cout<<"a="<<a<<endl;
    cout<<"b="<<b<<endl;
    cout<<"max="<<c<<endl;
    return 0;
}
int Max(int x, int y){  //定义 Max 函数
    int z;
    if (x > y){
        z = x;
    }
    else{
        z = y;
    }
    return z;
}
```

程序运行结果如下：

```
please enter a and b:12 23
a=12
b=23
max=23
```

习　　题

具体内容请扫描二维码获取。

第 5 章　习题

第 5 章　习题参考答案

第 6 章　结构体及其应用

第 6 章 源程序

6.1　复杂数据的管理问题

数据经常以成组的形式存在。在前面的学习中，我们知道数组可以用来存放大量相同类型的数据。但在现实生活中，对于描述现实世界各种实体的数据并不是同一类型，例如，雇主必须明了每位雇员的姓名、年龄和工资等，高校学生信息管理必须清楚学生的学号、姓名、出生日期、专业、入学时间、通信地址、联系电话等信息，这些数据并不完全是相同的数据类型值。但如果这些值能够存储在一起，访问起来会简单很多。但由于这些值的类型不同，它们又无法用数组来存放。在 C 语言中，使用结构体可以把不同数据类型的值存储在一起。

结构体是一种由程序员定义的数据类型，该数据类型不能直接用来存放数据，而必须与前面的基本数据类型一样，定义变量之后才能存放相应的数据。结构体类型是将一些有关联的不同类型数据定义成一种新的数据类型，并将它们当成一个整体进行处理。程序员通常根据所要解决的实际问题，将逻辑上连接在一起的不同数据组合到一个单元中。一旦结构体类型被声明并且其数据成员被标识，即可创建该类型的多个变量，就像 int、float 等类型可创建多个变量一样。

【例 6-1】某校计算机类专业需要根据招生数据按照一定的规则进行分班，其中简化后的招生数据如表 6.1 所示。

表 6.1　招生数据

考生号	姓名	性别	出生年份	高考成绩	数学成绩	外语成绩	录取专业
5001236	张小明	男	2003	591	124	135	计算机类
5001784	李莉莉	女	2004	576	110	125	计算机类
5012345	朱兴光	男	2001	589	140	98	计算机类
…	…	…	…	…	…	…	…

在表 6.1 中，每一位考生的信息占一行，表中各个考生均有考生号、姓名、性别、出生年份、高考成绩、数学成绩、外语成绩以及录取专业等信息。为便于处理，我们希望每一位考生的所有信息存储在一块，而所有考生都具有相同类型的信息。因此可以将考生信息定义为一个结构体类型，然后通过结构体类型定义结构体变量，以存放考生信息。

我们为考生结构体类型取一个名字 Examinee，其中包括下列成员。

(1) 考生号(noOfExaminee)：为 7 位数字，可用整型数据来表示。

(2) 姓名(name)：用一维字符数组存储，长度 21。

(3) 性别(sex)：用一维字符数组存储，长度为 3。

(4) 出生年份(year)：用整型变量存储。

(5) 高考成绩(totalScore)：用整型变量存储。

(6) 数学成绩(math)：用整型变量存储。

(7) 外语成绩(foreignLang)：用整型变量存储。

(8) 录取专业(major)：用一维字符数组存储，长度为 31。

考生结构体类型 Examinee 的定义如下：

```
struct Examinee{
    int noOfExaminee;    //考生号
    char name[21];       //姓名
    char sex[3];         //性别
    int year;            //出生年份
    int totalScore;      //总成绩
    int math;            //数学成绩
    int foreignLang;     //外语成绩
    char major[31];      //录取专业
};
```

其中：struct 为结构体定义符；Examinee 为自定义的结构体名；noOfExaminee、name、sex、year、totalScore、math、foreignLang、major 为结构体的成员。

结构体类型 Examinee 将 noOfExaminee、name、sex、year、totalScore、math、foreignLang、major 合并成一种新的数据类型，可以用 Examinee 来定义结构体变量或结构体数组，存储处理表格中的数据。

6.2　结　构　体

结构体的定义与存储

6.2.1　结构体声明

在 C 语言中，可以使用结构体(struct)来存放一组不同类型的数据。结构体的定义形式如下：

结构体变量的赋值及输入输出

```
struct 结构体名{
    数据类型   成员 1;
    数据类型   成员 2;
    数据类型   成员 3;
    ...
    数据类型   成员 n;
};
```

在声明结构体类型时，需要注意下列事项。

(1) struct 为定义结构体的关键字。

(2) 结构体名的命名规则与普通标识符的命名规则相同。

(3) 结构体类型定义结束必须有“;”。

(4) 结构体中各成员的数据类型可以是基本类型，也可以是其他结构体类型。

(5) 结构体中各成员可以是变量(含指针变量)，也可以是数组。

(6) 结构体声明不会创建任何结构体的实例。结构体声明只是告诉编译器我们所定义的结构体看起来的样子。它本质上是创建一个名为“结构体名”的新数据类型。要使用结构体来存储数据，还需要利用该结构体类型来定义结构体变量或数组，然后才能使用。

【例 6-2】某公司员工工资采用计时工资制，在每月进行工资结算时需要使用职工工号、职工姓名、当月工作小时数、小时工资单价、当月结算工资，其中当月结算工资=当月工作小时数×小时工资单价。

分析：结构体类型名称命名为 PayRoll，其中包含 5 个数据成员。empNumber 表示工号，用整型；name 表示职工姓名，用字符串类型；hours、payRate、grossPay 分别表示当月工作小时数、小时工资单价、当月结算工资，均用 double 类型。

结构体 PayRoll 定义如下：

```
struct PayRoll{
   int empNumber;
   string name;
   double hours, payRate, grossPay;
};
```

【例 6-3】某高校要设计一个学生基本信息管理系统，该高校下设若干学院，每个学院的信息包括学院编号、学院名称、学院成立日期、学院简介等信息；而一个学院下面有若干专业，专业不跨学院，专业的信息包括专业代码、专业名称、专业所属学院、专业学制、授予学位、专业招生起始日期等信息；每个学生只能是某个专业的学生，学生的基本信息包括学号、姓名、性别、出生日期、所属专业代码、入学日期、通信地址、联系电话等信息。试设计这里所需要的各种结构体类型。

分析：本项目中除了学院、专业、学生等基本信息之外，在学院、专业、学生信息中均包含了日期信息，其中学院信息包含的是学院成立日期，专业信息包含的是专业起始招生日期、学生信息包含出生日期、入学日期等。而一个日期包含了年、月、日，因此可以将日期独立出来，单独定义一个结构体类型。

(1) 日期结构体(Date)。

year、month、day 三个成员，均为整型。

(2) 学院结构体(College)。

学院编号(collegeNum)：为 string 类型。

学院名称(collegeName)：为 string 类型。

学院成立日期(establishmentDate)：为 Date 类型。

学院简介(introduction)：为 string 类型。

(3) 专业结构体(Major)。

专业代码(majorCode)：为 string 类型。

专业名称(majorName)：为 string 类型。

专业所属学院(collegeNum)：为 string 类型。

专业学制(lenOfSchooling)：为整型。

授予学位(degree)：为 string 类型。

专业招生起始日期(recruitStartDate)：为 Date 类型。

(4)　学生结构体(Student)。
学号(studentID)：为 string 类型。
姓名(name)：为 string 类型。
性别(sex)：为 string 类型。
出生日期(birthday)：为 Date 类型。
所属专业代码(majorCode)：为 string 类型。
入学日期(enrollDate)：为 Date 类型。
通信地址(address)：为 string 类型。
联系电话(phoneNumber)：为 string 类型。
根据上面的分析和结构体的定义，可得到以上四个结构体的定义如下：

```
struct Date{
   int year, month, day;
};

struct College{
    string collegeNum;
    string collegeName;
    Date establishmentDate;
    string introduction;
};

struct Major{
    string majorCode;
    string majorName;
    string collegeNum;
    int lenOfSchooling;
    string degree;
    Date recruitStartDate;
};
struct Student{
    string studentID;
    string name;
    string sex;
    Date birthday;
    string majorCode;
    Date enrollDate;
    string address;
    string phoneNumber;
};
```

6.2.2 结构体变量的定义及初始化

1. 结构体变量的定义

定义结构体的变量和定义其他任何变量的方式并无二致，首先列出数据类型，然后是变量名称。以下定义语句创建了 PayRoll 结构体的 3 个变量：

```
PayRoll deptHead, foreman, associate;
```

它们每一个都是 PayRoll 结构体的实例，可以被分配和拥有自己的内存，以保存其成员数据。请注意，尽管 3 个结构体变量具有不同的名称，但每个变量都包含具有相同名称的成员，只是其值不同而已，如图 6.1 所示。

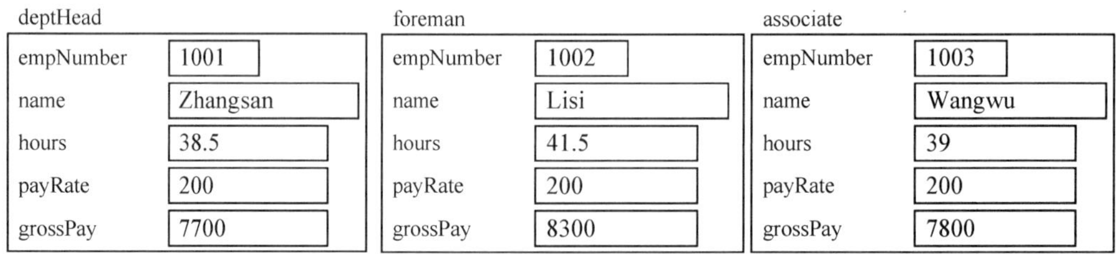

图 6.1 每个结构体变量都包含具有相同名称的成员

2. 结构体变量的初始化

可以在定义结构体变量时对变量进行初始化。初始化结构体变量成员最简单的方法是使用初始化列表。初始化列表是用于初始化一组内存位置的值列表。列表中的项目用逗号分隔并用大括号括起来。

例如，假设已经声明了以下 Date 结构体：

```
struct Date{
   int year, month, day;
};
```

定义和初始化 Date 变量的方式是：先指定变量名，后接赋值运算符和初始化列表，如下所示：

```
Date birthday = {2021, 8, 23};
```

该声明定义 birthday 是一个 Date 结构体的变量，大括号内的值按顺序分配给其成员，其顺序取决于结构体 Date 声明时定义的成员的顺序。所以 birthday 的数据成员已初始化，如图 6.2 所示。

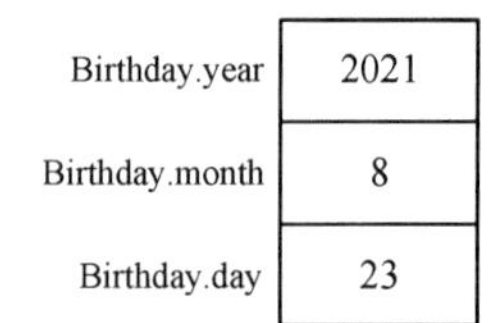

图 6.2 已经初始化的 birthday 的数据成员

也可以仅初始化结构体变量的部分成员。例如，如果仅知道要存储的生日是 2004 年 8 月， 但不知道是哪一天，则可以按以下方式定义和初始化变量：

```
Date birthday = {2004, 8};
```

这里只有 year 和 month 成员被初始化，day 成员未初始化。但是，如果某个结构成员未被初始化，则所有跟在它后面的成员都需要保留为未初始化。使用初始化列表时，C++ 不提供跳过成员的方法。以下语句试图跳过 month 成员的初始化，这是不合法的：

```
Date birthday = {2004, 23}; //非法
```

还有一点很重要，不能在结构体声明中初始化结构体成员，因为结构体声明只是创建一个新的数据类型，还不存在这种类型的变量。例如，以下声明是非法的：

```
//非法结构体声明
struct Date{
    int year = 2021;
    int month = 8;
    int day = 23;
};
```

因为结构体声明只声明一个结构体“看起来是什么样子的”，所以不会在内存中创建成员变量。只有通过定义该结构体类型的变量来实例化结构体，才有地方存储初始值。

6.2.3　结构体成员的使用

结构体成员可以是各种不同的数据类型，任何一个可以在结构体外部声明的变量类型均可以作为结构体成员的类型。结构体成员可以是标量、数组、指针，甚至是其他结构体。

对结构体数据的存取(包括赋值、输入、输出)只能通过其最底层的成员来进行。结构体变量的成员是通过点操作符(.)来实现的，点操作符接受两个操作数，左边的操作数是结构体变量名，右边的操作数就是需要访问的成员的名字。这个表达式的结果就是指定的成员。其一般形式为：

```
结构体变量名.成员名
```

如果成员名是一个简单数据类型，则可以直接操作，包括取值、赋值或输入输出。

如果成员名是一个数组，则按数组的访问方式到数组元素，如“结构体变量名.成员名[i]”的形式。

如果成员名是另一个结构体类型，则按照结构体访问成员的要求，需要访问到它的成员，如“结构体变量名.结构体成员.成员”的形式。

当然也可以定义结构体指针变量，通过指针访问该指针所指向的结构体成员。例如：

```
Date d={2021, 9, 11};
Date* pd=&d;
```

当 pd 指向结构体变量 d 时，C 语言提供了“->”操作符来完成指针对结构体成员的访问，这个操作符也称为“箭头操作符”，由一个减号“-”和一个大于符号“>”组成。例如：

```
cout<<pd->year;   //或 pd->month=12;
```

【例 6-4】学院信息包括学院编号、学院名称、学院成立日期、学院简介等，请设计一个学院结构体，并对一个学院的具体信息进行输入和输出。

分析：由于涉及日期，因此为日期单独设计一个结构体。具体的实现代码如下：

```
#include <iostream>
using namespace std;
struct Date{
    int year, month, day;
};
struct College{
    string collegeNum;
    string collegeName;
    Date establishmentDate;
    string introduction;
};
int main(){
    College myCollege;
    cout<<"学院编号: ";cin>>myCollege.collegeNum;
    cout<<"学院名称: ";cin>>myCollege.collegeName;
    cout<<"学院成立日期(年 月 日): ";
    cin>>myCollege.establishmentDate.year;
    cin>>myCollege.establishmentDate.month;
    cin>>myCollege.establishmentDate.day;
    cout<<"学院简介: ";cin>>myCollege.introduction;
    //以下为学院信息输出
    cout<<myCollege.collegeNum<<"  ";
    cout<<myCollege.collegeName<<"  ";
    cout<<myCollege.establishmentDate.year<<"-";
    cout<<myCollege.establishmentDate.month<<"-";
    cout<<myCollege.establishmentDate.day<<"  ";
    cout<<myCollege.introduction;
    cout<<endl;
    return 0;
}
```

输入和输出信息如下：

```
学院编号: 1001
学院名称: 信息学院
学院成立日期(年 月 日): 2003 7 1
学院简介: 信息学院 6 个专业 2 个硕士点
1001  信息学院  2003-7-1  信息学院 6 个专业 2 个硕士点
```

【例 6-5】对学生某一学期的学习成绩进行管理，管理的信息包括学生的学号、姓名、所选的各门课程信息及该课程的成绩，假定学生一个学期学习的课程门数不超过 10

门。其中课程的信息包括课程名称、课程性质(必修、选修)、课程学分和成绩。

分析：学生信息包括三个方面：学号、姓名、所选课程含成绩(不超过 10 门)，课程信息可以单独设计出来，包括课程名称、性质、学分、成绩。所设计的代码如下：

```
#include <iostream>
#include <iomanip>
using namespace std;
struct Curriculum{
    string CurrName;
    string attrib;
    int credit;
    float score;
};
struct StudScoreSheet{
    int studNum;
    string studName;
    Curriculum currScore[10];
    int num;//学期所学课程门数
};
void inputScore(StudScoreSheet* s){
    cout<<"学号：";cin>>s->studNum; //结构体指针访问成员
    cout<<"姓名:";cin>>s->studName;
    cout<<"所修课程门数：";cin>>s->num;
    for (int i=0;i<s->num;i++){
        cout<<"第"<<i+1<<"门课程信息"<<endl;
        cout<<"课程名称：";cin>>s->currScore[i].CurrName;
        cout<<"课程属性：" ;cin>>s->currScore[i].attrib;
        cout<<"课程学分：";cin>>s->currScore[i].credit;
        cout<<"课程成绩：";cin>>s->currScore[i].score;
    }
}
void printScore(StudScoreSheet s){
    cout<<"                学生成绩表"<<endl;
    cout<<"====================================="<<endl;
    cout<<"学号:"<<setw(6)<<s.studNum;
    cout<<"姓名:"<<setw(10)<<s.studName<<endl;
    cout<<"-------------------------------------"<<endl;
    cout<<"序号 课程名称 课程属性 课程学分 成绩"<<endl;
    for (int i=0;i<s.num;i++){
        cout<<setw(4)<<i+1;
        cout<<setw(9)<<s.currScore[i].CurrName;
        cout<<setw(9)<<s.currScore[i].attrib;
        cout<<setw(9)<<s.currScore[i].credit;
        cout<<setw(5)<<s.currScore[i].score;
        cout<<endl;
```

```
    }
    cout<<"--------------------------------------"<<endl;
}
int main(){
    StudScoreSheet s;
    inputScore(&s);
    printScore(s);
    return 0;
}
```

输入输出信息如下：

```
学号：1001
姓名:李四
所修课程门数：4
第 1 门课程信息
课程名称：程序设计
课程属性：必修
课程学分：4
课程成绩：98
第 2 门课程信息
课程名称：高等数学
课程属性：必修
课程学分：5
课程成绩：95
第 3 门课程信息
课程名称：计算思维
课程属性：必修
课程学分：2
课程成绩：95
第 4 门课程信息
课程名称：音乐欣赏
课程属性：校选
课程学分：2
课程成绩：85
            学生成绩表
======================================
学号： 1001 姓名：      李四
--------------------------------------------------------------
序号 课程名称 课程属性 课程学分 成绩
   1 程序设计      必修          4    98
   2 高等数学      必修          5    95
   3 计算思维      必修          2    95
   4 音乐欣赏      校选          2    85
--------------------------------------------------------------
```

6.3　结构体数组

所谓结构体数组，是指数组中的每个元素都是一个结构体。在实际应用中，C 语言结构体数组常被用来表示一个拥有相同数据结构的群体，比如一个班的学生、一个车间的职工等，其中的每个个体都是结构体数组中的一个元素。

根据实际应用，结构体数组一般均为一维数组，用来管理若干个实体的信息。结构体数组定义的方式与一般一维数组的定义完全相同：

```
结构体类型　数组名[长度];
```

结构体数组定义后，对数组元素的操作跟一般结构体变量的操作完全一样。下面以一个实例来说明结构体数组的使用。

【例 6-6】输入若干学生的学号、姓名、性别、入学日期、4 门课程的成绩，要求对其总成绩进行排序，并按从高到低的顺序输出总成绩。

结构体数组及应用

分析：

(1) 先将日期独立出来，形成一个单独的结构体类型 Date。

(2) 有一个学生成绩的结构体类型 StudentScore，其成员包括学号、姓名、性别、入学日期、4 门课程成绩及总成绩。

(3) 从功能上看，有输入、输出、排序等功能，均可独立成为函数，函数原型如下：

```
void inputData(StudentScore *s, int n);//输入学生成绩信息函数
void printData(StudentScrore *s, int n);//按表格方式输出 n 个学生的成绩信息
void sort(StudentScore *s, int n);//对 n 个学生信息按总成绩进行从高到低排序
```

(4) 由于并不知道学生的具体人数，因此采用动态数组。

程序代码如下：

```
#include <iostream>
#include <iomanip>
#include <cstring>
using namespace std;
struct Date{
    int year, month, day;
};
struct StudentScore{
    int studID;
    string name;
    string sex;
    Date enterDate;
    float score[5];//4 门功课成绩加 1 个总成绩
};
using namespace std;
//输入学生成绩信息函数
```

```
void inputData(StudentScore *s, int n);
//按表格方式输出 n 个学生的成绩信息
void printData(StudentScore *s, int n);
//对 n 个学生信息按总成绩进行从高到低排序
void sort(StudentScore *s, int n);
int main(){
    int n;
    cout<<"请输入学生数: ";cin>>n;
    StudentScore *s=new StudentScore[n];
    inputData(s, n);
    sort(s, n);
    printData(s, n);
    delete[] s;
    return 0;
}
void inputData(StudentScore *s, int n){
    for(int i=0;i<n;i++){
        cout<<"第"<<i+1<<"学生信息"<<endl;
        cout<<"学号:";cin>>s[i].studID;
        cout<<"姓名:";cin>>s[i].name;
        cout<<"性别:";cin>>s[i].sex;
        cout<<"入学年 月  日:";
        cin>>s[i].enterDate.year;
        cin>>s[i].enterDate.month;
        cin>>s[i].enterDate.day;
        s[i].score[4]=0;
        for (int j = 0;j<4;j++){
            cout<<"第"<<j+1<<"门课程成绩:";
            cin>>s[i].score[j];
            s[i].score[4]+=s[i].score[j];
        }
    }
}
void sort(StudentScore *s, int n){
    StudentScore t;
    for (int i = 0;i<n-1;i++){
        for (int j = i+1;j<n;j++){
            if (s[i].score[4]<s[j].score[4]){
                t = s[i];s[i] = s[j];s[j]=t;
            }
        }
    }
}
```

```
void printData(StudentScore *s, int n){
    cout<<"                学生成绩表"<<endl;
    cout<<"------------------------------------------------------"<<endl;
    cout<<"  ID   name sex  enterDate  s1  s2  s3  s4 total"<<endl;
    cout<<"------------------------------------------------------"<<endl;
    for (int i=0;i<n;i++){
        cout<<setw(4)<<s[i].studID;
        cout<<setw(7)<<s[i].name;
        cout<<setw(4)<<s[i].sex;
        cout<<setw(5)<<s[i].enterDate.year;
        cout<<"-";
        cout<<setw(2)<<s[i].enterDate.month;
        cout<<"-";
        cout<<setw(2)<<s[i].enterDate.day;
        for(int j = 0;j<5;j++){
            cout<<setw(4)<<s[i].score[j];
        }
        cout<<endl;
    }
    cout<<"------------------------------------------------------"<<endl;
}
```

输入输出数据如下：

```
请输入学生数：2
第 1 学生信息
学号:101
姓名:张艳
性别:女
入学年 月  日:2020 9 7
第 1 门课程成绩:90
第 2 门课程成绩:78
第 3 门课程成绩:89
第 4 门课程成绩:92
第 2 学生信息
学号:102
姓名:李斌
性别:男
入学年 月  日:2020 9 7
第 1 门课程成绩:95
第 2 门课程成绩:90
第 3 门课程成绩:89
第 4 门课程成绩:97
                学生成绩表
```

```
----------------------------------------------------------------------
 ID   name sex  enterDate  s1  s2  s3  s4 total
----------------------------------------------------------------------
102   李斌  男 2020- 9- 7  95  90  89  97 371
101   张艳  女 2020- 9- 7  90  78  89  92 349
----------------------------------------------------------------------
```

6.4　链表及其应用

6.4.1　链表的基本概念

链表是一些包含数据的独立数据结构(通常称为节点，也有的资料称其为结点)的集合，链表中的每个节点通过链(指针)连接在一起。程序通过指针访问链表中的节点，链表中的节点通常是动态分配的。

有一种比较简单的链表叫单链表，其中的每个节点包含了指向链表下一个节点的指针，链表最后一个节点的指针成员的值为 NULL(也就是 0)，表明此节点后面不再有其他节点，链表到此为止。只要知道指向链表第一个节点的指针，就可以通过这个指针依次访问整个链表的所有节点。为了记住链表的起始位置，可以使用一个头指针指向第一个节点。注意的是头指针只是一个指针，它不包含任何数据。单链表如图 6.3 所示。

链表

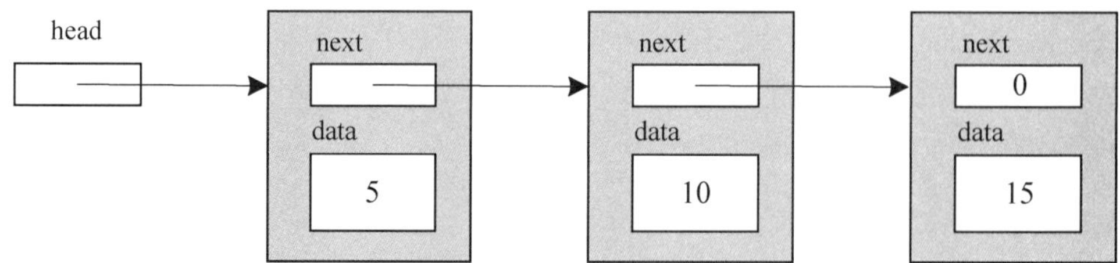

图 6.3　单链表

在这个单链表中，每个节点有两个域，一个是指针域，一个是数据域。指针域指向与本节点类型相同的存储单元，数据域则是存放数据的地方，它可以是标量、数组、结构体以及它们的组合，按需进行设计。显然，每个节点是一个结构体类型，就图 6.3 的节点而言，可以按如下方式声明其结构体类型：

```
struct node{
    int data;
    node* next;
};
```

就图 6.3 所示的链表而言，存储于每个节点的数据是一个整型值。如果从 head 指针开始，随着指针到达第 1 个节点，可以存取第 1 个节点的数据，然后通过本节点的指针到达第 2 个节点，存取第二个节点的数据，最后通过第 2 个节点的指针到达第 3 个节点，存取

第 3 个节点的数据。由于第 3 个节点的指针是 0，也就是 NULL，表明本链表到此结束，不再有更多的节点。

如果对以上单链表进行扩展，可以得到链表的其他几种基本形态。

1)　单向循环链表

在前述单链表中，最后一个节点的指针域没有使用，如果将其用起来指向链表的第一个节点，则构成单向循环链表，如图 6.4 所示。

图 6.4　单向循环链表

2)　双向链表

在单链表中，每个节点除了数据域之外只有一个指针域指向下一个节点(后断节点)，如果每个节点再增加一个同类型的指针域，用以指向其前一个节点(前趋节点)，则形成双向链表，如图 6.5 所示。

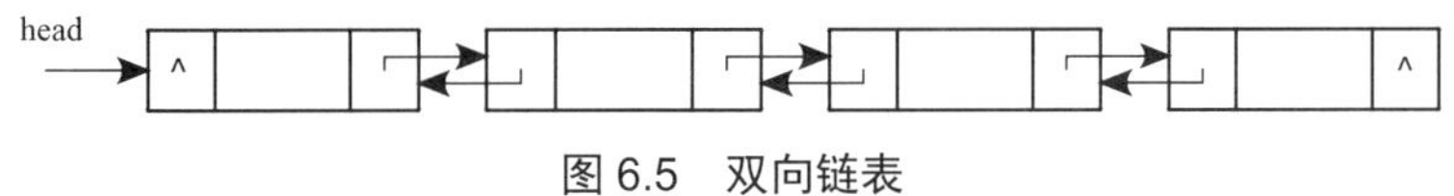

图 6.5　双向链表

3)　双向循环链表

在双向链表中，第一个节点由于没有前驱节点，所定义的指向前驱节点的指针没有使用，同时，最后一个节点由于没有后继节点，所定义的指向后继节点的指针也没有使用。如果让最后一个节点指向后继节点的指针指向首节点，而首节点的指向前驱的指针指向最后一个节点，则可以得到双向循环链表，如图 6.6 所示。

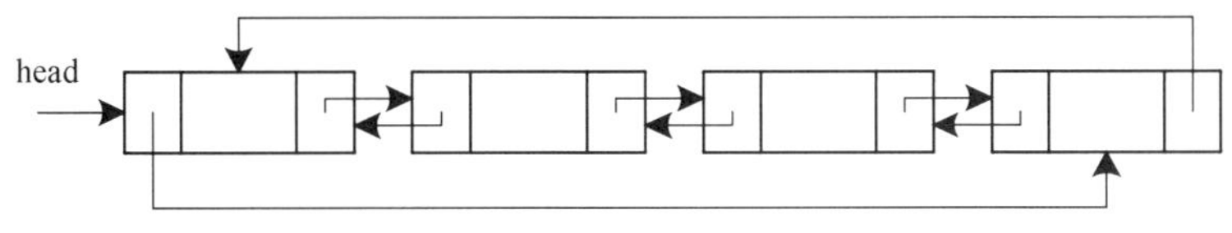

图 6.6　双向循环链表

6.4.2　单链表的建立

链表的建立过程实质就是在一个链表中不断插入节点的过程，链表建立插入节点有两种方式，一种是在头部插入新的节点，一种是在尾部插入新的节点，尾部插入节点时需要维护一个指向链表最后一个节点的指针，以便于插入，而不需要每次都去寻找尾部节点。初始链表则是一个空链表，即头指针指向 NULL(如果是尾部插入，则增加一个尾部指针 tail，也指向空)。

链表的建立

图 6.7 所示为不带头节点的单向链表，head 指针所指向的第一个节点就开始存放数据。

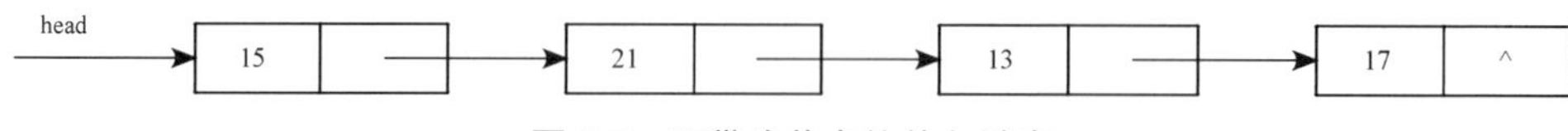

图 6.7　不带头节点的单向链表

图 6.8 所示为带头节点的单向链表，其中第一个节点不用来存放数据。

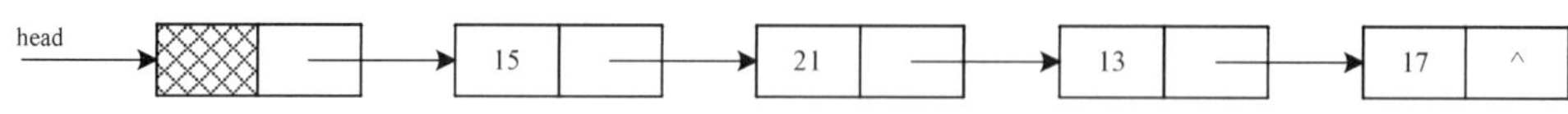

图 6.8　带头节点的单向链表

其中，带有头节点的单向链表在进行链表中的数据处理，比如删除某个节点、在某个节点后增加下一个节点等操作相对较为简单。本小节主要讲述这两种链表如何建立。

不管是带头节点的单链表还是不带头节点的单链表，都是在空链表的基础上不断插入节点构成最终的链表，在插入节点时，如果不考虑节点在链表中的顺序可以有两种插入方法，一种是在第一个数据节点之前插入，一种是最后一个节点之后插入。

在讲解建立单链表的过程中，节点的定义如下所示：

```
struct node{
    int data;
    node *next;
};
```

1. 不带头节点的单链表的建立

1)　头部插入节点建立单链表

在一个初始链表(初始为空链表)中不断地在链表的第一个节点之前插入新节点，使新插入的节点成为链表的第一个节点。考虑普遍的情况，在单链表已有节点的基础上在头部插入一个新的节点的操作如图 6.9 所示。

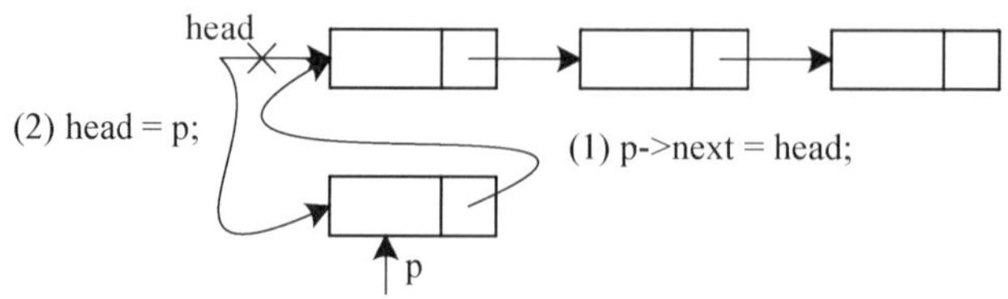

图 6.9　插入节点示意

其操作分两步进行，第一步先生成一个新的节点，由 p 指向节点存储单元，并对数据域进行赋值(或输入)，第二步将 p 指向的节点插入到链表中，使其成为新的第一个节点。

```
node * p;
p = new node;
cin>>p->data;
p->next = head;
head = p;
```

考虑一种特殊情况，即当单链表中没有任何节点，是一个空链表时，如何插入一个节点使其形成一个非空单链表。

空链表：

```
node * head = NULL;
```

新节点插入空链表的过程如图 6.10 所示。

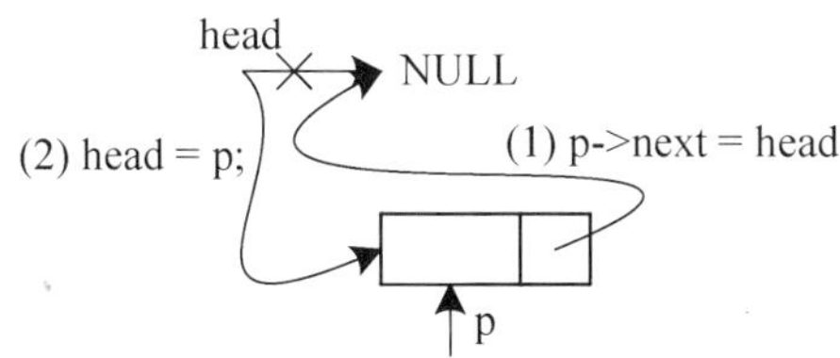

图 6.10　空链表中头部插入节点

从图 6.10 中可以看出，在空链表中插入一个新节点的过程与在非空链表中插入一个节点的过程是一致的。

通过上述分析，头部插入节点建立单链表的代码如下：

```
//建一个不带头节点的链表且节点插入是在链表的头部进行
//函数返回头指针
node * creatListWithoutHeadnodeFH(){
    node * head, * p;
    char c;
    head = NULL;//初始链表为空
    while (1){
        p = new node;
        cout<<"输入节点数据：";
        cin>>p->data;
        //插入过程
        p->next = head;
        head = p;
        //询问是否继续输入新的节点数据
        cout<<"Continue to input data?[Y/N]:";
        cin>>c;
        if (tolower(c)=='n') break;
    }
    return head;//返回头指针
}
```

2)　尾部插入节点

与头部插入节点类似，需要分别考虑在空链表和非空链表两种情况下如何插入节点。为便于在尾部插入新节点，不用每次插入都去寻找尾部节点，增加一个指向尾部节点的 tail 指针。

在已有节点数据的单链表尾部插入一个新的节点，使插入的节点成为最后一个节点，如图 6.11 所示。

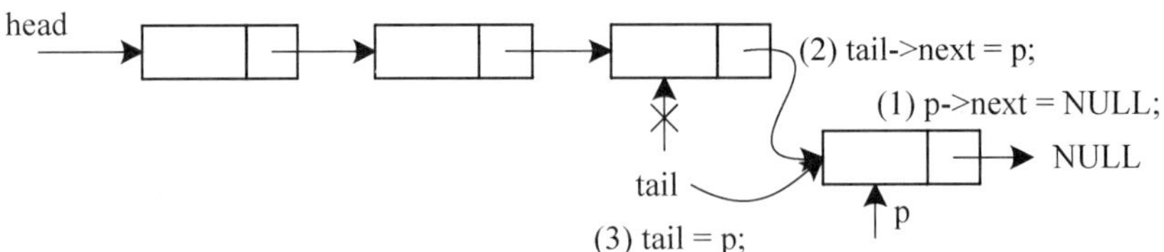

图 6.11　尾部插入节点 p

其操作步骤如下：

```
node * p;
p = new node;  //申请新节点并输入数据
cin>>p->data;
p->next = NULL; //插入新节点，注意操作顺序
tail->next=p;
tail = p;
```

考虑空链表的情况，此时 head、tail 指针均指向 NULL：

```
node * head = NULL;
node * tail = NULL;
```

在空链表尾部插入一个新节点，如图 6.12 所示。

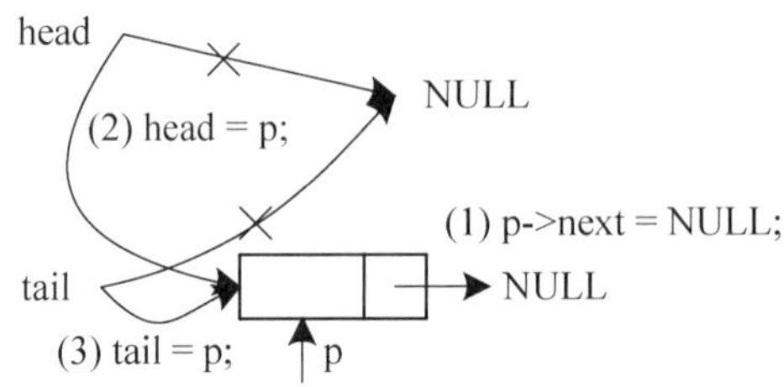

图 6.12　空链表尾部插入节点 p

对比在空链表和非空链表尾部插入节点的过程，其操作明显不同。因此在建立链表时需要分别考虑。尾部插入节点建立单链表的代码如下：

```
//建立一个不带头节点的链表且节点插入是在链表的尾部进行
//函数返回头指针
node * creatListWithoutHeadnodeFT(){
    node * head, * tail, * p;
    char c;
    head = NULL;//初始链表为空
    //由于需要在尾部插入，指向尾部的指针 tail 初始化为 NULL
    tail = NULL;
    while (1){
        p = new node;
        cout<<"输入节点数据：";
        cin>>p->data;
        //插入过程
```

```
        //由于是尾部插入，空链表和非空链表处理过程不同
        if (head==NULL){  //链表为空时
            p->next=NULL;
            head = p;
            tail = p;
        }
        else{  //链表不为空时
            p->next = NULL;
            tail->next = p;
            tail = p;
        }
        //询问是否继续输入新的节点数据
        cout<<"Continue to input data?[Y/N]:";
        cin>>c;
        if (tolower(c)=='n') break;
    }
    //返回头指针
    return head;
}
```

2. 带头节点的单链表的建立

带头节点的单链表的第一个节点不用来存放数据，存放数据的节点从第二个节点开始，这个时候，不管是在链表中的合适位置进行插入节点的操作，还是删除某个特定的节点，其操作方法都一样，而不需要对某些(比如第一个)节点进行单独的处理。

带头节点的链表在初始化为空链表时，其中只有一个不用的节点(头节点)，初始化过程如下：

```
node * head;
//node * tail;       //尾部插入时需要
head = new node;
head->next = NULL;
//tail = head;       //尾部插入时需要
```

由于带头节点的空链表中已经有一个节点，不管是头部插入还是尾部插入新节点，都转换成一种形式，不再考虑 head(包括 tail)指向空的情况。

在头部插入新节点建立带头节点的单链表代码如下：

```
//建一个带头节点的链表，且节点插入是在链表的头部进行
//函数返回头指针
node * creatListWithHeadnodeFH(){
    node * head, * p;
    char c;
    //建立空链表
    head = new node;
```

```
    head->next = NULL;
    while (1){
        p = new node;
        cout<<"输入节点数据: ";
        cin>>p->data;
        //插入过程
        p->next = head->next;
        head->next = p;
        //询问是否继续输入新的节点数据
        cout<<"Continue input data?[Y/N]:";
        cin>>c;
        if (tolower(c)=='n') break;
    }
    //返回头指针
    return head;
}
```

在尾部插入新节点建立带头节点的单链表代码如下：

```
//建一个带头节点的链表，且节点插入是在链表的尾部进行
//函数返回头指针
node * creatListWithHeadnodeFT(){
    node * head, * p, * tail;
    char c;
    //建立空链表
    head = new node;
    head->next = NULL;
    tail = head;
    while (1){
        p = new node;
        cout<<"输入节点数据: ";
        cin>>p->data;
        //插入过程
        tail->next=p->next;
        p->next = NULL;
        tail = p;
        //询问是否继续输入新的节点数据
        cout<<"Continue input data?[Y/N]:";
        cin>>c;
        if (tolower(c)=='n') break;
    }
    //返回头指针
    return head;
}
```

6.4.3　单链表的遍历

链表的遍历是链表建立之后，常需要对链表中所有节点或部分满足条件的节点数据进行处理，对链表中的所有节点的访问就称为对链表的遍历。链表的遍历是链表操作的基础，包括对链表的合适地方插入一个节点、删除某个满足条件的节点以及输出链表中的所有节点的数据、对链表中的节点数据进行排序等，都需要对链表进行遍历。

下面以对建立好的链表节点数据进行打印输出为例来阐述链表的遍历。通常在对链表进行遍历时，不能改变链表本身，更不能改变头指针。

根据前面链表的建立可知，链表分为带头节点的链表和不带头节点的链表，二者在进行输出数据的遍历时，唯一的区别在于，不带头节点的链表的第一个节点数据需要输出，而带头节点的链表由于第一个节点不用，所以输出数据从第二个节点开始。单链表遍历的流程如图 6.13 所示。

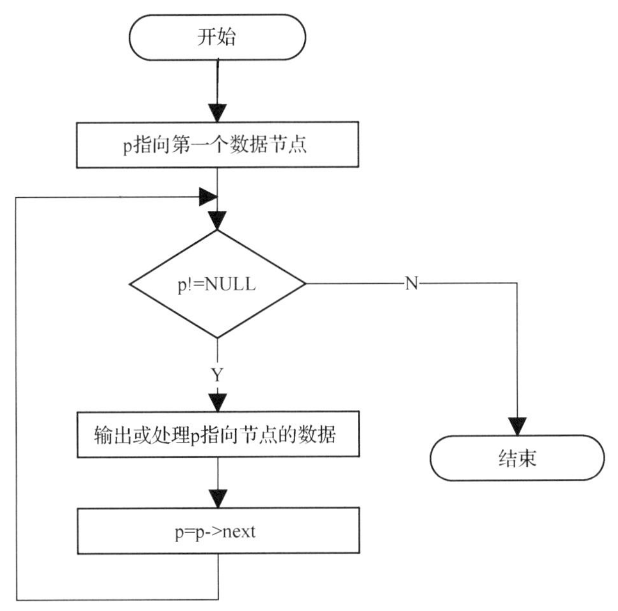

链表的遍历

图 6.13　单链表遍历的流程

遍历一个不带头节点的单链表的函数如下：

```
//遍历一个不带头节点的链表，打印输出节点中的数据
void printListWithoutHeadnode(node * head){
    node * p;
    p = head;
    while (p!=NULL) {
        cout<<p->data<<"  ";
        p = p->next;
    }
    cout<<endl;
}
```

遍历一个带头节点的单链表的函数如下：

```
//遍历一个带头节点的链表，打印输出节点中的数据
void printListWithHeadnode(node * head){
    node * p;
    //由于带头节点，第一个节点不用输出
    //所以直接指向下一个节点
    p = head->next;
    while (p!=NULL){
        cout<<p->data<<"  ";
        p = p->next;
    }
    cout<<endl;
}
```

6.4.4　单链表节点的插入

由于是单向链表的关系，要插入节点，只能在某一个节点之后插入。假定我们已知某个节点要插入的位置，如在 p 所指向的节点之后插入节点 q(q 所指向的节点为待插入节点)，如图 6.14 所示。

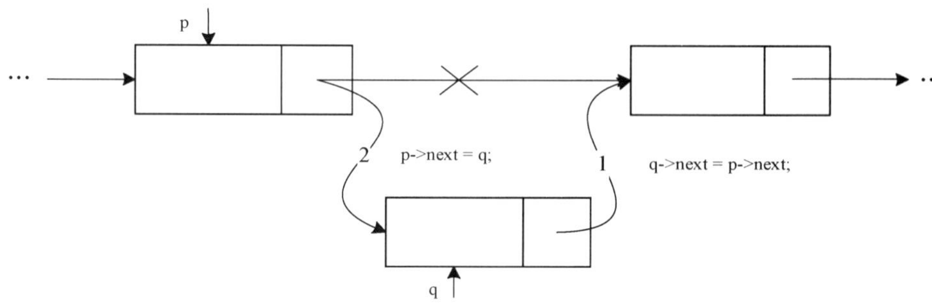

图 6.14　单链表在指定节点 p 后插入节点 q

则插入节点的代码如下(注意两条语句的顺序)：

```
q->next = p->next;
p->next = q;
```

链表的建立实际上就是不断插入节点的过程，在前面介绍的链表建立过程中，只不过是固定了插入节点的位置而已。

【例 6-7】以不断插入数据节点的方式建立一个数据按从小到大排列的带头节点的单链表。

分析：由于带有头节点，在链表中任何指定位置(p 所指向的节点后面)插入一个节点的操作是一样的；节点的定义为：

```
struct node{
    int data;
    node* next;
};
```

整个插入节点的过程分三步：①准备好待插入节点 q；②寻找待插入节点应插入的位置；③插入待插入节点 q。

算法流程如图 6.15 所示。

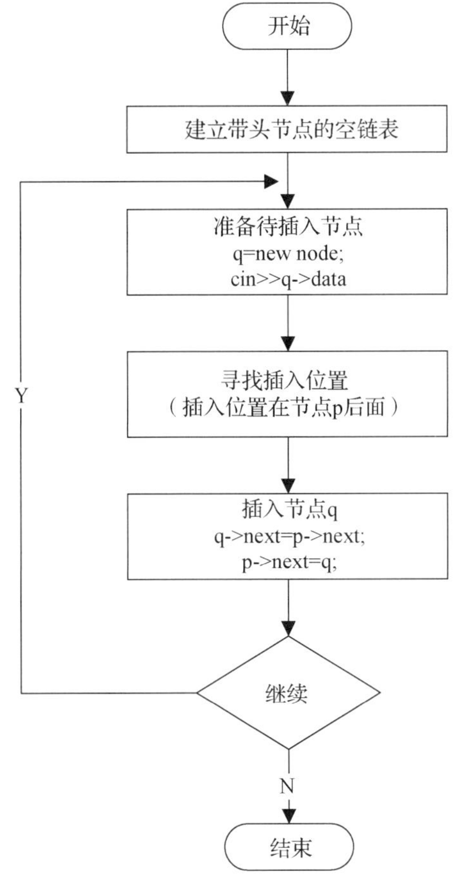

图 6.15　插入节点建立有序单向链表的流程

程序代码如下：

```
//建立一个带有头节点的链表，并使得链表建立好之后所有数据从小到大排列
node * createListWithHeadnodeASC(){
    node * head, * p, *q1, *q2;
    char c;
    //建立空链表
    head = new node;
    head->next = NULL;
    while (1){
        p = new node;
        cout<<"输入节点数据：";
        cin>>p->data;
        //插入过程
        //1.寻找插入的位置
```

```
            q1 = head;
            q2 = head->next;
            while(q2!=NULL && q2->data<p->data){
                q1=q1->next;
                q2=q2->next;
            }
            //2.插入节点，此时找到的插入位置在 q1 所指向的节点之后
            p->next = q1->next;
            q1->next = p;
            //询问是否继续输入新的节点数据
            cout<<"Continue input data?[Y/N]:";
            cin>>c;
            if (tolower(c)=='n') break;
        }
        //返回头指针
        return head;
    }
```

6.4.5　单链表节点的删除

在实际操作中，常常需要对链表中的某个指定节点进行删除。在一个链表中删除节点实际上就是将拟删除节点的前驱的 next 指针指向删除节点的后续，然后再对删除节点进行回收，如图 6.16 所示。

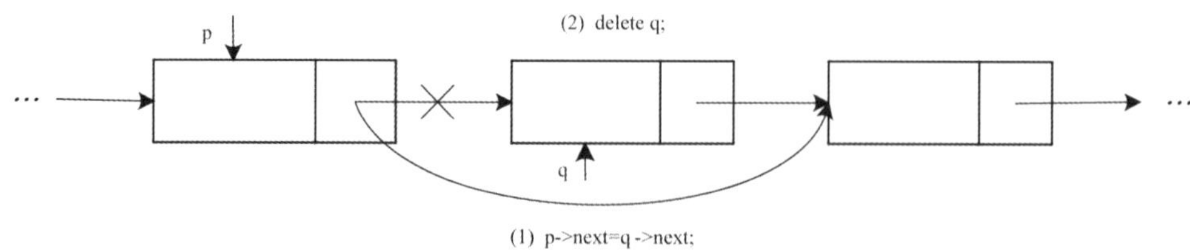

图 6.16　删除节点

因此，删除节点 q 有三个步骤：①找到待删除节点 q 的前驱节点 p；②更改 p 节点的指针域 p->next，指向待删除节点的后继节点；③释放被删除节点 q。

在带有头节点的链表中，有数据的每个节点都有前驱节点，第一个数据节点的前驱节点是头节点。所以对特定节点的删除只需要找到其前驱就可以进行删除操作。

而在不带头节点的链表中，其中第一个数据节点就是 head 指针所指向的节点，没有前驱节点，如果删除的是第一个节点，则处理方法是将头指针 head 指向下一个节点，然后回收要删除的节点。而其他节点的删除由于可以找到前驱，删除过程与带有头节点的链表是一样的。

(1)　在带有头节点的链表中删除特定数据节点。程序代码如下：

```
//在一个带有头节点的链表中删除一个特定的节点
void deleteListNodeWithHeadNode(node * head, int x){
```

```
    node *p, *q;//p 指向要删除节点的前驱，q 指向删除节点
    //要删除节点，首先得找到待删除的节点及其前驱
    p = head;
    q = head->next;
    while(q!=NULL && q->data!=x){
        q = q->next;
        p = p->next;
    }
    //如果 q 指向空，说明本链表中没有该节点，不做任何操作
    if (p!=NULL){
        p->next = q->next;
        delete q;
    }
}
```

(2) 在不带头节点的链表中删除特定数据节点。程序代码如下：

```
//在一个不带头节点的链表中删除一个特定的节点
node * deleteListNodeWithoutHeadNode(node * head, int x){
    node *p,*q;//p 指向要删除节点的前驱，q 指向删除节点
    //要删除节点，首先得找到待删除的节点及其前驱
    //需注意的是，不带头节点的链表在删除第一个节点和删除其他节点时，处理是不一样的
    if (head->data==x){     //第一个节点为删除节点的情况
        p = head;
        head = head->next;
        delete p;
        return head;
    }
    //若删除的不为第一个节点
    p = head;
    q = head->next;
    while(q!=NULL && q->data!=x){
        q = q->next;
        p = p->next;
    }
    //如果 q 指向空，说明本链表中没有该节点，不做任何操作
    if (p!=NULL){
        p->next = q->next;
        delete q;
    }
}
```

6.4.6 约瑟夫环

【例 6-8】约瑟夫环问题为：设编号为 1,2,…,n 的 n 个人围坐一圈，约定编号为 k(k 大于等于 1 并且小于等于 n)的人从 1 开始报数，数到 m 的那个人出列。它的下一位继续从 1 开始报数，数到 m 的人出列，依次类推，直到所有人都出列为止。输入 n、k、m 的值，打印输出出列的顺序。

分析：

(1) 首先创建单向循环链表。1 到 n 的 n 个人是围坐一圈，可以认为 1 的后继是 2，2 的后继是 3，n−1 的后继是 n，而 n 的后继是 1，因此宜采用单向循环链表来存储 1,2,3,…,n 等数据。由于后面报数时有出列的节点，需要出列节点的前驱节点，因此建立的单向循环链表返回的是 1 号节点的前驱节点的指针(即第 n 号节点的指针)，如图 6.17 所示。

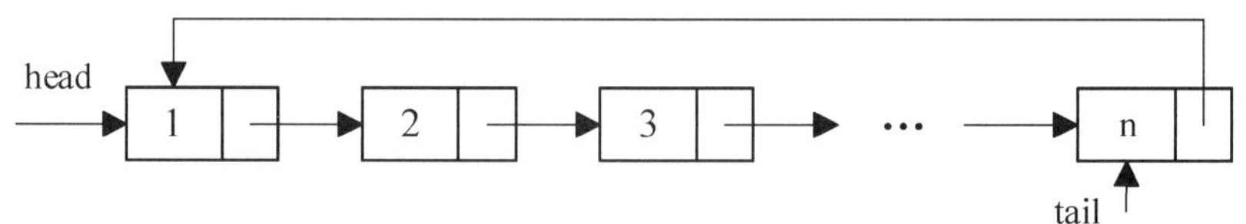

图 6.17 形成单向循环链表

(2) 在正式报数间进行节点定位，定位到 k 号节点及其前驱，循环 k−1 次完成；然后从 k 号节点开始报数(k 号节点报 1)，循环 m−1 次即到报数为 m 的节点，输出该节点编号，并将该节点从循环链表中删除。注意在这种情况下下一轮报 1 的节点及其前驱节点。

(3) 当循环到单向循环链表只剩一个节点时(条件为 p=p->next)，退出循环并输出最后一个节点的编号。

程序代码如下：

```
#include <iostream>
using namespace std;
struct node{
    int data;
    node* next;
};
/*构造一个由 n 个节点组成的循环链表
**返回值为节点编号为 1 的前驱节点
*/
node* createList(int n){
    node *head, *tail, *p;
    head = new node;
    head->data = 1;
    head->next = head;//构成只有一个节点的循环链表
    tail = head;//采用尾部插入节点的方法
    for (int i = 2;i<=n;i++){
```

```
        p = new node;
        p->data = i;
        p->next = tail->next;
        tail->next = p;
        tail = p;
    }
    return tail;//返回第 n 号节点的指针，即 1 号节点的前驱
}
//按要求输出节点数据
void printList(node* t, int k, int m){
    //t 是 1 号节点的前驱
    node *p;
    p = t->next;//p 指向 1 号节点
    //让 p 指向 k 号节点，指向 k 号节点的前驱
    for (int i = 1; i<=k-1; i++){
        p = p->next;
        t = t->next;
    }
    while(t->next!=t){
        //p 为当前节点，t 为当前节点的前驱
        //for 循环跳过 m-1 次，p 指向当前报 m 的节点，t 为 p 的前驱
        for (int i=1; i<=m-1; i++){
            t = t->next;
            p = p->next;
        }
        //输出当前报 m 的节点，并将其从循环链表中去除
        cout<<p->data<<"  ";
        t->next = p->next;
        delete p;
        //p 指向下一轮应报 1 的节点，t 为 p 的前驱
        p = t->next;
    }
    //输出环中最后一个节点
    cout<<p->data<<endl;
    delete p;
}
int main(){
    node *t, *p;
    int n, k, m;
    cout<<"input n k m:";
    cin>>n>>k>>m;
```

```
    t = createList(n);
    printList(t, k, m);
}
```

习　　题

具体内容请扫描二维码获取。

第 6 章　习题

第 6 章　习题参考答案

第7章 文件操作

第7章 源程序

7.1 文件概述

在前面的编程实践中，我们知道，计算机在完成数据处理的过程中，通常都有很多的中间结果或最终结果需要存储。计算机提供了存储器来实现数据存储的目标，而计算机存储器根据存储能力与电源的关系可以分为两类。

(1) 易失性存储器。这种存储器是指当电源供应中断后，所存储的数据便会消失的存储器。主要有动态随机访问存储器(DRAM)和静态随机存取存储器(SRAM)，我们常常所说的计算机内存即由 DRAM 组成。

(2) 非易失性存储器。这种存储器是指即使电源供应中断，存储器所存储的数据也不会消失，只要重新供电后，就能够再次读取存储器中的数据。这种存储器主要有只读存储器、内存和磁盘。

使用 C/C++语言编程时，我们通常是使用基本数据类型和自定义数据类型来声明变量，这些变量在程序的编译期或运行期借助于特定的内存分配方案，即可对应于内存空间中确定的内存单元，这样我们即可进行数据读写操作。但在实际编程中也会发现，一旦突然断电或退出了程序运行，先前在计算机内存中存储的数据要么丢失，要么很难再次找到所需数据进行多次的读写操作。比如在第 6 章例 6-1 中，为了根据学生招生数据进行分班，我们应该依次完成以下工作：定义学生类型；使用学生类型定义数组；输入所有学生的数据并存储；根据一定的规则进行分班。

很显然，如果这里使用计算机的内存来完成数据存储，我们就应该一次性完成数据输入与分班工作，否则一旦程序退出或突然断电，以后要继续完成分班工作，就需要重新运行程序，重新输入数据，最后再重新分班，这是非常烦琐、极其不方便的。为此，我们需要一种数据永久存储的机制，即在计算机系统中，使用非易失性存储器来完成数据的存储。这个机制可以借助于 C/C++语言中的文件来实现，这样，若招生数据先前已以文件方式存储好，则我们可以随时读取招生数据进行分班工作，极大地提高了操作方便性和时间机动性。

文件(file)是程序设计中的一个重要概念，在实际编程应用中，常常将数据输出到磁盘上永久保存起来，以备需要时再将该磁盘文件的内容输入到计算机内存中，让程序继续处理。可以说，许多可供实际使用的 C/C++程序都会涉及文件操作，因此掌握文件操作方法，是实际应用开发的基础。

所谓“文件”，一般指存储在外部存储介质(如硬盘、U 盘等)中的相关数据的有序集合，在前面章节中，我们已经多次使用了文件概念，如源程序文件、可执行文件、头文件等。

在操作系统中，将每一个与主机关联的输入输出设备都看作为一个文件，是以文件为单位对数据进行管理的，也就是说，如果需要查看存储在外部存储介质上的数据，必须先按文件名找到所指定的文件，然后再从该文件中读取数据，通常称为读文件操作；如果需

要向外部存储介质存储数据，也必须先建立一个文件(以文件名作为标识)，才能向它输出数据，通常称为写文件操作。在文件操作方法方面，C 语言和其他高级语言一样，在对文件读写之前应该打开文件，在使用结束后应该关闭文件，因此文件操作的主要步骤如下。

(1) 打开文件。

(2) 进行文件的读或写。

(3) 关闭文件。

7.2 文 件 类 型

C 语言把文件视为一种字符或字节的序列，即由一个一个字符或字节的数据顺序组成，分为两种：ASCII 文件和二进制文件。

ASCII 文件通常也称为纯文本文件，它的每一个字节存储一个 ASCII 码，代表一个字符。这种文本流是由行组成的有序字符序列(零个或多个字符加上终止符'\n')，最后一行是否需要'\n'是具体实现来定义的。实际使用中，可能必须在输入和输出中添加、更改或删除字符，以符合特定操作系统中表示文本的约定，比如：Windows 操作系统上的 C 文件流在输出时将\n 转换为\r\n，并在输入时将\r\n 转换为\n。

二进制文件是把内存中的数据以计算机内存中的存储形式原样输出到磁盘文件进行存储，因此从二进制文件读取的数据总是与先前写入该文件中的数据完全相同。

两种文件类型的主要区别如下。

(1) ASCII 文件方便对字符进行处理，但是由于是对每个字符进行处理，所以占用的内存空间相对较多，且数据转换所花费的时间也较长。

(2) 二进制文件通常可以节省存储空间，但是一个字节并不对应于一个字符，所以它不能以字符形式直接查看文件内容。

例如：对于整数 10000，假设在内存中占用两个字节，其二进制形式为 00100111 00010000，若以二进制文件进行存储，在磁盘中也占用两个字节；若以 ASCII 文件进行存储，则占用 5 个字节，如图 7.1 所示。

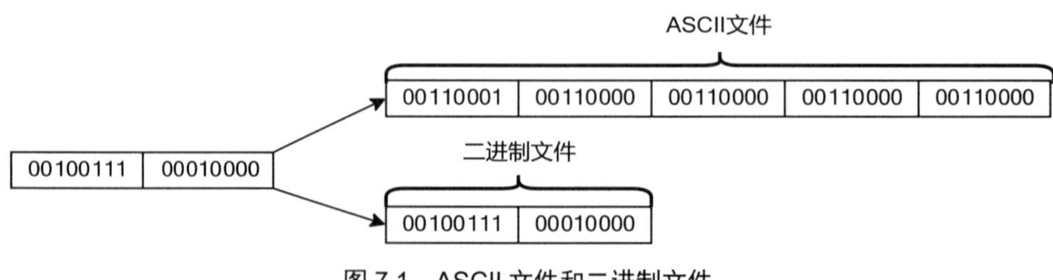

图 7.1 ASCII 文件和二进制文件

7.3 文 件 指 针

C 语言文件操作中一个关键概念就是“文件指针”。每个被使用的文件都对应内存中一个特定区域，用来存放诸如文件名称、文件状态、文件当前位置等信息。这些信息存储

在一个结构体变量中，其类型为 FILE，该类型是在 stdio.h 头文件中定义的。

定义文件指针的一般形式为：

```
FILE *指针变量标识符;
```

比如：

```
FILE *fp;
```

fp 就是 FILE 类型的指针变量，习惯上常称为文件指针，通常使用 fopen()函数返回的指针值赋值或初始化该指针变量，再通过该文件指针，就能够找到与它关联的文件，实现对文件的各种操作。使用时注意 FILE 应为大写，它实际上是由系统定义的一个结构体类型。

7.4 文件的打开与关闭

C 语言和其他高级语言一样，在对文件读写之前应该打开文件，在使用结束后应该关闭文件。而 C 语言没有输入输出语句，对文件的操作都是通过库函数来实现的，这些库函数都是在头文件 stdio.h 中声明的，因此进行文件操作时必须包含头文件 stdio.h。

7.4.1 文件的打开

C 语言中使用 fopen()函数来打开文件。

1 .函数原型

打开文件函数的原型为：

```
FILE *fopen(const char *filename, const char *mode);
```

参数说明：

filename 是文件名，mode 是打开文件的方式。

2. 使用方法

fopen()函数的常见使用方法如下：

```
FILE *fp;
fp = fopen("文件名", "操作方式");
```

比如：

```
fp = fopen("test.txt", "r");
```

该语句表示以“只读”方式打开当前目录下的 test.txt 文件。

又如：

```
FILE *fp; // 定义文件指针
fp = fopen("D:\\temp\\test.dat", "rb");
```

该语句表示以“只读”方式打开 D 盘 temp 文件夹下名为 test.dat 的二进制文件。

3. 文件操作方式

C 语言的文件操作方式共有 12 种，如表 7.1 所示。

表 7.1 文件操作方式

操作方式	含 义
“r”	(只读)为输入打开一个文本文件
“w”	(只写)为输出打开一个文本文件
“a”	(追加)向文本文件尾增加数据
“rb”	(只读)为输入打开一个二进制文件
“wb”	(只写)为输出打开一个二进制文件
“ab”	(追加)向二进制文件尾增加数据
“r+”	(读写)为读/写打开一个文本文件
“w+”	(读写)为读/写建立一个新的文本文件
“a+”	(读写)为读/写打开一个文本文件
“rb+”	(读写)为读/写打开一个二进制文件
“wb+”	(读写)为读/写建立一个新的二进制文件
“ab+”	(读写)为读/写打开一个二进制文件

操作方式说明如下。

(1) 以“r”方式打开的文件只能用于从该文件读数据，且该文件应该存在，否则将出错。

(2) 以“w”方式打开的文件只能用于向该文件写数据。若该文件不存在，则新建该文件，若该文件存在，则先删除，再重新建立文件。

(3) 若希望向文件末尾添加新数据而不删除原有数据，则应使用“a”方式打开文件，且该文件必须存在，否则出错。打开时，位置指针移到文件末尾。

(4) 用“r+”“w+”“a+”方式打开的文件可以读写数据。

(5) 若打开文件失败，则返回一个空指针 NULL(NULL 在 stdio.h 中定义为 0)。

(6) 对文本文件进行读写操作时，存在较长时间的编码转换，而二进制文件的读写操作不存在这个转换过程。

7.4.2 文件的关闭

在使用完一个文件后应该关闭它，以防止被误用。“关闭”就是使文件指针变量不再指向该文件。

1. 函数原型

使用 fclose()函数来关闭文件，其函数原型为：

```
int fclose(FILE *stream);
```

函数返回值：成功关闭文件，返回 0；否则返回 EOF(-1)。

2. 使用方法

fclose()的常见使用方法：

```
fclose(文件指针);
```

比如：

```
fclose(fp);
```

该语句表示通过 fp 关闭文件，fp 不再指向关联的文件。
应养成在程序终止前关闭所有文件的良好习惯，以防止误用或丢失数据。

7.5 文件的读写

打开文件后就可以对文件进行读写操作了。在 C 语言中提供了多种文件读写的函数，主要包括字符读写函数 fgetc()和 fputc()，字符串读写函数 fgets()和 fputs()，数据块读写函数 freed()和 fwrite()，格式化读写函数 fscanf()和 fprinf()等。

7.5.1 读写字符的库函数

1.fputc()

函数原型为：

```
int fputc(int ch,  FILE *stream);
```

功能：将一个字符写入文件。
返回值：操作成功，返回写入的字符；否则返回 EOF，表示失败。
常见的调用格式：

```
fputc(字符数据, fp);
```

其中“字符数据”可为字符常量或字符变量，fp 是文件指针。
例如：

```
fputc('t', fp);      // 写入字符常量 t
char c = 'y';        // 定义一个字符变量 c，赋值为 y
fputc(c, fp);        // 写入字符变量 c
```

2. fgetc()

函数原型为：

```
int fgetc(FILE *stream);
```

功能：从文件读取一个字符，该文件必须是以“只读”或“读写”方式打开。
常见的调用格式：

```
字符变量 = fgetc(文件指针);
```

如：

```
char ch;
ch = fgetc(fp);
```

该语句表示该函数从文件指针所指向的文件中读取出一个字符，并将该字符赋给字符变量 ch。

注意：读取的字符可以丢弃。例如 fgetc(fp);。

【例 7-1】将文件 test1.txt 的内容复制到 test2.txt 文件中。程序代码如下：

```
#include <stdio.h>
#include <stdlib.h>
int main()
{
    FILE *in, *out;
    if((in=fopen("test1.txt", "rb"))==NULL){
        printf("打开文件失败!\n");
        exit(0);
    }
    if((out=fopen("test2.txt", "wb"))==NULL){
        printf("打开文件失败!\n");
        exit(0);
    }
    while(!feof(in))
        fputc(fgetc(in), out);
    fclose(in);
    fclose(out);
    return 0;
}
```

程序运行后，就会将 test1.txt 的内容成功复制到 test2.txt 中，由于是文本文件，可以使用文本编程器打开两个文件进行对比，结果如下所示：

test1.txt(这是源文件)	test2.txt(这是复制得到的目标文件)
This is the text for testing!	This is the text for testing!

7.5.2 读写字符串的库函数

fgetc()和 fputc()函数每次只能读写一个字符，速度较慢；实际开发中往往是每次读写一个字符串或者一个数据块，这样能明显提高效率。

1. fputs()

函数原型为：

```
int fputs(const char *str, FILE *stream);
```

功能：向指定文件输出一个字符串。
函数返回值：若输出成功，返回 0；否则返回 EOF，表示失败。
常见的调用格式：

```
fputs(字符串, 文件指针);
```

其中“字符串”可以是字符串常量，也可以是字符数组名，或字符型指针。字符串末尾的'\0'不输出。

例如：

```
char a[5] = "abcde";
fputs(a, fp);
```

2. fgets()

函数原型为：

```
char *fgets(char *str, int count, FILE *stream);
```

功能：从文件读取一个字符串。
函数返回值：str 的首地址。
常见的调用格式为：

```
fgets(字符数组, 字符个数 n, 文件指针);
```

例如：

```
fgets(str, n, fp);
```

该语句的参数 n 为要求得到的字符个数，但只从 fp 指向的文件输入 n-1 个字符，然后在最后加一个'\0'字符，因此得到的字符串共有 n 个字符，把它们放在字符数组 str 中。如果在读完 n-1 个字符之前遇到换行符或 EOF，读入结束。

【例 7-2】输入一个字符串，并保存到 test3.txt 文件。程序代码如下：

```
#include <stdio.h>
#include <stdlib.h>
#define SIZE 100
int main()
{
    FILE *fp;
    char str[SIZE];
    if((fp=fopen("test3.txt", "w"))==NULL){
        printf("文件打开失败!\n");
        exit(0);
    }
    scanf("%[^\n]", str);
    fputs(str, fp);
    fclose(fp);
```

```
    return 0;
}
```

程序运行后，输入如下字符串：

```
This is a text for testing!
```

打开文件 test3.txt，其内容与输入字符串相同，使用文本编辑器打开 test3.txt，内容如下所示：

```
This is a text for testing!
```

7.5.3 格式化读写函数

使用 fscanf()和 fprintf()函数，其功能与 scanf()和 printf()函数相似，都有格式说明字符串，区别在于：

fscanf()和 fprintf()函数的操作对象是指定文件，由第一个参数指定文件。

函数原型为：

```
int fprintf(FILE *stream, const char *format, ...);
int fscanf(FILE *stream, const char *format, ...);
```

常见的调用格式为：

```
int  fscanf(文件指针, "格式符", 输入变量首地址表);
int  fprintf(文件指针, "格式符", 输出参量表);
```

例如(下面的 fp 已定义)：

```
int i = 10;
float c = 2.0;
fprintf(fp, "%d %c", i, c);
fscanf(fp,  "%d %f",  &i, &c);
```

【例 7-3】随机生成 12 个整数，使用 fprintf()函数，以一行三个整数的形式将这些整数保存到文件 test4.txt 中。

程序代码如下：

```
#include <stdio.h>
#include <stdlib.h>
#define SIZE 12

int main()
{
    FILE *fp;

    int data[SIZE];
    for(int i=0; i<SIZE; i++)
```

```
        data[i] = rand();

    if((fp = fopen("test4.txt", "w"))==NULL){
        printf("文件打开失败!\n");
        exit(0);
    }

    for(int i = 1;i<=SIZE;i++){
        fprintf(fp, "%d\t", data[i-1]);
        if(i%3==0) fprintf(fp, "\n");
    }

    fclose(fp);

    return 0;
}
```

程序运行后，会自动创建 test4.txt 文件，并将 data 数组中的 SIZE 个(即 12 个)随机数保存到 test4.txt 文件中，使用文本编辑器打开 test4.txt，文件内容显示如下：

```
41▯▯▯▯18467▯   6334
26500▯   19169▯   15724
11478▯   29358▯   26962
24464▯   5705▯▯   28145
```

7.5.4 块读写的库函数

在实际开发中，常常需要一次读写一组数据或一块数据，如一个结构体变量的值，此时 C 语言提供了用于整块数据的读写函数 fread()和 fwrite()。

函数原型为：

```
size_t fread(void *buffer, size_t size, size_t count,FILE *stream);
size_t fwrite(const void *buffer, size_t size, size_t count,FILE *stream);
```

参数说明：

buffer 是一个指针，对于 fread 函数，它是读入数据的起始地址；对于 fwrite 函数，它是要输出数据的起始地址。

size 表示数据块的字节数。

count 表示数据块的数量。

stream 是文件指针。

函数返回值：成功写入的数据块数，如果发生错误，可能小于 count。如果 size 或 count 为零，则 fwrite 返回零并且不执行其他操作。

常见的调用格式为：

```
fread(buffer,size,count,文件指针);
```

```
fwrite(buffer,size,count,文件指针);
```

如果文件是以二进制形式打开，使用 fread 函数和 fwrite 函数可以读写任何类型的数据。

【例 7-4】输入多个学生的信息(学生信息包含姓名、学号、课程成绩)，并将输入的学生信息写入文件 test.dat 中，之后显示该文件内容。

要求：读写文件和显示文件两个功能必须使用函数实现。

1) 分析

根据题意，至少有 4 个功能：输入、写文件、读文件和显示，因此我们定义 4 个函数来分别完成这些功能。

(1) 输入 InputData()：根据用户输入的学生人数，输入对应人数的多个学生数据，并依次存储到在指定的数组中。

(2) 写文件 Save()：将存放学生数据的数组，根据已有人数写入到指定的数据文件中。

(3) 读文件 Load()：从数据文件中读入所有的学生数据，并返回学生人数。

(4) 显示 Display()：将数组中的学生数据按设定的格式显示出来。

最后在 main()中完成这些功能函数的调用。

另外，还需要使用结构体自定义学生类型，并将数据存储在学生数组中，而为了按照用户的不同需求，这里使用动态数组。

2) 实现代码说明

(1) 包含的头文件：

```
#include <stdio.h>
#include <stdlib.h>
```

(2) 学生类型定义。

根据题意，我们使用结构体自行定义学生内容，学生类型的成员应该有三个：

① 学生姓名，使用字符数组。

② 学生学号，使用字符数组。

③ 学生成绩，使用 double 类型。

学生类型定义如下：

```
typedef struct{
   char name[11];
   char ID[13];
   double score;
}Student;
```

(3) InputData()。

实现思路：根据题意，此函数完成学生数据的输入，学生人数由用户指定，输入完成后，将所有学生的相关数据存储在学生数组中。

实现代码如下：

```
void InputData(Student *stuPtr, int num)
{
    for(int i=0;i<num;i++)
        scanf("%s%s%lf", (stuPtr+i)->name, (stuPtr+i)->ID, &(stuPtr+i)->score);
}
```

(4) Display()。

实现思路：根据题意，该函数是以设定的格式来显示所有学生的信息。由于学生数据存放在学生数组中，因此，使用循环结构来输出所有学生的信息，一行显示一个学生的信息。

实现代码如下：

```
void Display(Student *stuPtr, int num)
{
    printf("学生数据如下:\n");
    for(int i=0;i<num;i++)
        printf("%-10s %-13s %3.1f\n", (stuPtr+i)->name,
            (stuPtr+i)->ID, (stuPtr+i)->score);
}
```

(5) Save()。

实现思路：先打开数据文件，若打开成功，就将学生数组中的信息以数据块方式写入到指定的外部文件中，操作完成后，关闭数据文件。此处使用二进制方式更为方便，也更高效。

实现代码如下：

```
void Save(Student *stuPtr, int num)
{
    FILE *fp;

    if((fp=fopen("student.dat", "wb"))==NULL){
        printf("文件打开失败!\n");
        return;
    }

    for(int i=0;i<num;i++)
        if(fwrite(stuPtr+i, sizeof(Student), 1, fp)!=1)
            printf("写入文件失败!\n");

    fclose(fp);
}
```

(6) Load()。

实现思路：先将学生数据文件打开，若打开成功，则将数据文件中的所有数据以数据块的方式依次读入到数组中，读取完毕后即可关闭数据文件。另外，为方便其他功能的操

作，应该返回数据块的数量。

实现代码如下：

```
int Load(Student *stuPtr)
{
    FILE *fp;
    int num=0;
    if((fp=fopen("student.dat", "rb"))==NULL){
        printf("文件打开失败!\n");
        return 0;
    }
    for(int i=0;;i++, num++)
        if(fread(stuPtr+i, sizeof(Student), 1, fp)!=1){
            if(feof(fp))return num;
            printf("文件读取失败!\n");
        }
    fclose(fp);
    return num;
}
```

(7) main()。

由于实现的功能较少，且已抽象为不同功能函数，因此 main()函数的实现较为简单，主要设置学生人数，动态分配数组，再调用先前的输入数据、保存文件、读取文件、显示所有学生数据等相关函数来完成指定的功能。

实现代码如下：

```
int main()
{
    int num;
    printf("Input the number of students:");
    scanf("%d", &num);

    Student *stuPtr = (Student*)malloc(num*sizeof(Student));

    InputData(stuPtr, num);
    Save(stuPtr, num);
    int recordnum = Load(stuPtr);
    Display(stuPtr, recordnum);

    return 0;
}
```

最终的运行结果如下：

```
Input the number of students:3
```

```
金顶      63170706000A  95.5
云海      63170706000B  98
峨眉峰    63170706000C  96.8
学生数据如下：
金顶      63170706000A  95.5
云海      63170706000B  98.0
峨眉峰    63170706000C  96.8
```

7.6　文件的定位

文件读写过程中有一个位置指针，指向当前读写的位置。如果顺序读写一个文件，每次读写一个字符，则该位置指针自动移动指向下一个字符位置(前面介绍的对文件的读写方式都是顺序读写，即读写文件只能从头开始，顺序读写各个数据)。但在实际问题中常常要求只读写文件中某个指定的部分。此时，可以使用相关的库函数，强制改变位置指针所指向的位置，再进行读写，这种读写称为随机读写。这种按实际要求强制移动位置指针以定位到读写位置的方法，通常称为文件的定位。该操作常用的函数有：rewind()、fseek()和 ftell()三个。

7.6.1　rewind()

该函数的功能是把文件内部的位置指针移到文件首。

其函数原型为：

```
void rewind(FILE *stream);
```

返回值：无。

rewind()的调用形式为：

```
rewind(文件指针);
```

7.6.2　fseek()

对流式文件可以进行顺序读写，也可以进行随机读写。关键在于控制文件的位置指针，如果位置指针是按字节位置顺序移动的，就是顺序读写；如果能将位置指针按需要移动到任意位置，就可以实现随机读写。

对于二进制文件，常使用库函数 fseek()来改变文件的位置指针。

函数原型为：

```
int fseek(FILE *stream, long offset, int origin);
```

fseek()的一般调用形式为：

```
fseek(文件指针,位移量,起始点);
```

参数说明：

(1)　起始点用 0、1、2 代替，具体含义如表 7.2 所示。

表 7.2　起始点表示方法

起 始 点	符号常量	数　字
文件开头	SEEK_SET	0
文件当前位置	SEEK_CUR	1
文件末尾	SEEK_END	2

(2)　位移量是相对于起始点向前移动字节数。

例如：

```
fseek(fp,50L,SEEK_SET); //表示将文件指针移动到距离文件头 50 个字节处
fseek(fp,0L,SEEK_END);  //表示将文件指针移动到文件末尾
fseek(fp,-10L,2);       //表示将文件指针从文件末尾处向后退 10 个字节
fseek(fp,20L,1);        //表示将文件指针移动到距离当前位置 20 个字节处
```

7.6.3　ftell()

fseek()可以改变位置指针，多次改变后，不容易知道当前的位置，此时可使用 ftell()。该 ftell 函数的作用是得到文件的当前位置，用相对于文件开头的位移量表示。

函数原型为：

```
long  ftell(FILE *stream);
```

函数返回值：若是函数调用成功，则返回当前文件指针所指向的位置值；若是函数调用失败，则返回值为-1。

该函数的调用形式为：

```
ftell(文件指针);
```

其中文件指针指向一个正在进行读写操作的文件。

【例 7-5】改进示例 7-4，假设数据文件 student.dat 中有多个学生(如 3 个)的信息，请编写一个程序，实现从该数据文件中只读取第 3 个学生的相关数据并显示该学生信息的功能。

分析：设计一个 Goto()函数来完成此功能，在 main()中直接调用。

实现思路：在 Goto()中输入学生的序号，直接打开数据文件，定位到第三个学生后，读取该学生的相关数据，最后输出结果。

实现代码如下：

```
void Goto()
{
    FILE *fp;
    Student stu1;
    int recno;
    printf("请输入学生序号:");
    scanf("%d", &recno);
```

```
    if((fp=fopen("student.dat", "rb"))==NULL){
        printf("文件打开失败!\n");
        return;
    }
    fseek(fp, (recno-1)*sizeof(Student), 0);
    if(fread(&stu1, sizeof(Student), 1, fp)!=1){
        if(feof(fp))return;
        printf("数据读取失败!\n");
    }
    printf("NO.%d 学生的信息如下:\n", recno);
    printf("%-10s %-13s %3.1f\n", stu1.name, stu1.ID, stu1.score);
    fclose(fp);
}
```

程序运行结果如下：

```
请输入学生序号:3
NO.3 学生的信息如下:
峨眉峰     63170706000C  96.8
```

习　　题

具体内容请扫描二维码获取。

第 7 章　习题

第 7 章　习题参考答案

第8章　综 合 应 用

8.1　问 题 描 述

某高校需要设计一个学生基本信息管理系统。该校有若干学院，每个学院下设若干专业，同时每一个专业只在某个学院下设置，每个入校的学生都有确定的专业，且只能在这个专业学习(除在特定的转专业时段可以转专业外)。

为便于对学生基本信息进行管理，也需要对学院、专业等信息进行管理。

(1)　学院信息包括学院的编号、名称、负责人、联系电话、院长信箱、学院简介等内容。

(2)　专业信息包括专业编号、专业所属学院编号、专业设置日期、专业负责人、专业学制、所属门类、专业简介等内容。

(3)　学生信息包括学号、姓名、性别、出生日期、民族、所上专业编号、入学时间、家庭住址、联系电话、邮箱等内容。

要求：系统中可对学院基本信息进行管理，包括增加一个学院、修改学院信息、查找学院信息、删除学院信息等；也可对专业信息进行管理，如增加专业、修改专业基本信息、查看专业信息以及删除专业信息等；对学生可以进行增加学生信息、修改学生信息、学生转专业、删除学生信息、查看学生信息等操作。

8.2　问题分析与设计

8.2.1　功能分析

1. 总体需求分析

通过初步分析，本系统主要由学校学生信息管理人员完成对学生信息的管理，由于学生在不同学院的不同专业学习，也需要对学院和专业信息进行管理。总体业务如下。

(1)　学院信息管理。

完成学院基本信息的维护，包含增加、删除、修改和查询学院基本信息。

(2)　专业信息管理。

完成专业基本信息的维护，包含增加、删除、修改和查询专业基本信息。

(3)　学生信息管理。

①　完成学生基本信息维护，包含增加、删除、修改和查询学生基本信息。

②　完成学生转专业信息设置，包含转入专业和转专业时间等。

③　完成学生每学期的注册信息设置，包含注册学期、注册时间等。

总体功能需求如图 8.1 所示。学生信息管理员通过使用学院信息管理、专业信息管理和学生信息管理来完成对学生基本信息的管理。在完成学院信息修改和删除时，要查找学院信息，在查找到指定的学院信息后再做修改和删除，同理，对专业信息和学生信息进行修改和删除时，使用相应的查找功能，查找到相应的专业和学生信息后，再做修改或删除操作。学生转专业功能设置学生转专业的信息，注册功能完成学生每学期的注册信息。查询学院、专业和学生信息功能，则是根据给定的查询条件，查询满足条件的学院、专业和学生信息。以下选择学院信息管理和学生信息管理中的部分用例进行描述，其他用例基本类似。

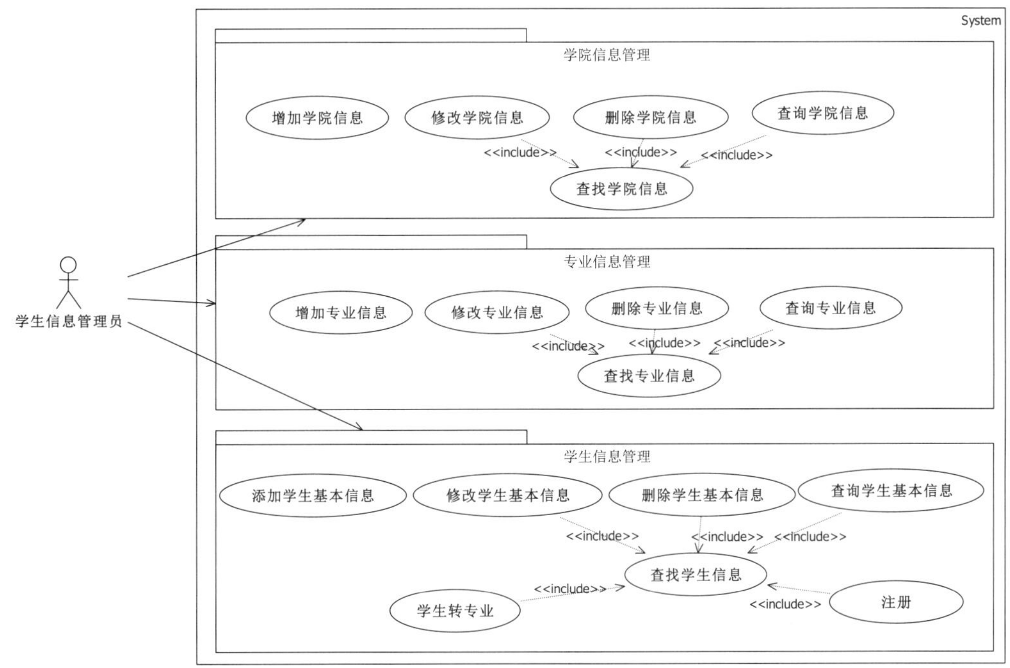

图 8.1　系统总体功能需求

1)　“增加学院信息”用例的描述

1. 用例名称： 增加学院信息。 2. 简要说明： 根据学校设置的学院，添加学院的详细信息，包含学院代码、名称、负责人、联系电话、院长信箱、学院简介等。 3. 事件流 3.1　基本事件流 (1) 学生信息管理员进入“增加学院信息”程序界面。 (2) 输入学院代码和学院名称。 (3) 系统自动检查输入的学院代码和学院名称是否存在，保证输入的学院代码和学院名称不重复。 (4) 输入学院其他信息，包含负责人、联系电话、院长信箱、学院简介等。 (5) 保存输入的学院信息。 3.2　扩展事件流 如果输入的学院代码和学院名称存在，需要重新输入学院代码和学院名称。 4. 前置条件 无。 5. 后置条件 无。

2) “修改学院信息”用例的描述

<table>
<tr><td>
1. 用例名称：
修改学院信息。
2. 简要说明：
通过输入学院代码或学院名称，查找该学院信息并进行修改。
3. 事件流
3.1 基本事件流
(1) 学生信息管理员进入“修改学院信息”程序界面。
(2) 根据需要修改的学院信息，输入待修改学院的信息。
(3) 根据输入的学院信息，系统自动查找该学院的信息。
(4) 展示查找到的学院的详细信息。
(5) 选择需要修改的信息项目。
(6) 进行修改并保存。
3.2 扩展事件流
(1) 如果根据输入的学院信息查找不到该学院信息，退出。
(2) 如果修改学院代码和学院名称，要检查学院代码和学院名称是否重复，若重复则退出。
4. 前置条件
修改的学院信息已经存在。
5. 后置条件
无。
</td></tr>
</table>

3) “删除学院信息”用例的描述

<table>
<tr><td>
1. 用例名称：
删除学院信息。
2. 简要说明：
通过输入学院代码或学院名称，查找该学院信息并进行删除。
3. 事件流
3.1 基本事件流
(1) 学生信息管理员进入“删除学院信息”程序界面。
(2) 输入需要删除学院的关键信息。
(3) 根据输入的信息，系统自动查找该学院的信息。
(4) 展示查找到的学院详细信息。
(5) 选择删除功能并提示是否需要删除。
(6) 进行删除并保存。
3.2 扩展事件流
(1) 如果根据输入的学院信息查找不到该学院信息，退出。
(2) 根据提示信息选择了不删除，退出。
4. 前置条件
删除的学院信息已经存在。
5. 后置条件
无。
</td></tr>
</table>

4)　“查询学院信息”用例的描述

1. 用例名称：
查询学院信息。
2. 简要说明：
通过输入查询学院信息的条件，查找满足查询条件的学院信息并进行展示。
3. 事件流
3.1 基本事件流
(1) 学生信息管理员进入“查询学院信息”程序界面。
(2) 选择查询条件。
(3) 输入查询条件的值。
(4) 系统自动查找满足条件的学院信息并进行展示。
4. 前置条件
无。
5. 后置条件
无。

5)　“学生转专业”用例的描述

1. 用例名称：
学生转专业。
2. 简要说明：
通过输入学生学号，查找该学生信息并填写转专业信息，包含修改学生专业为转入专业，填写转出专业、转入专业和转专业时间等信息。
3. 事件流
3.1　基本事件流
(1) 学生信息管理员进入“学生转专业”程序界面。
(2) 输入需要的学生学号。
(3) 系统根据输入的学号，自动查找并展示该学生详细信息。
(4) 修改学生专业为转入专业，填写转专业的转出专业、转入专业和转专业时间等信息。
(5) 保存并退出。
3.2　扩展事件流
如果根据输入的学生学号查找不到该学生信息，退出。
4. 前置条件
转专业的学生信息已经存在。
5. 后置条件
无。

6)　“注册”用例的描述

1. 用例名称：
注册。
2. 简要说明：
通过输入学生学号，查找该学生信息并填写注册信息，包含注册学期、注册时间等。
3. 事件流
3.1　基本事件流

(1) 学生信息管理员进入“注册”程序界面。
(2) 输入需要的学生学号。
(3) 系统根据输入的学号自动查找并展示该学生详细信息。
(4) 填写注册信息，包含注册学期、注册时间、备注等。
(5) 保存注册信息并退出。
3.2 扩展事件流
如果根据输入的学生学号查找不到该学生信息，退出。
4. 前置条件
学生信息已经存在。
5. 后置条件
无。

2. 系统功能设计

根据需求分析，整个系统的功能设计采用结构化设计思想对整个系统的功能进行划分，分解为三个子系统：学院管理子系统、专业管理子系统和学生管理子系统，整个系统的功能结构如图 8.2 所示。学院信息管理子系统包含增加学院信息、修改学院信息、删除学院信息和查询学院信息四个功能。专业信息管理子系统包含增加专业信息、修改专业信息、删除专业信息和查询专业信息四个功能。学生信息管理子系统包含增加学生信息、修改学生信息、删除学生信息、查询学生信息、学生转专业和注册六个功能。

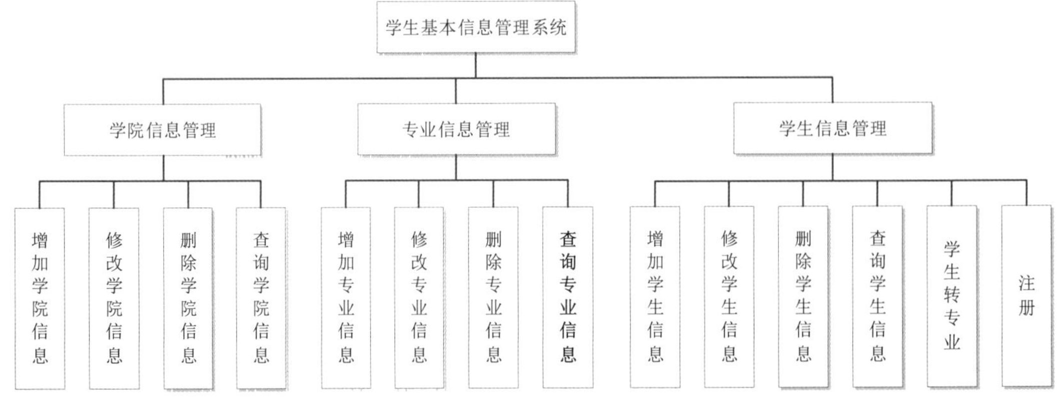

图 8.2 学生基本信息管理系统的功能结构

8.2.2 数据结构分析

本系统涉及的数据信息主要包含学院基本信息数据、专业基本信息数据、学生基本信息数据、学生转专业数据和学生注册数据等。这些数据不是完全隔离的，而是相互之间有联系的。在数据结构中必须表达出这些数据之间的联系，以实现数据的共享，减少数据的冗余，保证数据的一致性。整个系统的数据模型如图 8.3 所示。

该模型中，每个表格都是一个实体，每个实体均有相应的属性。学院和专业之间是一对多的联系，也就是说，通过专业中的“所属学院代码”(实际为学院代码)，将专业和学院联系起来，表示任何一个专业必须是在某个学院中。同理，专业和学生之间是一对多的联系，即一个专业有多位同学，每位同学必须在一个专业中。学生与转专业记录之间也是一对多的联系，即理论上一位同学可以转多次专业。学生和注册之间也是一对多的联系，表示每位同学有多次注册信息(实际上是每学期注册一次)。

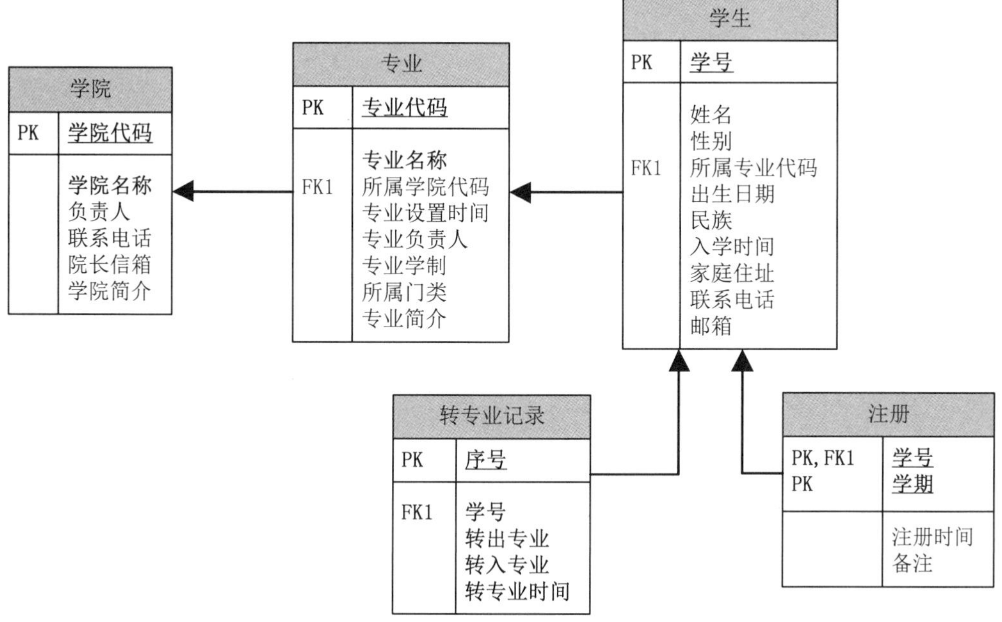

图 8.3　整体数据模型

8.2.3　数据结构设计

高校教学管理系统由三个子模块构成：学院信息管理、专业信息管理和学生信息管理。

1. 数据类型的定义

根据题目要求，学院信息包括学院的代码、名称、负责人、联系电话、院长信箱、学院简介等内容；经过分析，均可采用字符数组方式进行定义。

(1) 学院类型的定义：

```
typedef struct{
    char collegeID[3];
    char collegeName[21];
    char chief[7];
    char telephone[12];
    char email[21];
    char introduction[300];
}College;
```

(2) 专业类型的定义：

```
typedef struct{
    char majorID[3];
```

```
    char majorName[21];
    char collegeID[3];
    char setdate[9];
    char chief[7];
    int educationalsystem;
    char professionalcategory[13];
    char introduction[300];
}Major;
```

(3) 学生类型的定义：

```
typedef struct{
    char ID[13];
    char name[11];
    char sex[3];
    char majorID[3];
    char birthday[9];
    char ethnicity[31];
    char admissionDate[9];
    char address[31];
    char telephone[12];
    char email[21];
}Student;
```

(4) 注册信息的类型定义：

```
typedef struct{
    char ID[13];
    int term;
    char registerdate[9]
    char note[31];
}RegisterInfo;
```

(5) 转专业信息的类型定义：

```
typedef struct{
    char ID[13];
    char transferfrom[21];
    char transferto[21]
    char registerdate[9]
}TransferInfo;
```

2. 存储结构

为方便后期的操作，以结构体方式定义一个学院表，集中管理多个学院的数组和最后存储位置，内容如下：

(1) 学院信息表的定义：

```
typedef struct
{
   College college[COLLEGENUM];
   int last;
}CollegeTable;
```

(2) 专业信息表的定义：

```
typedef struct
{
   Major major[MAJORNUM];
   int last;
}MajorTable;
```

(3) 学生信息表的定义：

```
typedef struct
{
   Student student[STUDENTNUM];
   int last;
}StudentTable;
```

(4) 注册信息表的定义：

```
typedef struct
{
   RegisterInfo registerinfo[REGISTERNUM];
   int last;
}RegisterTable;
```

(5) 转专业信息表的定义：

```
typedef struct
{
   TransferInfo transferinfo[TRANFERNUM];
   int last;
}TransferTable;
```

3. 功能函数声明

1) 学院信息管理子模块

经过分析，拟设定诸如增加、删除、修改、查找、浏览、读写文件、判空、判满等功能。将这些信息均集中在 College.h 中进行声明，具体内容如下：

```
void CollegeManage();
College InputCollege();
void AddCollege();
```

```
void DeleteCollege();
void ModifyCollege();
void SearchCollege();
void DisplayStyle();
void SingleRecInfo(int);
void DisplayALL();
void DisplaySingle(int);
int LengthCollege();
int LocateByID(char*);
bool IsEmpty();
bool IsFull();
int OpenCollegeFile();
void SaveToCollegeFile();
```

2) 专业信息管理子模块

与学院管理子模块相似，拟设定诸如增加、删除、修改、查找、浏览、读写文件、判空、判满等功能。将这些信息均集中在 College.h 中进行声明，具体内容如下：

```
void MajorManage();
void AddMajor();
void DeleteMajor();
void ModifyMajor();
void SearchMajor();
void DisplayStyle();
void SingleRecInfo(int);
void DisplayALL();
void DisplaySingle(int);
int LengthMajor();
int LocateByID(char*);
bool IsEmpty();
bool IsFull();
int OpenMajorFile();
void SaveToMajorFile();
```

3) 学生信息管理子模块

与学院管理子模块相似，拟设定诸如增加、删除、修改、查找、浏览、读写文件、判空、判满等功能。将这些信息均集中在 College.h 中进行声明，具体内容如下：

```
void StudentManage();
College InputStudent();
void AddStudent();
void DeleteStudent();
void ModifyStudent();
void SearchStudent();
void DisplayStyle();
```

```
    void SingleRecInfo(int);
    void DisplayALL();
    void DisplaySingle(int);
    int LengthStudent();
    int LocateByID(char*);
    void TranferMajor();
    void Register();
    bool IsEmpty();
    bool IsFull();
    int OpenStudentFile();
    void SaveToStudentFile();
    int OpenRegisterFile();
    void SaveToRegisterFile();
    int OpenTransferFile();
    void SaveToTransferFile();
```

8.3　系 统 实 现

每一个子模块的功能基本上都是增加数据、删除数据、修改数据、查找数据、浏览数据等功能，以及一些相同的辅助功能，如判空、判满、定位、显示样式设置、数据文件的读写等，只是功能函数操作的数据对象不同。学院信息管理针对学院的基本信息和学院数据表进行操作；专业信息管理针对专业的基本信息和专业数据表进行操作；学生信息管理针对学生的基本信息和数据表进行操作，当然，学生信息管理模块中包含注册和转专业两个功能，这两个功能分别针对注册信息和注册数据表以及转专业信息和转专业数据表进行操作；另外从设计部分可以看出，每一个子模块均采用相同的顺序存储结构。

因此，教材中只提供学院信息管理子模块的数据结构和功能实现代码，以供参考。

8.3.1　工程项目的文件构成

整个项目的构成文件如图 8.4 所示。

College.h 和 College.cpp 完成学院信息管理，其中 College.h 主要是学院的数据类型定义和学院信息管理相关函数的声明，College.cpp 主要是学院信息管理相关函数的定义；Major.h 和 Major.cpp 完成专业信息管理，其中 Major.h 主要是专业的数据类型定义和专业信息管理相关函数的声明，Major.cpp 主要是专业信息管理相关函数的定义；Student.h 和 Student.cpp 完成学生信息管理，其中 Student.h 主要是学生数据类型的定义和学生信息管理相关函数的声明，Student.cpp 主要是学生信息管理相关函数的定义；SystemControl.h 和 SystemControl.cpp 共同完成系统设置，而 main.cpp 只是使用简单的字符菜单进行分情况处理控制。

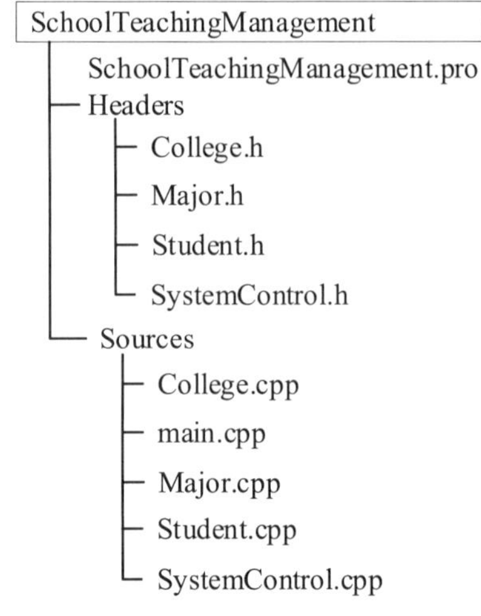

图 8.4　项目的构成文件

8.3.2　功能函数的编程实现

具体功能函数的实现分别集中在 College.cpp 和 SystemControl.cpp 两个文件中，而系统一级菜单的分支处理则在 main.cpp 中实现。

下面分别对学院信息管理子模块中的三个实现文件的内容进行说明。

1. 学院信息管理模块——College.cpp

College.cpp 文件中主要实现学院信息管理模块中的增加数据、删除数据、修改数据、查找数据、浏览数据功能以及相关辅助函数，如判空、判满、定位、显示样式设置、数据文件的读写操作等功能。

同时为了更方便地进行学院信息管理，还设置了二级管理菜单。

下面是学院信息管理模块中各个功能函数的具体实现代码。

(1) 学院信息管理。

使用二级菜单方式，根据系统分析结果，主要功能有：增加学院信息、删除学院信息、修改学院信息、查询学院信息、浏览学院信息等，再根据用户的选择进行分情况处理。实现代码如下：

```
void CollegeManage()
{
    int choice;
    ct.last = OpenCollegeFile();
    do{
        system("cls");
        cout<<"\n\t\t 【学校教学管理】->学院管理 "<<endl;
        cout<<"\t\t=============================="<<endl;
        cout<<"\t\t\t 1.增加学院信息  "<<endl;
        cout<<"\t\t\t 2.删除学院信息  "<<endl;
```

```
        cout<<"\t\t\t 3.修改学院信息  "<<endl;
        cout<<"\t\t\t 4.查询学院信息  "<<endl;
        cout<<"\t\t\t 5.浏览学院信息  "<<endl;
        cout<<"\t\t\t 0.返回上级菜单  "<<endl;
        cout<<"\n\t\t 请输入功能编号(0-5): ";
        cin>>choice;

        switch(choice)
        {
        case 1:
            AddCollege();
            break;
        case 2:
            DeleteCollege();
            break;
        case 3:
            ModifyCollege();
            break;
        case 4:
            SearchCollege();
            break;
        case 5:
            DisplayALL();
            break;
        case 0:
            SaveToCollegeFile();
            break;
        default:
            cout<<"\n 输入的功能编号错误,请重新输入!"<<endl;
            system("pause");
        }
    }while(choice!=0);
    return;
}
```

(2) 数据输入函数。实现代码如下:

```
College InputCollege()
{
    College tmpCollege;
    int oldYPos = YPos();

    cout<<"学院代码: "<<endl;
    cout<<"学院名称: "<<endl;
```

```
    cout<<"  负责人: "<<endl;
    cout<<"联系电话: "<<endl;
    cout<<"电子邮箱: "<<endl;
    cout<<"学院简介: "<<endl;

    GotoXY(10, oldYPos);
    strcpy(tmpCollege.collegeID, InputString(3));
    GotoXY(10, oldYPos+1);
    strcpy(tmpCollege.collegeName, InputString(21));
    GotoXY(10, oldYPos+2);
    strcpy(tmpCollege.chief, InputString(7));
    GotoXY(10, oldYPos+3);
    strcpy(tmpCollege.telephone, InputString(12));
    GotoXY(10, oldYPos+4);
    strcpy(tmpCollege.email, InputString(30));
    GotoXY(10, oldYPos+5);
    strcpy(tmpCollege.introduction, InputString(300));

    return tmpCollege;
}
```

(3) 判空判满。实现代码如下：

```
bool IsEmpty()
{
    return ct.last==0?true:false;
}

bool IsFull()
{
    return ct.last==COLLEGENUM?true:false;
}
```

(4) 增加功能。实现代码如下：

```
void AddCollege()
{
    College college;
    if(IsFull()){
        cout<<"空间已满，无法增加数据!"<<endl;
        return;
    }
    cout<<"\n 操作提示:请在光标处输入待增加的学院信息!\n"<<endl;

    college = InputCollege();
```

```
    if(!strcmp(SelfTrim(college.collegeID), "")
        //LocateByID(college.collegeID)){
        cout<<endl;
        cout<<"输入的学院编号为空或已经存在，不能添加!";
        system("pause");
        return;
    }

    ct.college[ct.last++]=college;
    cout<<"\n 学院信息增加成功!";
    system("pause");
    return;
}
```

(5) 定位功能。实现代码如下：

```
int LocateByID(char *id)
{
    int i;

    for(i=1;i<ct.last+1;i++)
        if(strcmp(ct.college[i-1].collegeID, id)==0)
            break;

    return i>ct.last?0:i;
}
```

(6) 统计学院数量。实现代码如下：

```
int LengthCollege()
{
    return ct.last;
}
```

(7) 删除功能。实现代码如下：

```
void DeleteCollege()
{
    if(IsEmpty()){
        cout<<"数据表为空，无可删除数据!";
        system("pause");
        return;
    }

    cout<<"\n 请输入待删除学院的编号：";
    char ID[3];
    cin>>setw(3)>>ID;
```

```
    int pos = LocateByID(ID);

    if(pos){
        cout<<"待删除元素为:";
        DisplaySingle(pos-1);
        for(int i = pos;i<ct.last+1;i++)
            ct.college[i-1]=ct.college[i];
        ct.last--;
        cout<<"删除成功!";
    }
    else
        cout<<"未找到待删除元素!";

    system("pause");
}
```

(8) 查找功能。实现代码如下：

```
void SearchCollege()
{
    if(IsEmpty()){
        cout<<"数据表为空，无数据!";
        system("pause");
        return;
    }

    cout<<"\n 请输入待查找的学院编号: ";
    char ID[3];
    cin>>setw(3)>>ID;
    int pos = LocateByID(ID);
    if(pos)
        DisplaySingle(pos-1);
    else
        cout<<"未找到指定元素!"<<endl;
    system("pause");
    return;
}
```

(9) 修改功能。实现代码如下：

```
void ModifyCollege()
{
    if(IsEmpty()){
        cout<<"数据表为空，无数据可修改!";
        system("pause");
```

```
    return;
}

cout<<"\n 请输入待修改学院的编号：";
char ID[3];
cin>>setw(3)>>ID;
int pos = LocateByID(ID);//以学院编号定位待删除元素，返回逻辑序号
if(!pos){
    cout<<"\n 未找到待修改的元素!";
    system("pause");
    return;
}

College college = ct.college[pos-1];
char tmpString[300];

cout<<"提示：修改信息(在光标处输入新数据， 若直接回车则表示不修改!)\n"<<endl;
int oldYPos = YPos();

cout<<"学院代码[ "<<setw(16)<<FormatString(college.collegeID)<<" ]: "<<endl;
cout<<"学院名称[ "<<setw(16)<<FormatString(college.collegeName)<<" ]: "<<endl;
cout<<"  负责人[ "<<setw(16)<<FormatString(college.chief)<<" ]: "<<endl;
cout<<"联系电话[ "<<setw(16)<<FormatString(college.telephone)<<" ]: "<<endl;
cout<<"电子邮箱[ "<<setw(16)<<FormatString(college.email)<<" ]: "<<endl;
cout<<"学院简介[ "<<setw(16)<<FormatString(college.introduction)<<" ]: "<<endl;
int oldXPos = XPos()+OLDMODISTRLEN;

GotoXY(oldXPos, oldYPos);
strcpy(tmpString, InputString(3));
if(strlen(tmpString)>0)
    strcpy(college.collegeID, tmpString);
else
{
    GotoXY(oldXPos, oldYPos);
    cout<<college.collegeID<<endl;
}

GotoXY(oldXPos, oldYPos+1);
strcpy(tmpString, InputString(21));
if(strlen(tmpString)>0) strcpy (college.collegeName, tmpString);
else{
    GotoXY(oldXPos, oldYPos+1);
    cout<<college.collegeName<<endl;
```

```
    }

    GotoXY(oldXPos, oldYPos+2);
    strcpy(tmpString, InputString(7));
    if(strlen(tmpString)>0) strcpy (college.chief, tmpString);
    else{
        GotoXY(oldXPos, oldYPos+2);
        cout<<college.chief<<endl;
    }

    GotoXY(oldXPos, oldYPos+3);
    strcpy(tmpString, InputString(12));
    if(strlen(tmpString)>0) strcpy (college.telephone, tmpString);
    else{
        GotoXY(oldXPos, oldYPos+3);
        cout<<college.telephone<<endl;
    }

    GotoXY(oldXPos, oldYPos+4);
    strcpy(tmpString, InputString(30));
    if(strlen(tmpString)>0) strcpy (college.email, tmpString);
    else{
        GotoXY(oldXPos, oldYPos+4);
        cout<<college.email<<endl;
    }

    GotoXY(oldXPos, oldYPos+5);
    strcpy(tmpString, InputString(300));
    if(strlen(tmpString)>0) strcpy (college.introduction, tmpString);
    else{
        GotoXY(oldXPos, oldYPos+5);
        cout<<college.introduction<<endl;
    }

    ct.college[pos-1] = college;
    cout<<"\n 数据修改成功!";
    system("pause");
}
```

(10) 显示样式设置。实现代码如下:

```
void DisplayStyle()
{
    cout<<endl;
```

```
    cout<<setw(6)<<"序号"
        <<setw(9)<<"学院代码"
        <<setw(20)<<"学院名称"
        <<setw(8)<<"负责人"
        <<setw(12)<<"联系电话"
        <<setw(20)<<"电子邮箱"
        <<setw(20)<<"学院简介"
        <<endl;
    cout.fill('-');
    cout<<setw(100)<<"-"<<endl;
    cout.fill(' ');
    return;
}
```

(11) 浏览全部数据。实现代码如下：

```
void DisplayALL()
{
    if(!IsEmpty())
    {
        DisplayStyle();

        for(int i=0;i<LengthCollege();i++){
            SingleRecInfo(i);
        }

        cout.fill('-');
        cout<<setw(100)<<"-"<<endl;
        cout.fill(' ');
        cout<<"总的记录数: "<<LengthCollege()<<endl;
    }
    else
        cout<<"数据表为空!";
    system("pause");
}
```

(12) 单条记录的显示设置。实现代码如下：

```
void SingleRecInfo(int index)
{
    char email[21];
    char introduction[300];
    bool flag_1 = false;
    bool flag_2 = false;
```

```
    if(strlen(SelfTrim(ct.college[index].email))>20){
        strcpy(email, FormatString(SelfTrim(ct.college[index].email)));
        flag_1 = true;
    }
    if(strlen(SelfTrim(ct.college[index].introduction))>20){
        strcpy(introduction, FormatString(SelfTrim
               (ct.college[index].introduction)));
        flag_2 = true;
    }
    cout<<setw(6)<<index+1
        <<setw(9)<<ct.college[index].collegeID
        <<setw(20)<<ct.college[index].collegeName
        <<setw(8)<<ct.college[index].chief
        <<setw(12)<<ct.college[index].telephone
        <<setw(20)<<(flag_1?email:ct.college[index].email)
        <<setw(20)<<(flag_2?introduction:ct.college[index].introduction)
        <<endl;
}
```

(13) 保存数据。实现代码如下：

```
void SaveToCollegeFile()
{
    FILE *fp;

    if((fp = fopen("College.dat", "wb"))==NULL){
        printf("文件打开失败!\n");
        return;
    }
    for(int i = 0;i<ct.last;i++)
        if(fwrite(ct.college+i, sizeof(College), 1, fp)!=1)
            printf("写入文件失败!\n");
    fclose(fp);
}
```

(14) 读取数据。实现代码如下：

```
int OpenCollegeFile()
{
    FILE *fp;
    int num;

    if((fp = fopen("College.dat", "rb"))==NULL){
        printf("文件打开失败!重新创建文件...\n");
```

```
        fp = fopen("College.dat", "wb");
        fclose(fp);
        return 0;
    }

    for(num = 0;;num++)
        if(fread(ct.college+num, sizeof(College), 1, fp)!=1){
            if(feof(fp))return num;
            printf("文件读取失败!\n");
        }

    fclose(fp);
    return num;
}
```

(15) 显示单个学院的信息。实现代码如下：

```
void DisplaySingle(int index)
{
    DisplayStyle();

    SingleRecInfo(index);

    cout.fill('-');
    cout<<setw(100)<<"-"<<endl;

    cout.fill(' ');
}
```

2. 系统设置功能的实现——SystemControl.cpp

本文件中主要实现字符串的输入控制、格式化、消除空格、光标位置的获取与设置等操作。

(1) 输入字符串。实现代码如下：

```
char * InputString(int length)
{
    char *temp = new char[length];
    char ch;
    int index = 0;
    while((ch=_getch())!='\r')
    {
        if(ch!='\b')
        {
            cout<<ch;
            temp[index++] = ch;
```

```
            temp[index] = '\0';
            if((int)strlen(temp)>=length-1)
                break;
        }
        else{
            cout<<"\b \b";
            index--;
        }
    }
    temp[index] = '\0';
    return temp;
}
```

(2) 格式化字符串。实现代码如下：

```
char * FormatString(char *str)
{
    size_t strlength = strlen(str);
    char *dest = new char[strlength];
    strcpy(dest, "\0");

    int index;
    for(index = 0;index<SUBSTRLEN;index++)
        if(str[index]>>7&1 && str[index+1]>>7&1)
            index++;
    strncpy(dest, str, index);
    strcat(dest, "...");
    return dest;
}
```

(3) 消除字符串中的空格。实现代码如下：

```
char *SelfTrim(char *str)
{
    size_t length = strlen(str);
    char *dest = new char[length+1];
    char *p = str;
    char *q = str+length;
    while(q>=p)
    {
        if(*p==32) p++;
        if(*q==32) q--;
        if((*p)!=32 && (*q)!=32)
            break;
    }
```

```
    if(p!=q)strncpy(dest, str, q-p);
    return dest;
}
```

(4) 光标设置。实现代码如下：

```
void GotoXY(int col, int row)
{
    COORD position;
    position.Y = row;
    position.X = col;
    SetConsoleCursorPosition(GetStdHandle(STD_OUTPUT_HANDLE), position);
}
```

(5) 获取光标坐标。实现代码如下：

```
int XPos()
{
    CONSOLE_SCREEN_BUFFER_INFO pBuffer;
    GetConsoleScreenBufferInfo(GetStdHandle(STD_OUTPUT_HANDLE),
&pBuffer);
    return (pBuffer.dwCursorPosition.X);
}
int YPos()
{
    CONSOLE_SCREEN_BUFFER_INFO pBuffer;
    GetConsoleScreenBufferInfo(GetStdHandle(STD_OUTPUT_HANDLE),
&pBuffer);
    return (pBuffer.dwCursorPosition.Y);
}
```

3. 主函数——main.cpp

main.cpp 文件的代码如下：

```
#include <iostream>
#include "College.h"
#include "Major.h"
#include "Student.h"
using namespace std;

void MenuBar()
{
    system("cls");
    cout<<"\n\t\t\t 学校教学管理 "<<endl;
    cout<<"\t\t============================"<<endl;
    cout<<"\t\t\t 1.学院管理  "<<endl;
```

```
    cout<<"\t\t\t 2.专业管理  "<<endl;
    cout<<"\t\t\t 3.学生管理  "<<endl;
    cout<<"\t\t\t 0.退出系统  "<<endl;
    cout<<"\n\t\t 请输入功能编号(0-3): ";
}

int main()
{
    int choice;

    do{
        MenuBar();
        cin>>choice;

        switch(choice)
        {
        case 1:
            CollegeManage();
            break;
        case 2:
            MajorManage();
            break;
        case 3:
            StudentManage();
            break;
        case 0:
            system("pause");
            break;
        default:
            cout<<"\n 输入的功能编号错误，请重新输入!"<<endl;
            system("pause");
        }
    }while(choice!=0);

    return 0;
}
```

第 8 章 综合应用实训项目

参 考 文 献

[1] 吕国英，李茹，王文剑，等. 高级语言程序设计(C 语言描述)[M]. 2 版. 北京：清华大学出版社，2012.

[2] 阳小兰，吴亮，钱程，彭玉华. 高级语言程序设计(C 语言)[M]. 北京：清华大学出版社，2019.

[3] 谭浩强. C 程序设计[M]. 5 版. 北京：清华大学出版社，2017.

[4] 谭浩强. C 程序设计学习辅导[M]. 5 版. 北京：清华大学出版社，2017.

[5] Kenneth Reek. C 和指针：英文版[M]. 北京：人民邮电出版社，2013.

[6] Peter van der Linden. C 专家编程：英文版[M]. 北京：人民邮电出版社，2015.

[7] 杨治明，等. C 语言程序设计教程[M]. 北京：人民邮电出版社，2012.

[8] 吴克力. C++面向对象程序设计——基于 Visual C++ 2017[M]. 北京：清华大学出版社，2021.

[9] 王英英，李小威. C 语言编程从零开始学：视频教学版[M]. 北京：清华大学出版社，2018.

[10] https://en. cppreference. com/w/c.

[11] 王岳斌，克昌. 计算机导论[M]. 4 版. 北京：中国水利水电出版社，2012.

[12] M. T. Skinner. C++基础教程[M]. 杜岩，周辉，等，译. 北京：中国水利水电出版社，2003.

[13] M. T. Skinner. C++高级教程[M]. 杜岩，英宇，等，译. 北京：中国水利水电出版社，2003.

[14] 艾德才，迟丽华，等. C++程序设计简明教程[M]. 2 版. 北京：中国水利水电出版社，2004.

[15] 王超，陈文斌，等. C++程序设计[M]. 北京：地质出版社，2009.